조향사가 들려주는
향기로운 식물도감

—

38명의 조향사, 528가지 향수, 71가지 식물 이야기

도원사

조향사가 들려주는 향기로운 식물도감

L'herbier parfumé: Histoires humaines des plantes à parfum
Author: Freddy Ghozland, Xavier Fernandez
Editions: Plume de carotte (21 October 2010)
Language: French
Korean language edition © 2023 by DOWON Publishing Co.

조향사가 들려주는
향기로운 식물도감

—

38명의 조향사, 528가지 향수, 71가지 식물 이야기

프레디 고줄랑, 자비에 페르난데스
Freddy Ghozland, Xavier Fernandez

도원사

contents

012   **인류가 키워 온 향**

에덴 정원의 향
다양한 면모

013   **고대의 아로마 테라피**

일상적으로 향을 이용하던 고대 이집트   올림피아의 향
신관(神官)의 손 위에 놓인 향수   제물과 훈증
아로마 테라피의 전파   불멸의 비약이 된 향
치료와 치유의 향   향의 의학적 이용
가정에서의 이용   고대 로마의 전통
인도의 아유르베다   먼 곳에서 전해진 향
고대 그리스, 향의 진화   서아시아에서 전해진 향
향유의 가능성

020   **중세의 묘약들**

아라비아와 증류법   전염병의 묘약
치료약이 된 향수   물에 대한 두려움
알코올 추출법

조향사가 들려주는
향기로운 식물도감
38명의 조향사, 528가지 향수,
71가지 식물 이야기

022 근대 향수 산업의 계몽기

르네상스 시대와 불결함   한 조향사의 초상
장갑산업과 향수산업   향기의 분류
루이 14세의 궁전   에센셜 오일
루이 15세의 향기나는 궁   화학의 발전과 향

027 근대 향수의 탄생

향을 산업화하다   20세기: 추상적인 꽃
앱솔루트(Absolute)의 탄생   조향사, 화학자가 되다
조각을 모아 향을 만들다
새로운 카테고리의 어코드(Accord)

031 천연보다 더 진짜 같은, 헤드스페이스(Headspace)의 등장

천연 향료 산업의 최신 기술   숭고한 향수의 내면에는…
생명이 있는 향, '리빙 퍼퓸'   천연자원의 한계
합성노트로 부활하는 향수기술   향기는 어디에나 존재한다

035 앞으로 조향사들이 나아갈 길

036 향수를 표현하다- Sylvaine Delacourte

contents

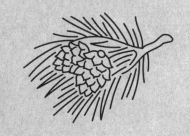

039 38명의 조향사와 향이 나는 38가지 식물

040 가이악(Gaïac)

044 갈바넘(Galbanum)

048 금목서(Osmanthus)

052 라벤더(Lavender)

056 마테(Mate)

060 만다린(Mandarin)

064 미모사(Mimosa)

068 민트(Mint)

072 바닐라(Vanilla)

076 바이올렛(Violet)

080 바질(Basil)

084 베르가못(Bergamot)

088 베티버(Vetiver)

092 벤조인(Benzoin)

096 블랙커런트(Black Current)

100 비터 오렌지(Bitter Orange)

104 샌달우드(Sandalwood)

108 수선화(Narcissus)

112 스타아니스(Star Anise)

116 스티락스(Styrax)

120 시나몬(Cinnamon)

124 시더(Cedar)

128 시스투스(Cistus)

132 아이리스(Iris)

136 아카시아(Acacia)

140 웜우드(Wormwood)

144 유향(Frankincense)

148 이모르뗄(immortel)

152 일랑일랑(Ylang-ylang)

156 쟈스민(Jasmin)

160 장미(Rose)

164 제라늄(Geranium)

168 진저(Ginger)

172 카다멈(Cardamom)

176 클라리 세이지(Clary Sage, Salvia)

180 통카빈(Tonka Bean)

184 튜베로즈(Tuberose)

188 패츌리(Patchouli)

조향사가 들려주는
향기로운 식물도감

38명의 조향사, 528가지 향수,
71가지 식물 이야기

193 매력적인 향이 나는 33가지 식물

194 고수(Coriander)

194 너트맥(Nutmeg)

195 노란수선화(Narcissus jonquilla)

195 니아울리(Niaouli)

196 딜(Dill)

196 라임(Lime)

197 스위트 레몬(Limette)

197 레몬(Lemon)

198 레몬그라스(Lemongrass)

198 러비지(Livèche)

199 로만 카모마일(Roman Chamomile)

199 로즈마리(Rosemary)

200 로터스(Lotus)

200 마조람(Majoram)

200 매리골드(Marigold)

201 멜리사(Melissa)

201 몰약(Myrrh)

202 버베나(Verbena)

202 블랙페퍼(Black Pepper)

203 사이프러스(Cypress)

203 스파티움(Spanish Broom)

204 안젤리카(Angelica)

204 엘레미(Elemi)

205 오크모스(Oakmoss)

205 유칼립투스(Eucalyptus)

206 유향나무(Lentisque)

206 주니퍼베리(Juniper Berry)

207 카네이션(Carnation)

207 클로브(Clove)

208 타임(Thyme)

208 톨루발삼(Tolu Balsam)

209 펜넬(Fennel)

209 히아신스(Hyacinth)

contents

211   향수에 사용하는 천연 추출물

식물의 기초 지식

추출법에 대하여

천연 추출물과 그 구성성분

에센셜 오일이란?

콘크리트, 레지노이드, 앱솔루트

천연 추출물의 정류(精溜)

216   용어집(Glossaire)

218   향수의 수도, 그라스(Grasse)

국제 향수박물관에서, 향수의 세계

전례 없는 예술적 여정

MIP 부속식물원과 향기 나는 식물의 세계

220   우리는 창의적인 조향사들

프랑스 조향사 협회

221   자연은 지금도 건재하다

Prodarom

조향사가 들려주는
향기로운 식물도감
38명의 조향사, 528가지 향수,
71가지 식물 이야기

222 이 책에 등장하는 향수들

237 사진 크레딧

237 저자소개

    Freddy Ghozland

    Xavier Fernandez

    Bernard Garotin

239 플랜트 헌터(Plant Hunter)들에게 감사하며

240 Merci

244 책을 만든 사람들

조향사가 들려주는
향기로운 식물도감

Élisabeth de Feydeau

인류가 키워 온 향
- 식물에서 향수까지

에덴 정원의 향

향수는 신에게 제사를 드리는 신전(神殿)에서 탄생했다. 인간들이 신에게 기도를 올리기 위해 태우던 향, 그 최초의 향이 바로 예술의 시작이다. 신과 분리되었던 세계를 다시 연결하고 싶은 인간의 욕망 때문이었을까? 창세기에 따르면, 신은 그의 뜻을 거역한 아담과 이브를 낙원에서 쫓아내면서도 향만은 가져가도록 허락해주었다. 최초의 정원은 인간들이 일용할 양식으로 풀과 식물을 가꾸는 풍성한 텃밭이었다. 작은 텃밭에 꽃이 피고, 정원은 점점 풍성해지고 아름다워지며 벌들이 날아오기 시작했다. 아담은 아침해가 뜰 때 신에게 향기를 바쳤다. 아담과 이브는 서로를 꼭 껴안고 향기 나는 꽃잎 더미에서 사랑을 나누었다. 사라져 버린 행복을 추구하는 의식 속에서 향은 신에게 바치는 제사 의식이자 창조주에게 바치는 경의(敬意)인 동시에 영원히 잃어버린 에덴 동산에 대한 향수(鄕愁)이기도 했다.

다양한 면모

기원전 5천년 전부터 향은 종교 의식, 의술, 경제, 문화에서 중요한 역할을 해왔다. 인간들의 생명과 생존 유지에는 후각이 큰 역할을 했다. 원인류는 후각을 이용해서 짐승의 흔적을 찾아 사냥하여 인간의 지배력을 자연계의 상위에 오르게 했다. 자연의 다양한 향은 미각에도 큰 영향을 끼쳤다. 언어가 발명되기 이전부터 조리를 할 때의 풍미를 중요하게 생각해 왔다. 인류는 자연적으로 발생하는 발화(發火)를 보고, 높은 온도의 열이 고기와 야채의 풍미를 다르게 한다는 것을 깨닫게 되었다. 또한, 향이 있는 어떤 식물을 불에 태우면 그 향과 연기가 하늘로 올라간다는 것을 발견했고, 이는 다양한 종교의식과 연결된다. 향에 대한 관심은 수세기를 거치는 동안 항상 인간의 생활 속에 자리해왔다. 원인이 크건 작건 간에 향과 약초가 역사에 영향을 끼친 사건들도 있었다. 향과 약초 무역으로 살아온 문명이 있었고, 인간들은 심지어 향과 약초를 거래하기 위해서라면 전쟁까지도 불사했다.

그리스와 이집트의 신전에서는 향료를 태운 연기가 신에게 바치는 공물로 여겨졌다

향은 시대의 상징임과 동시에 실제로 일어났던 사건, 마법과 신화, 전설에 이르기까지 다양한 스토리텔링이 가능한 주제이다. 중세의 종교와 고대의술에서 향의 활용은 실화와 설화가 혼재하며 향수의 탄생을 비약적으로 발전시켰다. 식물과 향은 종교의식은 물론 병의 예방과 치료, 무역에 있어서도 인간의 생활과 깊숙한 연관이 있었다.

고대의 아로마 테라피

일상적으로 향을 이용하던 고대 이집트

고대 이집트에서 향수는 삶과 죽음, 세속, 성스러움, 치료 뿐 아니라 숭배와 매혹적인 유희와도 연결된다. 그러나 고대에는 알코올을 기반으로 하는 향수는 아직 나타나지 않았다. 꽃, 목초, 수지 등 가공하지 않은 원료 그대로의 향을 이용했다. 일상 생활에서 향은 축제, 연회, 장례, 제사 등 다양하게 사용되었다. 이집트 사람들은 매일 신전에서 향기 나는 봉헌물을 통해 신들에게 공경하는 마음을 바쳤다. 신 뿐 아니라, 최고 권위자, 즉 사제들에게도 향과 꽃들을 바쳤다. 사제들은 훈증 형태로 최소한 하루 세 차례 종교의식을 집행했는데, 바로 여기서 '향수(parfum)'라는 이름이 나오게 되었다. 'per fumem'이란 '연기(fumée)를 통해'라는 의미이다. 그들은 아침에는 수지, 점심에는 몰약, 저녁에는 '퀴피[1]'를 사용했다. 제조법이 알려진 것으로는 최초인 이 향수는 향신료와 설탕이 가미되어 '두 배로 좋은(deux fois bon)' 향수라는 별명이 붙었고, 치료에도 효능이 있었다. 이 향수는 몰약, 포도, 꿀, 포도주, 금작화, 사프란, 노간주나무 열매로 구성되었다. 이집트 사람들은 신들이 소비하지 않는 음식 봉헌물보다 하늘로 올라가 사라지는 향이 더 효과적이라 여겼다. 실제로 향을 태울 때 나오는 연기는 하늘로 올라가서 사라진다. 이집트 사람들이 생각할 때 연기는, 신들이 소비하는 신성한 것이었다.

이집트인은 여러가지 이유로 식물의 수지와 인센스를 이용해왔다

---

1) 고대 이집트에 종교의식에 사용되던 향으로서, 꿀, 계피, 몰약, 노간주나무 열매, 백단 등 10-16가지 재료로 만들어졌다.

헤어케어, 미라를 만드는 의식 등
다양한 곳에서 향료를 사용했다

신관(神官)의 손 위에 놓인 향수

신전에는 향수나 제사 의식에 사용되던 향의 배합비를
지켜서 후임에게 전달하는 역할을 맡은 사람이 있었다.
바로 신관이다. 이집트인들은 신에게 생명을 부여하기
위해 유향이나 고체로 만든 향수로 신들의 조각상을 향
기롭고 청결하게 관리했다. 파라오의 가족들과 신관들
도 화장을 하고 향을 가까이하는 습관이 있었다. 여인
들은 정화(淨化)를 목적으로 향유를 몸에 바르곤 했다.
장례식에는 꼭 향을 사용했다. 이집트인에게 있어 이승
에 머무는 시간은 영혼의 긴 여정에서 그저 찰나의 순
간일 뿐이었다. 살아있는 동안 저승으로 가는 긴 여행
을 준비하는 것은 굉장히 중요한 의식의 시간이기도 했
다. 이집트인들이 시체의 방부처리 의식을 중요하게 여
긴 것은 바로 이 때문이었다. 천으로 둘러싼 시체에 향
기 나는 향료를 발라 좋은 냄새, 즉 영원히 지속될 수 있
는 향을 준비하는 것은 고인이 저승으로 수월하게 건너
가는 것을 도와주기 위함이었다. 향유를 바른 후에 하
는 제사 의식의 마무리는 영혼의 안녕과 평온을 위한
훈증이었다.

아로마 테라피의 전파

향료와 향고(香膏)의 사용은 점차 이집트 사람들의 일
상생활을 파고 들었다. 많은 사람들은 향에 미용은 물론
치료의 효능까지 있다는 것을 몸소 체험했다. 초창기에
는 부유층만이 페이스 파우더, 향료, 향고, 방향성 수지

(樹脂) 등의 향 제품을 사용할 수 있었다. 고대 이집트
는 아로마 테라피가 탄생한 곳이기도 하다. 이집트, 그
리스, 로마, 그리고 그 이외의 동양에서 향은 종교적인
목적 외에 치료나 위생의 목적이 있었다. 향료를 사용
하여 정화하는 행위는 약초학으로 발전하였고, 인간이
가지고 있는 막연한 두려움을 향을 통해 극복하고자 하
였다. 로마 제국의 철학자이자 저술가인 플루타르코스
(Plutarchos)는 "이집트인들은 향료를 예배용으로 사
용하여 태양의 운행에 맞춰 사원의 분위기를 연출한다.
향유는 전염병과 싸운다는 의료적인 접근으로도 사용
하고 있다"고 기록했다.

아프리카가 원산지인 제라늄은
상처를 아물게 하는 효능이 있다고 여겨졌다

치료와 치유의 향

향이 나는 식물을 이용하여 피부를 케어하고, 증상의 회복을 돕는 아로마 테라피는 그 효과와 효능을 인정받아 왔다. 호메로스 서사시에 등장하는 영웅들도 행복감을 주는 동시에 숙면을 도와주는 식물의 효능을 알고 있었다. 그 당시 사람들은 병과 자연재해는 신과 여신, 저승에서 보내는 벌과 같은 것이라 여겼다. 이 두려운 힘과 교신할 수 있는 것이 바로 신관이자 의사라고 여겼다. 신관은 사람들에게 신들을 진정시키기 위해 향을 사용하는 모습을 보여주었고, 동시에 불안을 잠재우고 깊은 잠을 잘 수 있도록 그 향을 처방했다. 이로써 종교 의식에 사용하던 향이 나는 식물들은 약 처방의 분야에도 도입되었다. 인류 최초의 의학서인 에베루스 파피루스(Ebers Papyrus)에는 다양한 질병에 효과가 있는 식물들의 조제법이 실려 있다. 주술과 관련이 있는지는 명확하지 않지만, 의사들은 향이 나는 식물들과 그 치료법을 신이 선물한 능력이라 여기며 신의 가호 아래 활용해 왔다. 그 의료 지식들은 치유능력을 부여하는 고대 이집트의 신, 토트(Thoth)를 신봉하는 사람들에 의해 전해지게 된다. 향을 '마시고, 먹고, 흡입하는' 행위 등 고대 의학 지식의 전수는 대를 이어 행해졌고, 교육이나 수련을 통해서도 맥을 이어왔다. 그 시기 약국에는 처방용의 원료들이 다양하게 구비되어 있었는데, 테레빈유(Turpentine), 몰약, 향유 등이 바로 그것이다.

침제에서 훈증까지 약초가 활발히 사용되었다

푸른 연꽃은 행복과
고상한 취미의 심볼이었다

가정에서의 이용

이집트 사람들은 위생을 중요하게 여겼다. 매일 실내에 향을 태웠고, 부유층들은 세정을 위한 욕실도 마련해 두었다. 부인들은 아니스, 시더, 마늘, 쿠민, 고수, 펜넬, 타임, 주니퍼 등을 원료로 상비약을 만들었다. 집 안과 의복에 향을 배게 하는 습관은 훈증에 사용하는 각종 도구의 발전을 이끌기도 했다. 실제로 향의 이용이 보편화 되면서 집에 놀러온 손님에게 머리에 발라 향이 나게 하는 포마드를 선물하는 경우도 있었다. 부인들은 목욕 후에 몰약, 계피, 장미, 자스민 등을 사용해 몸에 향기가 나게 했다. 머리에는 크림으로 만든 작은 고깔모자를 쓰고 있었는데, 크림이 서서히 녹으면서 얼굴에 향이 스며든다. 서민층 여인들은 박하나 마조람의 향이 나는 아주까리 기름을 사용하는 것에 만족해야 했다. 향유나 크림은 햇빛으로 인한 자극을 완화하는데 도움을 주었고, '신의 이슬이 그윽한 향기(les suaves senteurs de la rosée du dieu)'처럼 모든 사람에게 꼭 필요하다고 여겨졌다. 모든 향유에는 정화와 동시에 불길한 것을 물리치는 효능이 있다고도 여겨졌다. 향유들은 탄산염과 중탄산염이 혼합된 천연 탄산소다를 섞어 만든 비누 제조에도 투입되었다. 신을 숭배하는 의식 전 입을 정화하는 영혼의 세척제로도 쓰였다. 로마 사람들은 그 중에서도 계피와 몰약을 기반으로 한 비싼 혼합물을 '이집트 향수'라고 불렀는데, 이 향수는 향이 오랫동안 지속되는 것으로 유명했다. 여자들은 발삼향이 나는 에센스를 이용하여 피부를 촉촉하게 했다. 가장 인기가 있었던 바카리스(Baccharis)는 장미와 아이리스 향이 났다. 파라오 시대 이집트 사람에게 저승에서의 평온함을 보여주는 상투적 이미지 중 하나는 잘 장식된 탁자 앞에서 아름다운 푸른 연꽃을 코에 가까이 대고 앉아 있는 것이다. 기원전 2천년, 메소포타미아에는 수메르와 바빌론의 향이 혼합된 약처방이 존재했다. 이것은 몰약, 백리향, 무화과, 카모마일류, 사프란, 협죽도 등이 포함된 식물들로 구성되었다. 메소포타미아의 점토판에는 그 당시 흔히 사용되던 스티락스, 갈바넘, 테레빈유, 몰약, 백지향 등이 나온다. 메소포타미아에서도 250가지 약용식물과 120가지 동물성 물질이 치료, 미용, 주술을 위해 쓰였다.

인도의 아유르베다

고대 이집트의 베다의학[2]은 요가의 호흡에 의해 전해지는 영혼이면서 우주의 힘이 있는 바람을 다루었다. 이렇듯 베다의학은 원시적이고 주술적인 의미가 강했다. 식물, 꽃, 향이 혼합된 주술과 마술적인 행위에 기반하여 치료가 이루어졌으며, 이는 아유르베다[3]로 연결되어 일관성을 가지고 체계화되어 전해져왔다.

상인들은 풍부한 향이 있는 인도에 매료되어
새로운 향료를 대량으로 자국에 들여왔다

고대 그리스, 향의 진화

그리스는 지리학적으로 다뉴브강 인근의 동유럽 민족, 남쪽의 이집트, 북쪽의 메소포타미아, 그리고 중부 유럽이 합류하는 지역으로, 수 천 년 동안 여러 문화와 경험이 어우러질 수 있었다. 의학과 철학의 발전은 사람들로 하여금 주술적이고 신화적인 스토리에서 벗어날 수 있게 해 주었다. 그리스 사람들은 기원전 15세기부터 향수 제조를 해왔으며, 이는 종교적인 일상생활에서 위생과 미용을 위한 향의 사용으로 이어졌다. 출생, 결혼, 죽음 같은 인생의 중요한 순간들에 언제나 향이 함께했다. 그리스인들은 향수의 종류를 다양화하는데 많은 기여를 했다. 아이리스, 장미, 백합, 마조람 등의 원료로 꽃향기가 나는 오일과 유지(油脂)를 만들었다. 이집트, 시리아, 페니키아가 원산지로 유명한 로즈마리, 몰약, 사프란, 계피는 가장 인기있고 귀한 재료였다. 알렉산더 대왕의 정복을 통해 개방된 시장을 바탕으로 향신료와 향료의 보급이 활발해지면서 '향수 혁명'을 겪는다. 사향과 용연향으로 구성된 향수들이 출현하며 획기적인 변화가 일어났다. 그리스에서 연회가 벌어지면 손님들에게 머리카락과 가슴에 향유를 바르게 하고 향을 담아 놓은 물에 발을 씻을 수 있게 제공하면서, 존경과 환대를 보여주었다. 부인들의 거처인 규방에서는 향기로운 물질들을 잔뜩 사용해 화장하고, 몸에 향기가 나게 하는 데 많은 시간과 노력을 기울였다. 목욕 후에는 몸에 향이 나는 오일과 향수를 발랐다. 그리스인들이 최고의 향수를 손에 넣기 위해 노력하는 가장 큰 이유는 '매력적으로 보이기 위해서'였다.

고대 그리스에서는 대부분의 종교의식에서 향수가 사용되었다

새로운 원료의 발견과 각종 수지와 에센스가 전해진 향신료의 길

향유의 가능성

고대 그리스에서는 입욕이 생활과 여가의 중심이었다. 여성에 이어 남성들도 몸을 깨끗하게 한 후 향유를 몸에 발랐다. 그리스의 병사들도 크림과 향유를 듬뿍 발랐는데, 지중해의 강한 태양광선으로부터 피부를 보호하는 역할을 했다. 호메로스의 일리아스(Ilias)에는 아카이아 전사들의 질병과 상처 치료에 최초로 향유를 사용한 모습이 묘사되어 있다. 그리스 전 지역에서 나체로 체조하는 것은 매우 일반적이었는데, 이 때 근육의 유연성을 더하고 피부를 매끈하게 하기 위해 향유를 사용하기도 했다.

그리스인들은 청결한 몸가짐을
무엇보다 중요하게 생각했다

올림피아의 향

암브로시아(Ambrosia)는 그리스의 신들이 먹었던 불로불사의 식물로 올림피아를 대표하는 향이기도 하다. 고대 그리스 신화에 등장하는 신들은 여러가지 식물의 기원이 되었다. 장미는 아프로디테와 사랑의 상징이다. 지상에 장미 관목이 나타난 것은 아프로디테가 바다의 거품에서 태어난 그 순간이었다. 신들의 음료인 넥타(Nectar) 한 방울을 이 작은 나무에 떨어뜨리는 순간, 장미가 탄생했다고 전해진다. 아프로디테는 아도니스를 사랑하게 되는데, 전쟁의 신 아레스가 아도니스를 제거하려고 상처를 입히자, 연인 아도니스를 구하러 가기 위해 달려가던 아프로디테는 하얀 장미의 가시에 찔리게 된다. 여신 아프로디테의 핏방울이 하얀 장미에 떨어지자, 그 장미는 붉게 물들게 되었다. 인간이 죽으면, 죽은 자의 영원한 안녕과 위생적인 사후처리를 위해 시체에 향료를 도포한 뒤, 향료를 보관하던 항아리와 같은 고인이 개인적으로 사용하던 사용하던 물건을 함께 매장했다. 영원을 상징하는 '향'은 사람들에게 '신들의 암브로시아'와 같은 가치를 지닌 것이었다. 불로불사까지는 아니더라도 신의 세계와 가까워지는 것 만으로도 좋았던 것이다. 이집트에서 그랬던 것처럼 그리스에서도 신들에 대한 경의의 표현으로 제단에 향을 피우고, 조각상과 묘비에는 생명력이 느껴지는 향유를 발랐다. 그리스인들은 지구와 태양의 '힘'이 합쳐지는 특별한 순간에 향을 내는 물질이 생겨난다고 믿기도 했다.

장미만큼 사랑의 여신이었던 아프로디테를 상징하는 식물이 있을까?

인류학자 마르셀 데티엔(Marcel Detienne)은 향의 '힘'에 대해 저서인 아도니스의 정원에서, 야생의 능력에 대항하기 위해서 인간들은 "가까운 것과 먼 것을 매개하고 높은 곳과 낮은 곳을 연결한다[4]"는 운명적인 프로세스를 거쳐 이 '힘'에 대한 확신을 가지게 되었다고 서술한다. 경이롭고 신비한 향의 '힘'에 대한 개념은 7세기 말부터 신봉되기 시작했다. 향신료, 문화, 성애 라는 세가지 요소가 결합되면서는 더 강해지게 된다. 특히 유향(Frankincense)에 있어서는 더 그렇다.

제물과 훈증

그리스의 각종 의식에서 사용되던 피투성이의 희생물. 향을 피워 신들의 관심을 끌고, 빵과 곡식을 잘게 빻아 불구덩이 속에 던져 넣으면 하늘과 땅이라는 분열된 두 세계를 연결할 수 있다고 믿었다. 그리스의 제물에는 고기와 동물의 기름이 꼭 필요했는데, 여기서 주역은 바로 '불'이었다. 태울 때 나는 불쾌한 냄새를 없애기 위해 다양한 향료를 함께 훈증했다. 특히 유향과 몰약을 제물(祭物)로 사용한 것은 잘 알려진 이야기이다. 인간은 살아가기 위해 무언가를 죽이고, 그 고기를 먹고 살아가지만 그 고기를 먹은 인간도 영원히 살 수는 없다. 죽으면 부패한다. 인간은 배고픔과 악취의 굴레에서 벗어날 수 없다는 그 당연한 현실을 일반 대중이 인식하게 했다. 그러면서 일상적으로 향을 훈증함으로써 노화와 죽음과 쇠퇴로 이어지는 육체를 깨끗이 정화하게끔 했다. 좋은 향기에는 신들에게 공양하는 마음과 영혼이 담겨 있다고도 믿었다. 인간은 무언가를 먹어야만 살아갈 수 있지만, 신들은 좋은 향에 담긴 정수(精髓)만으로도 살 수 있는 것이다. 그래서일까? 그리스인들은 영혼이 인간의 정수라고 믿었던 '혈액'과 관련이 있고, 혈액은 눈에 보이는 일반적인 측면과 보이지 않는 추상적인 다른 의미[5]가 있다고 생각했다.

4) 마르셀 데티엔, 『아도니스의 정원들. 그리스에서 방향제에 관한 신화Les Jardins d'Adonis. La mythologie des aromates en Grèce』. Paris, Gallimard, 1977, 2번째 판본. Folio Histoire 전집, 2007, p. 12.
5) 브리지트 뮈니에에 따르면 그러하다. MUNIER Brigitte, Le Parfum à travers les siècles. Des dieux de l'Olympe au cyber-parfum. Éd. Le Félin – KRON, 2003

종교에서 사용되었던 향료는 점차 의료분야로 확대되었다

불멸의 비약이 된 향

이렇게 혈액에 대한 해석이 인생의 신조이자 종교의 교리가 되는 경우도 있다. 이스라엘인들의 종교의식과 예배, 일상생활 속에서 지켜야 하는 율법을 기록한 책인 레위기(Leviticus)에는 먹을 수 있는 고기와, 먹을 수 없는 고기 등을 종교적인 기준에 따라 세부적으로 분류를 해 두었다. 특히 사람을 '더럽히는 것'에 대한 코셸(Kosher)의 내용이 나온다. '영혼'과 '혈액'이 같은 기원이라고 보는 생각은 향기나는 식물에도 적용된다. 식물에는 형태는 존재하지 않는 '향'과, 형태가 있지만 부패하지 않는 '수액'이 있는데, 이는 인간의 혈액과 비슷한 에센스(정수)라고 해석했다. 제물이 되는 고기가 화형대에서 타버리는 순간, 시체가 화장되는 그 순간 동시에 향을 훈증하면, 훈증할 때 나오는 연기가 모든 것을 부패하지 않게 해 주는, 즉, 정화하는 힘을 가진 초자연현상이라고 믿었다. 이렇게 그리스인들은 향을 통해 신을 공경하고 불멸에 대한 환상을 가지게 되었다.

향의 의학적 이용

종교와 밀접했던 향을 의사들이 처방에 이용하기 시작하면서부터 향의 의학적 활용은 본격화되었다. 히포크라테스는 세이지(Sage)의 훈증을 권했다. 사프란(Safforon)의 향은 심신을 안정시켜 수면의 질을 높이고, 숙면을 취할 수 있게 도와주기 때문에 악몽을 꾸는 사람들에게 처방하기도 했다. 몸과 마음에 문제가 있을 때 다양한 향을 사용했고 실제로도 효과가 있었다. 고대 그리스의 철학자 테오프라스토스(Theophrastos)는 아라비아 남방의 약 500종에 이르는 향료를 식물지 전 9권으로 정리했다. 이 책은 그리스에서 향이 갖는 정신적인 사상과 함께 의학지식이 전파되는 계기가 되었다. 그리스 킬리키아 출신의 의사인 디오스코리데스(Dioscorides)는 서기 64년, 5권의 약물지(De materia medica)를 펴냈다.

고대 로마의 전통

로마가 그리스를 정복하고 나서 얼마 지나지 않아 그리스의 입욕과 마사지, 체조 등 일상에서익 건강법은 로마 사람들에게도 '양생법'의 하나로 전해지게 되었다. 언제 어디서든 향과 함께 하는 생활을 강조하기 시작했다. 화산 분화에 의해 매몰된 폼페이 유적을 조사하다 보니 향료를 넣는 병과 화장품 항아리가 다수 출토되었던 것으로 미루어 볼 때 다양한 종류의 향을 사용했다는 사실과 미용을 중시하는 문화가 존재했다는 것[6]도 증명되었다. 로마 해군 지휘관 대 플라니우스(Plinius)가 저술한 박물지(博物志, Naturalis historia) 12~19권에는 다른 나라의 수목, 식물이 기록되어 있다. 플라니우스는 향이 나는 식물을 뿌리, 줄기, 나무껍질, 수액, 수지, 피질, 새싹,

히포크라테스는 치료약에 향을 배합했다

폼페이 유적에서는 바디케어용 제품이 다수 발굴되었다

---

6) 장-피에르 브룅, "폼페이 회화에 나타난 향수의 제조와 판매", in『향수의 세계사 Une Histoire mondiale du Parfum』, p. 49-50

로마제국에서는 화장품의 소비가 늘었다

꽃, 잎, 열매 등으로 구분해 두었다. 22~32권에서는 다양한 식물과 그 추출물을 배합한 치료약에 대해서도 기록해 두었다. 이와 더불어 동물과 식물을 사용한 약에 대해서도 추가해 두었다. 그의 인생은 역사학자 헤로도토스가 시작한 '조사(Historiae, Ἱστορίαι)'라는 단어에 부합한다. 박물지는 중세부터 19세기까지 후대에 전해지는 위대한 지식들의 기원이 되었다.

아라바스타(석고)로 만든
얼굴에 바르는 화장품 용 유발(乳鉢)

먼 곳에서 전해진 향

로마 황제는 화장품과 향의 가치를 무엇보다 중요하게 여겼다. 제국의 통치가 시작되며 반도에는 교역을 통해 향신료, 인센스, 입욕 제품, 사프란이 들어간 화장수(化粧水)의 사용법이 함께 전해졌다. 아라비아, 아프리카, 인도에서 향료제품의 원료를 옮겨오는 이집트, 아라비아, 오리엔트의 교역루트를 로마인들이 확보했기 때문에 상품의 소비도 더더욱 늘어만 갔다. 기원전 4세기, 가정에서는 시나몬, 후추, 몰약, 사프란 등을 탈취를 위해 사용하기 시작했다. 로마인들의 탄생부터 죽음까지 생활 곳곳에는 향이 함께 했다. 방향물질의 종류도 다양해졌고, 약으로도 썼다. 연회, 공동목욕탕과 같은 대중이 모이는 장소에는 항상 향을 듬뿍 사용했다. 카이사르 통치 시대에는 청결한 신체를 위한 목욕이 행복과 쾌락의 의미로 확대되었다. 종류도 다양해졌고 로마 여성들은 머리카락에 바르거나, 향고를 베이스로 하여 미용마스크를 사용하고, 사프란 향이 나는 화장수를 일상적으로 사용했다. 기원전 1세기부터는 신과 향을 하나하나 연결하기 시작했다. 제우스는 벤조인, 마르스는 알로에, 아폴론은 사프란, 헤라는 머스크, 헤르메스는 시나몬, 비너스는 장미였다.

서아시아에서 전해진 향

로마황제가 영화를 누렸던 시대, 유럽과 가까웠던 서아시아 지역은 천일야화(千一夜話)에서 풍기는 향이 만개해 있었다. 이슬람교는 지중해 연안지방 문명에 뿌리를 내려 페르시아와 아시아, 인도로 갈 수 있는 길의 중간에 있었기 때문에 종교와 함께 약초, 약물, 향료가 그 길을 통해 유럽에 전해지게 된다. 사마르칸트에서 프랑스의 푸아티에까지 이슬람의 물결이 밀고 들어왔다. 이 시대에 향료는 최고의 전리품이었다. 예언자 마호메트는 기도, 여성, 향을 중요하게 여겼다. 장미가 만개한 이슬람 세계의 수도 바그다드에서는 학자와 의사가 존경의 대상이었다. 아바스 왕조(Abbasids)의 대 학자 알 라지(Al-Rāzī, 864-930)는 아랍의학의 중진이며, 자기가 설립한 병원에서 쌓은 수많은 임상 결과를 토대로 '총서(Liber Continens)'라는 113권의 저서를 남겼다. 이 책은 1,400종에 달하는 식물을 분류하여 동양과 서양문화가 혼재하는 지역에서 약으로 쓰이는 향료식물의 교역이 얼마나 중요했는지를 반증하고 있다. 바그다드의 라이벌 도시인 이베리아 반도의 코르도바(Cordoba, 현 스페인 남부)에서는 40만권의 서적을 수용하는 규모의 도서관이 세워졌다. 그 도서관에서는 머스크의 향이 감도는 유발(乳鉢)을 사용하여 여러 향료를 혼합하기도 했고, 향료에 관한 책도 점차 수를 늘려가기 시작했다.

시나몬, 샌달우드, 카다멈.
천일야화 이야기와 어울리는 향들

중세의 묘약들

아라비아와 증류법

아랍세계는 그야말로 향수에 도취해 있었다. 자신들이 사용할 향수를 확보하기 위해 알람빅(Alambic) 증류기의 발명과 증류방법의 진화와 개발을 끊임없이 이어갔다. 11세기 초, 철학자이자 의사였던 이븐 시나(Ibn Sina)는 증류에 성공해 농축된 에센셜 오일 제조에 이용했고 장미꽃의 향기성분을 여러가지로 분류하기도 했다. 아랍의학은 붉은 장미에는 감염을 방지하는 작용이 있다고 했다. 이븐 시나는 장미의 꽃을 증류한 성분이 폐결핵에 효과적인 특징이 있다고 했다. 이렇듯, 중세시대의 향에 대한 의문과 연구는 증류기술의 발전과 밀접한 관련이 있다. 또 원료의 교역은 향의 제조에 매우 중요한 요인이었다. 유향, 향신료, 몰약과 같이 수익이 큰 원료의 교역은 점차 그 규모가 커져갔다. 오리엔트에서는 전통적으로 사교상의 접대나, 종교적인 이유로 향을 사용해 왔다. 아랍인들에게 향료가 전해지면서부디는 아립인들 또한 향이 나는 크림과 연고를 몸에 바르거나, 유향, 소합향, 벤조인을 태워 그 향을 즐기기 시작했다. 특히 미용에 탁월한 효과가 있다고 알려진 장미 화장수는 그 인기가 엄청났다. 제사와 의식에서도 향은 빼놓을 수 없는 요소가 되어, 악령을 쫓는데 사용되었다. 아기가 태어난 순간 아기를 '사악한 눈'으로부터 지키기 위한 의식을 행했는데 그 때 향이 나는 인센스 스틱을 사용했다. 결혼식에서는 수호, 정화, 최음 등의 효과를 얻기 위해 향을 사용했다. 신부의 바구니에는 꽃 향이 가득한 향유, 장미와 네롤리의 방향수, 샌달우드 나무조각이 들어 있다고 했다. 유향의 향이 감도는 화장수를 손님에게 대접하여 그 향이 몸에 배게 하기도 했다.

몸을 청결하게 하기 위해 모두가 비누와 화장수를 일상적으로 사용했다

중세유럽에서는 향료를 운반하기 위한 공급망과 교통수단이 발달하기 시작했다

치료약이 된 향수

중세의 향수는 의료와 밀접한 관련이 있었다. 향수를 불로불사의 묘약(Erixir)인 동시에 초자연적인 효과를 지녔다고 믿어, 이를 통해 자신이 아름다워지고 멋있어지며 화려해보일 것이라 믿었다. Erixir의 어원은 '아주 중요한 약'이라는 아랍어에서 왔다. 기독교가 지배한 중세시대에는 십자군에서처럼 종교적인 목적을 중심으로 향료가 사용되며 일상적인 사용은 조금 줄어들었다. 기호품에 불과하다는 인식이 생긴 것이다. 그러나 십자군이 근동에서 모국으로 향료와 향수를 가져오면서 점차 다시 향에 대한 사용은 커져갔다. 향장품을 일상적으로 사용하는 습관이 부활하면서 몸의 청결과 관리를 위해 향이 나는 오일을 바르기 시작했고, 타인의 관심을 얻기 위한 욕구와 쾌감, 축하와 선물용 등 다양한 용도로 사용했다. 12세기에는 아프리카, 인도, 오리엔트, 이집트에서 다양한 향료가 전해졌다. 베니스, 제노바, 마르세이유, 몽펠리에가 향료무역의 중간 지점으로 자리 잡기 이전부터 어느 정도 향료는 개량되어 곳곳으로 전파되고 있었다. 프랑스에서는 약제사, 약초전문가, 가죽 상인들이 향신료와 방향제품을 판매했다. 지나친 경쟁을 진압하기 위해 향신료 상인들과 약제사가 재결합하여 조합을 설립하기도 했다.

알코올 추출법

1190년, 프랑스에서는 몽펠리에와 그라스 두 도시에서 장갑상인과 조향사의 연합이 결성되었다. 이탈리아의 살레르노와 프랑스의 몽펠리에는 대규모 과학연구센터처럼 발전해 알코올 추출 기술의 개발과 발전의 중심지 역할을 했다. 향수의 주성분이 되는 휘발성이 있는 중성알콜은 향수 산업의 혁명적인 발견이었다. 전통적으로 사용되어 오던 오일을 대신하여 활용되기에 이르렀다. 서양에서는 장미수를 사용하기 시작한 초기부터 이미 의료 영역에 활용하기 시작했다.

12세기 알코올을 사용한 향수가 등장했다

전염병의 묘약

중세는 흑사병 등 전염병의 공포가 가득했던 시대이다. 그 시기 수도원에서는 신 혹은 악마라고 불리는 온갖 식물들을 재배하고 있었다. 향이 나는 식물들의 효능을 활용하여 병으로부터 건강을 지키기 위해서였다. 향이 나는 식물에서 나오는 물은 교회와 관련한 사람들만 사용할 수 있는 매우 귀중한 것이었기 때문에 비밀스러운 수도원의 정원 한 가운데에서 약용식물을 재배해 왔다. 약용식물의 과학과 지식은 대대로 종교계에서 전승되어 왔으며, 수도원에서 만든 제품들은 통증과 피부질환에 효능이 있어 매우 인기가 있었다. 13세기에 들어와 향이 나는 식물과 함께 하는 목욕은 사람들의 휴식이자 안식임과 동시에 역병으로부터 건강을 보호하는 의식과도 같았다. 타임, 로즈마리, 펜넬 등이 주로 사용되었다.

물에 대한 두려움

전염병이 만연하면서 물에 대한 공포가 뿌리깊게 자리 잡게 되었다. 15세기에 들어와 목욕은 전염을 가속화하는 원인으로 지목되어 점점 사람들의 일상에서 멀어져갔다. 도시 안에 있던 수많은 사우나는 르네상스 시대를 맞이하며 도시 외곽으로 밀려났다. 국왕 앙리 2세의 담당의사이자 수석 외과의였던 앙브루아즈 파레(Ambroise Paré)는 물 치료요법을 강조하고 개인용 증기 목욕탕을 고안해 낸 인물이다. 그러나 1551년이 되자, 대도시에 설립되었던 사우나시설, 공중목욕탕은 완전히 봉쇄되게 된다. 그리고 위생관리의 수단으로 남게 되는 것이 바로 향이 나는 식물이었다.

향수의 사용으로 좋은 향이 났지만, 기본적인 위생 관념은 점점 저하되었던 중세시대

근대 향수 산업의
계몽기

여섯개의 방이 있는 포맨더. (청금석과 은도금, 19세기)

르네상스 시대와 불결함

무겁고 강한 향수의 향은 몸의 불결함을 감추거나 없애기 위해 사용되었다. 전염병과 물에 대한 공포가 가득했던 르네상스 시대의 사람들은 청결하게 몸을 씻는 것보단 여러가지 향수를 이용해 그 악취를 감추려고만 했다. 귀족 여성들은 꽃잎과 향이 나는 나무조각을 담은 주머니를 옷 속에 넣고 다녔다. 주머니의 형태도 점차 발전해서, 사향, 용연향, 수지, 에센스 등을 담는데 사용하는 금속제 포맨더(Pomander)가 등장했다. 공 모양의 포맨더에는 표면에 작은 구멍이 있어 향이 그 구멍을 통해 흘러나오는 구조이다. 향이 소화를 돕고, 여성의 장기를 보호하고, 남성의 성적불능에 효능이 있어 습관적으로 사용했다는 기록이 있다. 16세기는 스페인과 포르투갈이 주도하는 대항해 시대(Grandes découvertes)이다. 향신료와 향료식물이 유럽 곳곳으로 공급되기 시작했다. 포맨더는 오렌지 모양으로 형태가 바뀌어, 용기 내부는 요일 별로 다른 향기를 낼 수 있도록 칸막이가 생기기 시작했다. 매우 고가였기 때문에 귀족계급과 궁정의 고위 관료, 고위성직자들만 이용할 수 있었다. 오렌지의 꽃과 로즈마리를 이용한 화장수는 바이올렛, 라벤더 향수만큼이나 비쌌고, 효능이 매우 좋아서 더 높은 평가를 받았다. 동물성 원료인 용연향, 사향 등은 최음효과가 있어 인기가 많았고 더 비쌌다. 실내에 피우는 향을 통해 몸 곳곳 향을 침투시키면 몸에 있는 병이 사라질 것이라고 믿었다. 그 당시 화장수와 향수를 담는 가장 고가의 유리공예제품은 이탈리아 베니스와 보헤미아에서 수입되었다. 가정에서 향을 피우기 위해서는 월계수와 로즈마리를 굴뚝에서 태우고, 향이 나는 약초를 바닥에 흩뿌려 놓을 필요가 있었다. 장갑과 벨트에 향을 입히기도 했는데, 이탈리아와 스페인을 거쳐 프랑스로 유입된 이 유행은 프랑스의 피혁산업에도 영향을 미쳤다.

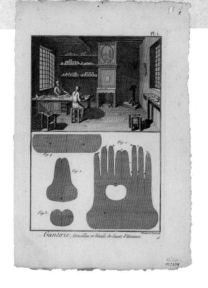
루이 14세의 시대, 부유한 계층을 위한
향수와 장갑 산업의 발달

장갑산업과 향수산업

이 시기 이탈리아는 향료기술의 선두에 있었다. 베니스는 급속도로 향수의 수도로 부상하기 시작했고, 16세기 말 프랑스 몽펠리에에 그 자리를 내주기까지는 매우 번영했다. 이탈리아 메디치 가문이 낳은 프랑스의 왕비 카테리나 데 메디치(Caterina de' Medici)의 모든 것이 프랑스에서 유행하기 시작했다. 그 중에서 가장 인기있었던 것은 향기 나는 여성용 장갑이다. 그 당시 동물성 원료인 용연향, 사향 등은 최음효과가 있어 사람을 매력적으로 보이게 하여 엄청난 인기였는데, 이 원료들을 사용한 다양한 향의 배합 또한 발전하고 있었다. 르네상스 시대에 향료기술이 발전한 것은 과학적인 연구와 기술 발전이 함께 했기 때문이다. 화학이 연금술을 대신하여 각종 증류 기술을 발전시켰고, 추출할 수 있는 각종 형태의 에센스의 질 역시 개선될 수 있었다.

루이 14세의 궁전

1614년, 장갑과 향료산업의 동업조합 규모가 확대되어 몽펠리에와 그라스는 비약적 발전의 시대를 맞이한다. 당시 대신이었던 콜베르(Colbert)는 향수 제조업을 프랑스의 전통 깊은 기술직으로 대우하였고 국가적 명성을 높이기 위해 향수를 국외로 수출하는 것을 목표로 했다. 그리고 그 영예를 태양왕 루이 14세에게 엄청난 금화와 함께 진상하고자 했다. 그는 장갑과 향료산업의 동업조합에게 특권을 주는 등 조합의 발전에 공헌하기도 했다. 17세기의 공중위생은 최악이었다. 변질되는 위생

관념으로 인해 더 진하고 강렬한 향수를 사용하여 악취를 가리려고만 했다. 루이 14세는 향수를 너무 좋아하여 과용한 결과 모든 향에 질리고 심지어는 혐오하게 되었다. 그 결과 베르사유 궁에서는 당시 인기였던 무겁고 강렬한 동물성 향수보다는 네롤리와 같은 자연스럽고 가벼운 향이 사용되기 시작했다.

루이 15세의 향기나는 궁

18세기 초, 향수는 확실하게 자리잡았다. 루이 15세의 시대에는 다시 무겁고 강렬한 향이 유행하게 된다. 루이 15세의 궁은 '향기를 내뿜는 궁궐(cour parfumée)'이라는 별명까지 붙었다. 왕은 매일매일 다른 향수를 온 몸에 듬뿍 뿌리는 걸 당연하게 여겼다. 이 강렬한 향수들은 이 시기 등장한 상대적으로 가볍고 새로운 향수들이 나오면서 금세 밀려난다. 용연향을 비롯한 동물성 향수들이 밀려나고 플로럴 베이스, 감귤류의 상쾌한 느낌, 자연스럽고 은은한 향수들이 인기를 얻게 된다. 궁뿐 아니라 일반 대중들도 가벼운 향수를 즐기기 시작하면서 그간 가지고 있던 불결했던 위생관념도 돌아보게 되었다. 마리 앙투아네트 왕비는 장미와 바이올렛 향을 매우 좋아했다. 그 당시 유행하던 엄청나게 풍성한 가발과 머리카락에는 아이리스, 카네이션, 바이올렛의 향이 나는 파우더를 뿌렸다. 향수는 여전히 관능과 쾌락의 상징이었다. 당시 높은 인기를 끌던 향기 나는 식물들은 주로 몽펠리에와 그라스에서 재배되었다. 마리 앙투아네트의 전속 조향사였던 장 루이 파르종은 파리의 뒤룰(du Roule) 가에 자신의 부티크를 가지고 있었다.

한 조향사의 초상

18세기에 들어서면서 조향사는 부르주아이자 수공업자(Artisan)이자 제품을 판매하는 상인까지 겸하게 되었다. '왕과 궁정의 조향사'로 그의 부인과 함께 상품 제작과 아틀리에, 창고의 관리까지 했다. 조향사의 부인은 함께 일하는 직원들을 관리하고, 업무를 분배했다. 그녀는 우아하고 상냥하게 손님을 맞이하여 부드러이 대화를 이어나감은 물론, 다른 사람들을 험담하지 않으면서도 손님과 친해지는 방법도 궁리해야 했다. 남편은 정원의 약초와 꽃들의 관리와 구획을 나눠 밭을 정비했고, 실험실에서 세심한 작업을 하면서도 말 많고 요구사항이 까다로운 손님들을 상대해야 했으며, 상품의 배달까지 꼼꼼하게 챙겼다. 젊은 조향사가 전문교육을 받을 때는, 향이 나는 식물에 대한 전문용어를 습득해야 했고 물질과 향료에 대해서도 하나하나 식별할 수 있어야 했다. '미묘한 뉘앙스를 가진, 달고 아름다운 향료의 이름을 구상하고, 여러 종류의 꽃과 종자, 향목, 수지의 향'을 기억하고 배워야 했다. 제형이 고체이든, 건조된 상태이든 가장 좋은 평가를 받는 원료는 아라비아에서 들어온 유향과 몰약, 벤조인, 화이트발삼, 백리향, 소합향, 히비스커스, 목향이었다. 또, 인도에서 온 침향, 샌달우드, 장미, 레몬껍질, 너트맥, 시나몬, 육두구, 바닐라, 용연향, 사향, 사향고양이의 분비물도 있었다. 꽃 중에서는 유럽의 장미, 라벤더, 오렌지, 자스민, 수선화, 타임, 튜베로드, 로즈마리, 카네이션, 마조람, 히솝이 인기가 많았다. 또한 피렌체의 아

원추형의 마스크를 쓰면 얼굴에 묻지 않고
남성용, 여성용 가발에 파우더를 바르거나 뿌릴 수 있었다

이리스와 더불어 서양 시더의 껍질, 로도스 섬의 시더 나무조각도 있다[7]. 조향사는 액상향료의 대부분이 향이 풍부한 식물의 에스프리(Esprit, 혼)와 에센스의 추출물 때문이라는 것도 알게 되었다. 대부분의 식물에는 향이 있고, 그 중에는 특히 더 좋은 향을 풍기는 품종도 있다. 식물의 시큼한 즙에는 비릿한 자연의 냄새가, 발효하면 불쾌한 냄새가, 반대로 발효했을 때 향이 더 좋아지는 품종이 있다는 것도 깨달았다. 이때부터 원료의 에센스가 내포하는 섬세한 물질을, 그 개성을 나타내는 에스프리라고 부르기 시작했다.

조향장인의 부티끄

---

7) FARGEON Jean-Louis, L'art du parfumeur (향수 제조자의 기술), 1801, p. 4-6.

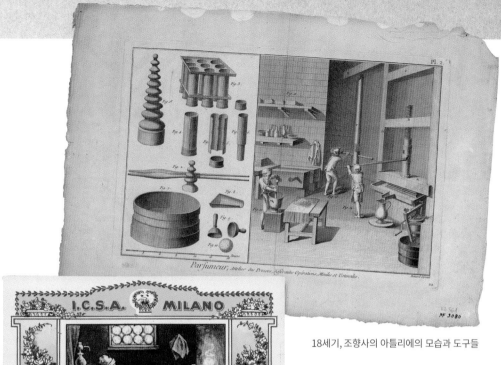

18세기, 조향사의 아틀리에의 모습과 도구들

조향사는 화학자이기도 했다

향기의 분류

자크 사바리 데 브륄롱(Jacques Savary des Brûlons)은 1761년, '상업사전(Dictionnaire du Commerce)'이라는 책을 출판했다. 상업활동과 관련한 항목을 총망라하여 리스트를 작성했는데 그 중 향수에 대해서는 '후각을 즐겁게 하는 상쾌한 향기[8]'라고 정의했다. 그는 1759년, 그의 또 다른 저서인 '상업, 자연사, 기술과 직업에 관한 사전(Dictionnaire du Commerce, d'Histoire naturelle, des arts et métiers)'과 '조향사(Perfumeurs)'라는 책에서 식물유래의 천연원료를 사용한 향수를 처음으로 7종으로 분류했다.

• 꽃의 향기: 장미, 자스민, 오렌지꽃, 튜베로즈, 카네이션, 사프란, 노란 수선화, 계수나무, 정향, 백합, 은방울꽃, 수선화, 물푸레나무, 고광나무, 딱총나무, 제비꽃
• 과실과 종자의 향: 육두구, 커민, 아니스, 정향, 비터아몬드, 스위트아몬드, 히비스커스, 안젤리카, 딜, 카다멈, 오이, 회향, 통카빈, 딸기, 바닐라
• 고무형 수지의 향: 소합향, 벤조인, 몰약, 향, 유향, 갈바넘, 장뇌, 페루발삼, 용연향, 사향, 오포파낙스, 톨루발삼, 가이악, 자연산 꿀, 스페인 가죽의 향
• 피질과 껍질의 향: 시나몬, 계수나무 목질, 너트맥 껍질, 마젤라닉(마젤란 푸시아, 아름다운 색상의 팬던트 모양 꽃으로 유명한 바늘꽃과 식물), 포르투갈 오렌지, 레몬, 베르가못, 시트론, 라임, 오렌지 나무 낱알
• 나무 향: 고디아, 샌달우드, 알로에, 로도스 목피, 사사프라스(미국 녹나무), 로즈우드, 시더
• 뿌리의 향: 프로방스 지방의 아이리스, 양하, 양강, 생강, 창포, 실편백, 감송, 안젤리카, 쇠풀
• 약초의 향: 세이지, 타임, 라벤더, 마조람, 오레가노, 백리향, 차조기, 바질, 안젤리카, 페퍼민트, 미르투스, 버베나, 베로니카, 멜리사, 로렐, 로즈마리

---

8) SAVARY DES BRULONS, Dictionnaire universel du commerce, d'histoire naturelle, des arts et métiers. 4 tomes, 1762.

에센셜 오일

기술적인 혁신을 여러 차례 거치고 난 후, 새로운 기술형태가 등장했다. 원료를 여러 번 반복하여 증류하는 방식을 '정류(rectifier)'라고 한다. 이 증류액을 분리하면 에센셜 오일인 정유(精油)를 얻을 수 있다. 과거에 비해 더 정제되고 농축된 이 에센스는 '강렬한 혼(Esprit ardent)'이라는 애칭으로 불렸다. 냉침법을 이용하면 증류법으로는 추출할 수 없는 섬세한 꽃의 알코올 추출이 가능했다. 18세기 말, 조향사는 참신한 향의 다양한 조합을 통해 기존에 없던 새로운 향을 만드는 것이 가능해졌다. 그 중에는 밀플뢰르(Millefleur)라는 사계절 꽃향을 모두 느낄 수 있는 플로럴 부케도 있었다.

식물의 에센스를 '강렬한 혼(Esprit ardent)'이라고도 불렀다

화학의 발전과 향

18세기 말 이미 향료산업의 미래는 어떻게 '향수기술이 현대화학을 이용[9]'할 것인지에 달려있다는 것을, 조향사들은 너무 잘 알고 있었다. 화학자 반 마룸(Van Marum)은 1785년, 향과 냄새의 기원을 연구하던 중 그 안에는 식물과 동물 이외에 전기가 포함되어 있다는 것을 발견했다. 그의 이론에 따르면 산소에 전기를 흐르게 하면 향이 난다고 했다. 반은 다음 명제를 전제로 하여 화학적인 연구를 진행했다. '향의 종류와 관계없이, 향기성분을 물이나 액체와 섞어 단순한 용액으로 제조한다. 각자의 물질이 가지고 있는 냄새의 특징은 그 용해도와 관련이 있다.... 냄새는 그 특성에 반응하여 적절한 물질을 골라 접합한다. 그 중에는 알코올이 높은 액체에 녹기 쉬운 종류가 있고, 기름에 잘 녹는 종류도 있다. 발삼계 물질의 향은 알코올용매가 가장 좋다. 백합계 꽃들의 향기성분에는 기름에 잘 녹는데, 튜베로즈가 대표적인 예이다'라고 가정했다. 이렇게 모든 화학적인 연구는 원소와 정유성분의 연구를 기반으로 하여 단리, 학습, 식별이라는 세 가지 기초를 중심으로 실천되었다. 학자들은 1789년 프랑스혁명 직전에 최초의 냄새분류법의 하나를 완성하기에 이른다.

19세기, 향료산업의 아틀리에는 공장으로 변화했다

버베나는 향기분류에서 약초의 향기에 들어간다

---

9) FARGEON Jean-Louis, op. cit., p. 2.

근대 향수의 탄생

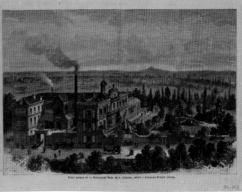

19세기말, 그라스에 최초로 향료 공장이 들어섰다

오 드 코롱은 대성공이었다

향을 산업화하다

19세기, 위생관념에 대한 인식이 다시 변하기 시작했다. 부르주아의 은은하고 아름다운 향과는 대조적으로 산업혁명이 일어나고 노동자계급이 등장하며 그들은 독특한 냄새를 풍기기 시작했다. 청결이 의미 없던 시대는 끝났고, 빈곤한 분위기를 없애기 위해 대중들은 노력하기 시작했다. 목욕을 자제하라고 권고했던 시대도 끝났고, 청결을 위해 목욕을 습관적으로 하는 것이 좋다는 것을 다시 깨닫게 되었다. 조향사들은 오 드 코롱(eau de cologne)과 스위트 아몬드, 장미수, 벌꿀을 배합하여 입욕제를 만들었다. 1695년, 지오반니 파올로 페미니스(Giovanni Paolo Feminis)는 베르가못, 레몬, 네롤리, 로즈마리를 베이스로 상쾌한 느낌의 오 드 코롱을 조합했다. 현재도 사용되는 조합이다. 폭넓

1920년의 작업장에는 연속제조공정이 도입되었다

은 층에서 사용되었고, 불멸의 스테디셀러가 되었다. 향료가 대량생산이 가능해진 순간, 일반인들은 파리의 노점상에서 오 드 코롱을 구매했고, 부유층들은 유명한 조향사들에게 의뢰한 좋은 품질의 오 드 코롱을 사용했다. 감귤계의 코롱은 의사가 처방하던 것이었는데, 피부에 스며들게 하거나 몸을 씻을 때 사용하거나 심지어는 직접 주사하는 경우도 있었다. 치료에 직접적인 효과가 있었기 때문이다. 평론가이자 소설가인 마담 드 스탈(Madame de Staël)은 '현대의 향수는 유행과 화학, 비지니스가 만난 그 지점에 있다'고 했다. 1860년 이후 기계화의 파도를 맞이하여 향료산업도 산업화되기 시작했다. 프랑스의 수도 파리처럼 프랑스 남부 그라스의 향수제조업은 장인의 수작업에서 탈피해야만 했다. 그라스 시에서는 증기를 사용한 증류법을 통해 보일러를 가열하여 꽃들의 향이 침투한 동물성 지방에 기계로 압력을 주어 향료를 추출하고 있었다. 증기기관은 증류 과정에도 사용되었는데 이전보다 훨씬 순수한 에센스를 얻을 수 있었고, 마치 꽃과 같은 섬세한 향을 추출해야 할 때 특히 빛을 발했다.

앱솔루트(Absolute)의 탄생

프랑스에서 1873년 발명된 유기용제는 향료의 추출 부문에 도입되어, 19세기에 향수대혁명을 일으켰다. 유기용제를 사용하면서 업계의 신제품으로 앱솔루트(Absolute)가 탄생했다. '식물에서 추출한 천연 향료'

19세기말, 최초의 합성분자가 등장했다

라는 뜻으로, 순도가 높고, 변질되기 어려운 천연제품의 제조에 비약적인 발전을 이끌었다. 17세기 말부터 프랑스를 뜨겁게 달군 문학논쟁인 '신구논쟁'이 19세기 말부터 조향사들 사이에서도 치열하게 벌어지게 된다. 물론 문학에 관한 논쟁이 아닌 새로 탄생한 합성 향료를 쓸 것이냐, 천연에서 온 재료만을 사용할 것이냐에 대한 논쟁이었다. 의견은 갈렸지만 조향사들은 안정적이고 고착성이 높고 지속성까지 긴 합성향료를 적극적으로 사용하게 되었다. 조향사의 재능은 기술을 기반으로 하여, 합성향료의 기조와 천연물질을 적확한 비율로 배합하는 능력으로 평가되기 시작했다. 합성성분은 공장에서 제조가 가능했기에 대량생산 또한 가능했다. 향과 에센셜 오일을 포함하고 있는 모든 원료에서 유기화학의 지식을 이용하여 향기성분을 얻어냈다. 화학자들은 그 성분을 정의하여 분자식을 기재하는 방법으로 천연 향기성분의 분자구조를 깊게 이해하려고 노력했다. 눈에 보이는 세계와 보이지 않는 세계를 뛰어넘기 위해 과학적인 가설을 도입하여 천연물질을 해석하려던 숱한 노력은 '합성화학'의 발전이라는 다음 단계로 이어지게 된다.

조각을 모아 향을 만들다

연구자들은 천연 향의 구성성분이 애초에 모든 것이 정해져 있는 화합물이 아니라, 테르펜계 탄화수소, 알코올, 알데히드, 케톤, 에테르, 페놀 등에 의해 구성된 혼합물이라는 것을 분석해냈다. 합성향료는 여러 조각을 모아 만들어내거나, 천연성분을 조금씩 변화시키면서 만든다. 그러나 천연 에센셜 오일에는 너무도 다양한 분자가 포함되어 있어 생산지의 토양 등 여러가지 요인

에 의해 농도가 달라지는 복잡함 때문에 학자들의 연구도 난관에 봉착했다. 그래서 연구자들은 '합성향료의 제조법'에 두가지 수단을 사용하기로 했다. 첫째, 물질 전부를 합성할 때에는 각 성분의 꼭 필요한 양을 주의하여 배합하되, 그 성분은 화학적인 대사경로(metabolic pathway)를 정확하게 거친 물질이어야 하고, 향료로 가치가 낮은 원료에서 추출하기로 한다. 둘째, 부분적인 합성을 할 때는 향의 특징이 되는 물질을 합성한다. 조향사들은 합성향료를 활용하면서부터 진정한 의미로 자유로운 창조가 가능한 시대로 진입했다고 평가한다. 우비강(Houbigant) 향수를 공동경영한 폴 파르케(Paul Parquet)는 조향의 새로운 분야를 개척했다고 평가받는 조향사이다. 1882년 베르가못과 쿠마린을 기조로 하여 Fougère Royale, 1896년 Le Parfum Idéal을 만들었다. 이 두 향수는 천연향료와 합성향료의 완벽한 조합인 컴포지션 모델(Composition model)로 평가받으며, 향료업계의 새로운 길을 열었다. 일세를 풍미한 이 향수는, 어떤 꽃과도 닮지 않은 새로운 합성 향수의 한 전형을 창시했다고도 평가받는다. 1889년 에메 겔랑(Aimé Guerlain)은 'Jicky'라는 향수를 발표한다. 라벤더와 헬리오트로프의 인상이 지속되며 바닐라의 잔향으로 이어진다. 지극히 현대적인 어코드의 특징을 가진 향수이다.

겔랑의 Jicky(1889)는 합성노트를
천연노트와 함께 사용한 최초의 향수 중 하나

시프레, 푸제르와 같은 천연노트는
합성노트가 더해지며 새로운 가치를 창조했다

새로운 카테고리의 어코드(Accord)

그로부터 몇 년 후, 새로운 카테고리가 탄생한다. 20세기의 시작과 함께 프랑수아 코티(François Coty)는 전통적인 어코드에 합성노트를 대담하게 도입하여 향수 예술의 혁명을 가져왔다. 기존의 향수 제조의 전통을 지키면서 이제까지의 향수에선 볼 수 없던 '강함'과 '투명감'을 배합하기 위해 앱솔루트와 사용량이 많은 합성향료의 밸런스를 최상의 배합비로 연구하여 합한 것이다. 현대 향수의 아버지라고 불리는 프랑수아 코티는 1904년과 1905년, 모던하면서 고급스러운 플로럴 노트(Floral note)와 앰버 노트(Amber note)를 창조해 낸다. 앰버 노트는 오리엔탈 노트(Oriental note)라고도 불린다. 이전의 오 드 시프레에서 힌트를 얻은 시프레 노트(Chypre note)도 코티의 손에서 현대적인 변화로 재탄생되었다. 'Chypre(Roger et Gallet, 1890)',

오크모스를 좋아하는 경향은 그다지 많지 않았지만,
매우 고급 향수에 베이스로 사용하기 시작하며 가치가 올라가기 시작했다

'Chypre de Paris(Guerlain, 1909)' 등의 향수에서는 오크모스의 이끼와 흙 등 축축하게 젖은 대지의 향이 강하게 느껴진다. 얼시 노트(Earty note)라고도 한다. 여기에 자스민을 증량하면서 비릿한 냄새를 잡았다. 이렇게 코티는 새로운 카테고리를 창조하며, 1917년에는 또 새로운 어코드를 만들어냈다.

20세기: 추상적인 꽃

사회 정세의 변화, 문화의 진보, 다채로운 수출입 등의 영향으로 향수는 놀랄 정도로 변화해왔다. 20세기가 되며 향료산업의 비약적인 발전은 새로운 시대의 윤곽을 그려 나가기 시작했다. 프랑스 향수 제조회사는 약 300개, 향수상인은 2,000명 정도나 되었다. 사람들의 생활수준이 올라가고, 청결한 습관을 유지하는 것이 당연하게 되었다. 상품의 용기 디자인과 광고선전이 보편화되면서 점차 고품질의 패키지를 만들었다. 벨 에포크(Belle Époque) 시대의 위대한 조향사 프랑수아 코티는 '라리크(Lalique)'와 '바카라(Baccara)'와 같은 유리제조업자와 함께 향수병을 제작하기 시작했다. 20세기, 합성향료와 반합성향료를 제조하는 향료회사는 비약적으로 발전했다. 향료제조업, 식품제조업의 발전은 소비량의 비약적인 증가와 밀접한 관련이 있었다. 소

라릭의 사인이 들어간 향수병에 들어간 향수
Leurs mes pour le chevalier d'Orsay
(오르세 기사를 위한 영혼들)

비자가 천연의 향과 맛 만으로는 만족하지 못하게 되었던 것이다. 냉침법, 온침법에 의해 천연의 에센스를 얻을 수 있는 추출기술은 유지와 알코올, 수증기, 용제(Solvent)를 중개하는 연금술과 같은 화학적 방법이었다. 이 과정은 동물성, 식물성 원료라고 하는 서로 관계가 없어 보이는 서로 다른 요소를 이용해서 자연과 비슷한 향을 포착해 낸 것이다. 출발점은 천연이었지만 '화학자의 기술'[10]에 의해 변화하는 것이다. 합성향료는 자연계에서는 발견하는 것이 불가능한 새로운 노트이다. 알데하이드(Aldehyde)와 같은 가공하지 않아도 강렬한 향을 내는 합성향료를 어떤 다른 향을 더 돋보이게 하기 위해 사용하는 등 기술적인 발전이 이루어진 것이다. 합성노트가 향을 신선하게 돋보이게 하고, 풍부하게 하여 조화롭게 하는 인상을 주자 점차 널리 사용되었다. 이 시대에는 잔향이 따뜻하고 깊게 남는 라스트 노트(Last note)가 주류였는데 이는 1928년, 레오파드 루지카(Leopold Ružička) 교수가 합성 머스크를 만들어 낸 공이 컸다. 같은 해 교수는 머스크 노트(Musk note)와 향 궁합이 좋은 애니멀 노트(Animal note)를 풍부하게 해 주는 사향고양이 분비물의 구성성분인 지베톤(Zibethon)의 합성을 구현해 낸다.

화학자들은 점차 천연의 향기성분의 합성에 성공해 나갔다

1940년대, 그라스. 냉침법을 시행하고 있는 아틀리에의 풍경

화학자들의 향수

강한 향조가 주류가 된 시대, 알데하이드는 매우 중요한 원료였다. 이 시대의 트렌드는 융합이 잘 되고, 안정성을 가진 원료들을 사용하는 것이었다. 알데하이드는 1903년, 다르젠(Darzen) 반응에 의해 발견된 것이지만, 조향사들이 본격적으로 이용하기 전에는 잘 알려지지 않은 성분이었다. '샤넬 No.5'를 만든 조향사 에르네스트 보(Ernest Beaux)는 향수의 제작은 장래 화학자들이 주도할 것이라는 것을 예측했다. '위대한 창조'라고 불릴만한 위대한 향수들은 자연과 화학이 함께 만들어내는 것이며, 이제까지 없던 새로운 물질이 포함될 것이라고 확신하고 있었다. "발견이 기다려지는 천연물질의 수는 얼마 많지 않을 것이다. 연구자들보다 화학자들에 의한 독창적인 노트가 생겨날 테니 신물질의 발견과 발전을 기대해야 할 것이다. 향수의 미래는 화학자들의 손에 있다."[12]고 그는 말했다. 그가 만든 샤넬 No.5는 지방족(Aldehyde) 알데하이드를 많이 사용한 첫번째 향수로, 어떤 꽃다발과 정원에서도 맡을 수 없던 추상적인 꽃의 향을 만들어냈다는 평가를 받는다.

10) BLAIZOT Pierre, "Parfums et parfumeurs (향수들과 향수 제조자들)", Paris, Éditions À l'étoile, 1946, p. 133.
11) VERLEY A., Sur les substances rares qui anoblissent les huiles essentielles (에센스 오일들을 고상하게 만들어주는 희귀한 물질들에 관하여), 1935, p. 90
12) BEAUX Ernest, "Souvenirs d'un parfumeur (어느 향수 제조자의 추억)", Revue de l'Industrie de la Parfumerie, s. d. vers 1950

천연보다 더 진짜 같은, 헤드스페이스(Headspace)의 등장

1960년대, 조향사들은 신기술인 크로마토그래피를 활용했다

시대를 막론하고 향료산업이 타겟으로 하고 있는 새로운 향수와 향장품은 무엇일까? 개인의 취향에 따라 느끼고 바라는 향은 모두 다르겠지만, 과학과 기술의 시대인 현대에도 향수의 기술은 나날이 진화하고 있다. 1950년대, 크로마토그래피(Chromatography)가 탄생했다. 크로마토그래피는 다양한 분자들이 섞여 있는 혼합체로부터 이들을 분리하는 실험방법이다. 1960년대에는 가스 크로마토그래피에 의해 분리된 성분의 질량을 분석하는 방법인 매스 스펙트로메트리(Mass spectrometry)가 겸용되기 시작한다. 장미 에센셜 오일을 예로 들면, 1950년대까지는 50종류의 분자만을 분석해 낼 수 있었지만, 70년대에 들어서는 200종류, 90년대에는 400종류를 해명해 낼 수 있었다. 이 분자의 일부는 복제되어 새로운 합성품을 만들어낼 수 있다. 크로마토그래피에 새로 구입한 원료를 분석하여 이미 있는 향료성분을 배합하고 그를 수치화하는 용도로도 사용한다. 현재는 향료업계의 여러 연구소가 이 기술을 이용하고 있다.

향료 산업의 최신 기술

1980년대, 그 당시의 향수는 소비자에게 '환상적인' 이미지를 줄 필요가 있었다. 살아있는 듯한 꽃의 향의 느낌을 그대로 간직한 향수들이 인기를 끌었다. 그렇다면 이 향은 어떻게 손에 넣을 수 있을까? 매장된 석유를 찾

을 때 사용하는 가스 성분의 분석기술은 1970년대 이미 향수산업에서 이용하고 있던 기술이었다. 바로 헤드스페이스(Headspace)이다. 향을 포집하는 유리로 된 기계를 실외에 설치하고, 그 안에 살아있는 꽃이나 식물을 그대로 세운 채로 밀봉하여 24시간 방치한다. 그 때 방출되는 향의 분자를 모두 포집한다. 크로마토그래피와 매스 스펙트로메트리로 성분을 분석하고 생물의 속과 종을 결정하기 위함이다. 꽃의 중심에서 나오는 향을 자연 그대로 채집할 수 있다. 그 후 천연과 합성성분을 이용하여 향을 재생하는데, 이 때 형태 즉 향기의 고유 ID를 부여하여 작성해 둔다. 이 방법의 최고 장점은 꽃과 식물에게 손상을 입히는 일 없이 자연 그대로의 향만을 채집할 수 있다는 것이다. 클론(Clon)처럼 향만을 그대로 복제하는 것과 같다. 이 장치의 이점은 어디에서든 사용할 수 있다는데 있다. 헤드스페이스는 꽃과 과실, 식물이 방출하는 향기성분을 그대로 채집할 수 있기에 가스의 흐름에 따라 향이 흡착판에 포집되면, 연구실에서는 화학식을 재구성하는 것이 가능해진다. 다이나믹 헤드스페이스법에는 꽃들의 재배지인 실외에 직접 설치해 향기를 채집하는데, 이러한 자연 속의 채집은 채집주기를 측정하고 분석할 수 있다. 그러나 분석은 일반적으로 연구실에서 이루어진다. 구형 플라스크 내부는 진공을 유지해야 하기 때문에 연구실 및 실내 온도를 저온으로 유지할 필요가 있다. 이렇게 채집된 향기

헤드스페이스 기술은 이런저런 원료의 향기성분을 모두 채집할 수 있다

성분은 공기를 밀어내고 응축하는데 그 물질을 가지고 분석을 한다. 고체상 미세추출법(Solid Phase Micro-Extraction, SPME)은 분석용 휘발성분을 응축시키는 기능을 한다. 이동이 가능한 실린더를 사용하는데, 헤드스페이스보다 사용하기 편리하다. 용액의 매체가 되어 용질을 녹이는 물질인 용제와 복잡한 부속기구도 필요 없다. SPME는 1990년대 초반, 수질과 대기의 상태를 분석하기 위해 개발되었다. 이동이 편리해서 꽃이나 다른 원료의 향기를 분석할 때도 사용되고 있다. 물 속에서도 이용 가능하다.

조향사들은 수많은 향료를 자유롭게 사용할 수 있게 되었다

생명이 있는 향, '리빙 퍼퓸'

향수 산업의 연구소에서는 물질을 포집하고, 언어로 표현하기 어려운 성분을 해독하고 있다. 진화를 멈추지 않고 살아있는 듯한 인상을 주는 리빙 퍼퓸(Living perfumes)을 기술혁명과 함께 끊임없이 찾아내고 있다. 향장품 향료와 식품 향료를 제안하고 창조하는 리빙 컴퍼니(Living company)도 실적을 축적해 나가고

도료를 만드는 메이커가 조합기술의 자동화 기술을 보급했다

있다. 지보당(Givaudan) 사가 대표적인 예이다. 높은 기술력으로 열대수목림에 피는 진귀한 꽃이 개화기에 내뿜는 향을 기구를 날려 공중에서 그대로 포집하고 있다. IFF(International Flavors and Fragrance)는 나사(NASA)와 연계하여 우주공간에서 장미의 향기가 어떻게 변하는지 조사하기 위해 다양한 품종의 장미를 우주 왕복선에 실어 보냈다. 오버나이트 센세이션(Overnight sensation)이라고 불리는 프로젝트이다. 퀘스트(Quest international) 사는 2004년, 산호초의 생식환경을 그대로 재현해 열대림을 탐색하여 환경을 파괴하는 일 없이 식물의 향을 포집하기도 했다. 사원(寺院)의 향을 그대로 소비자에게 느끼게 하기 위한 실험도 했다. 조향사는 이정도면 연금술사고, 마법사이자 창조의 신 데미우루고스(Δημιουργός)라고도 말할 수 있다. 이러한 미래지향적인 연구개발은 계속해서 현재진행형이다. 대량으로 향료용 분자를 제조하는 화학공장과 천연자원연구소의 기술 역시 진보해 왔다. 유전자공학을 기본으로 자연친화적인 향료생산을 위해 생분해성분자의 제조에 노력을 기울이고 있다. 합성에 드는 시간을 단축할 수 있고, 제조용 에너지를 절약할 수도 있어 환경친화적인 기술이라고 평가받는다. 향료산업의 영속성을 위해 이러한 기술들의 발전은 시행착오를 거치며 점점 진화하고 있다. 최신의 용제추출법에는 1980년대부터 이용해 온 초임계상태의 탄산가스를 사용하는 방법이 있다. 이 추출법은 천연 원료에서 가장 부드럽고 좋은 향을 추출하는 것이 가능하기 때문에 흑후추, 백후추, 생강 등 향신료에서 향을 추출할 때 주로 사용된다. 현재도 이 기술은 꽤 단가가 높은 편이다.

합성노트로 부활하는 향수기술

현재, 향료의 약 90%는 화학적인 합성으로 이루어진다. 매년 새로운 화학성분이 10종류 정도 추가되고 있는데, 조향사들에게는 자신의 창작 팔레트에 넣을 재료들이 점점 늘어나는 셈이다. 에르메스의 조향사로 알려진 장 클로드 엘레나(Jean-Claude Ellena)는 "이 향은 새로운 것인가, 원래 낮은 가격으로 존재하던 향인가, 기술적으로 성능이 동등한 것인가, 아니면 그냥 단순히 좋은 향인건가, 이 향은 대등한 향의 카테고리를 넓힐 수 있는 향인가"[13]라는 조향사들의 공통된 의문을 이야기한 적이 있다. 향료산업의 역사는 새로운 합성성분의 발견이 항상 터닝포인트가 되곤 한다. 개성적인 향수의 제작을 가능하게 하고, 새로운 향을 트렌드로 만들 수도 있다. 합성화학연구와 천연물의 분석, 새로운 분자의 발명을 위해 노력하는 분야가 있는 반면 생화학연구에 의한 신분야의 개척, 고전적인 합성화학에서는 불가결했던 분자의 합성이 이루어지고 있다. 과학과 산업은 항상 이렇게 함께 나아간다. 매년 새로운 향기성분이 발견되고는 있지만 향의 새로운 기원과 새로운 시대를 열만한 향의 수는 한정적인 것이 현실이다. 이미 검증된 것처럼 분자의 발견에서 향료산업의 실용화가 되기까지는 수십년이 걸렸다. 그러나 유기화학의 발명에서부터 후각을 자극하는 참신한 노트를 만드는데까지 걸린 시간은 확실히 단축된 것이 사실이다.

숭고한 향수의 내면에는

1908년 합성된 시클로시아(Cyclosia)의 베이스로 발매된 히드록시시트로넬랄(Hydroxycitronellal)은 이제까지 '말이 없는' 이라는 애칭으로 불려왔다. 천연향료가 없던 시절부터 사랑받아 왔던 은방울꽃 노트의 열쇠가 되는 성분이다. 이 분자는 상쾌하고 내추럴한 노트의 향수를 만드는 것을 가능하게 했다. 디올의 'Diorissimo(1956)'에도 들어가 있다. 1925년부터 1929년에 걸쳐 발견된 매크로사이클 머스크(Macrocycle musk)는 현재 사용 제한이 있는 니트로 머스크(Nitro musk)의 대용품으로 사용되고 있다. 'Anais-Anais(1978)'는 합성 머스크인 시클로펜타드카놀리드(Cyclopentadecanolide)가 들어간 첫번째 향수이다. 1950년에는 천연 용연향의 향이 재현되었다. 암브록스(Ambrox)라는 분자가 합성되어 향유고래의 난획을 방지할 수 있게 되었다. 파코라반의 'Ultraviolet Man(2001)'에 들어있다. 칼론(Calone)은 1951년 제조된 합성분자이다. 마린 노트(Marine note)를 구현하는데 최적의 성분으로 남성용 향수에 주로 사용되고 있다. 아라미스의 'New West for Her(1990)'가 대표적이다. 마린 노트와 아쿠아 노트(aqua note)는 여성용 'L'eau d'Issey(1992)', 남성용 겐조 'Masculin(1991)'과 같은 시원한 느낌의 향수의 새 시장을 열었다. 헤디온(Hedion)은 메틸 디하이드로자스모네이트의 별칭인데, 디올의 'Eau Sau-

은방울꽃은 천연향료의 채집이 어려웠지만,
현재는 발전된 추출 기술 덕분에 재생 가능하다

13) ELLENA J.-C., Le Parfum (향수), p. 41., col. « Que sais-je ? », éditions PUF.

vage(1966)'의 대성공과 함께 주목받은 성분이다. 헤디온은 신선하고 상쾌한 공기와 같은 인상을 주는 향수를 원하는 소비자들에게 어필할 수 있었다. 지금은 헤디온이 들어있지 않은 향수를 찾는 것이 더 어려워졌다. 1993년, 새로운 품질의 헤디온HC가 합성되어 에스티로더의 'Pleasures(1995)'의 성공에 공헌[14]하기도 했다. 현재 합성화학은 향기의 제조에 불가결한 요소이다. 신기술에 매료된 시장에서 새로운 향, 새로운 분자, 새로운 느낌의 발견은 아무리 경쟁해도 단독으로 획득할 수 없는 보물과도 같은 존재이다. 새로운 성분이 처음 파인 프래그런스 시장에 진입할 때는 마케팅과 경제적인 배려가 필요하다. 고급 향수 시장에 도입한 후에 화장품, 세정제 등을 만드는 시장으로 넘어가고 있기 때문이다.

향수의 조합은 정확한 용량이 중요하다. 컴퓨터로 계측한다

천연자원의 한계

아무리 합성물질이 향수산업 전반에 걸쳐 사용된다고 해도 여전히 천연물질에는 미래가 있다. 새로운 천연자원가 발견되면 당연히 유행할 것이다. 매그놀리아 꽃 유래의 에센셜 오일과 삼박 자스민, 금목서의 앱솔루트는 향료산업에 도입된지 20년도 채 지나지 않았다. 중국에서는 차, 음료, 담배에도 넣어 사용하던 재료인데 말이다. 현대에는 향수제조업자가 공장에서 직접 향료를 알코올 용액에 넣어 희석하는 일은 없다. 1950년대, 천연향료와 합성향료를 배합하거나 각기 종류가 다른 합성향료들을 배합해서 만든 향료인 '조합향료'가 탄생했다. 이 조합향료를 전문적으로 만드는 회사들이 설립되고, 각 향수 제조 회사들은 이 조합향료를 구매하여 사용하는 형태로 변화하였다. 프랑스의 그라스가 향수의 수도로 남아 있기 위해서는 향수와 식품향료의 성분을 전문적으로 정리하고 기획해야만 한다. 그라스의 천연자원이 남아 있다고 하더라도, 전통적인 지역 제품들은 점점 사라지고 있기 때문이다.

재배하는 양은 과서보다 줄었지만, 그라스는 지금도 여전히 자스민의 약속의 땅이다

그라스에서 오랜 기간 재배된 자스민이지만, 최근에서야 주목받는 품종인 삼박 자스민도 있다

14) BLANC Pierre-Alain (Firmenich 회사): « La recherche de nouvelles molécules: clé de l'innovation olfactive », in Une industrie du rêve et de la beauté ("새로운 분자들에 관한 연구: 후각적 혁신의 열쇠", in 『꿈과 아름다움의 산업』), 2006, Éditions d'Assalit.

오늘날 대부분의 제품에는 향이 들어가 있다.
특히 위생관련제품이 더 그렇다

향기는 어디에나 존재한다

대중화(大衆化)라는 큰 변화는 향수 뿐 아니라 사회의 전 분야에서 나타난다. 지금 우리가 사용하는 다양한 제품에는 모두 향이 있다. 의류용 세제, 비누, 식기용 세제 등 향이 없는 제품을 찾기 어려울 정도이다. 공적인 공간, 사적인 공간 모두 디퓨저나 캔들, 룸 프래그런스 등을 사용하여 좋은 향이 나게 하는 것이 당연하게 되어 버렸다. 식품향료도 감각적인 영역들 사이의 벽을 허물 정도로 다양하게 존재한다. 우리는 맛을 코로 느끼고 있는걸까, 향을 맛보고 있는걸까? 대규모 산업에서 파인 프래그런스 및 향수는 극히 일부분에 지나지 않는다. 20세기에 들어 변화한 대중화, 국제화 흐름에 따른 당연한 사회 현상인 것이다. 탄생에서부터 3천 년 이상이 지난 향수. 그 향수가 특별하고 특권계층만 사용하던 값진 물건에서 제품의 평균 수명이 짧고, 일상적인 용도로 사용하기 시작한 시대가 된 것이다. 향료산업의 진화는 어떤 가능성을 내포하고 있는 것일까? 생명공학의 새로운 발전과 함께 향수를 규정하던 개념도 바뀌고 있는 것 아닐까? 천연향료산업은 21세기의 발전을 지탱하는 꿈의 실현인 것일까?

앞으로 조향사들이 나아갈 길

'향수'라는 예술은 어느 시대이건 기술과 과학의 힘과 함께 성장해왔다. 향수 그 자체, 향수병, 제작비용 절감 등 다양한 이슈를 가지고 끝없이 변화해왔다. 그리고 지식을 탐구하는 학자들과 함께 여러가지 기술의 근본과 성장과 함께 또 달라져왔다. 레오나르도 다빈치는 '진정한 과학은 냄새를 맡고 나오는 결과에서 태어난다'고 말한 바 있다. 현대 향료산업은 엄격한 규제에 직면해 있다. 지구단위의 글로벌화가 가속화되며 경쟁이 심화되고, 창조 작업을 마비시키는 정도까지 와버렸다. 르네상스시대 레오나르도 다빈치가 '힘은 제압으로부터 생겨난다'고 했는데, 제압과 자유의 밸런스를 조정하는 본인만의 노력이 필요한 순간인 것 같다. 충분히 시간을 들여 자신의 독창성을 믿고 연구를 계속할 필요가 있다. 그렇다면 꿈과 아름다움을 가져오는 산업인 향수산업이 당신에게 길을 열어줄 것이다.

Élisabeth de Feydeau

향수를 표현하다
Sylvaine Delacourte[15]

그림과 조각에 감탄하고 책과 오페라를 비평하는 것은
그리 어렵지 않은 어휘와 표현으로 가능하다.
향수에서 받은 감정을 전달하는 것은 그에 비해 너무 어렵다.
겔랑에서 내가 맡은 업무는 마케팅 팀과 조향사의 사이에서
그런 감정을 통역해 전달하는 것이었다.
마케팅 팀이 바라는 것을 전문가들이 사용하는 기술용어로
전달하는 것이다. 내가 자주 들었던 표현들을 일부
정리해보려고 한다.

프레시(Fresh)
아주 자주 듣는 표현이다. 진지하게 생각할 것 없이 '매우 좋은 향, 엄청 기분 좋은 향'이라는 의미로 쓰인다.

스파이시(Spicy)
기술적으로 스파이시한 원료가 들어가지 않더라도 '개성 있는 향'이라는 의미로도 쓰인다.
강렬하다, 묵직하다, 무겁다: 마음에 들지 않을 때도 사용한다. 어떤 향수가 원료 자체의 향과 멀어지거나, 기존 세계와는 거리가 먼 향기를 낼 때 사용하기도 한다.

세개의 향이 느껴진다
탑, 미들, 라스트노트가 명확히 구분되는 것이다. 그리고 그 향수는 융합이 충분하지 않다는 반증이기도 하다.

습한 땅과 흙이 생각난다
패츌리가 너무 많이 들었거나, 제대로 조화되지 않은 향수일 것이다.

시고, 쓰고, 톡 쏘는 느낌
감귤계열이 너무 많이 배합되었을 것이다.

세제와 비누 같은 느낌
디하이드로미르세놀이나 사향이 너무 많이 들어갔을 수 있다.

아기 냄새
화이트머스크, 비터오렌지의 향이 강한 인상을 주고 있을 것

파우더, 고서, 건조한 느낌, 코를 간지럽히는 느낌
아이리스, 우디노트, 바이올렛노트가 강할 것. 다루기 어려운 원료인 미모사의 배합을 잘못해도 시큼하고 옛스러운 향이 난다.

불결한 축사의 냄새
애니멀 노트, 레저 노트에서 인돌, 파라크레졸 등이 과한 경우

---

15) 실벤 들라쿠르트: 겔랑에서 개발과 평가 부분을 담당하는 디렉터. 브랜드 마케팅에서 사용하는 언어가 조향사에게는 전혀 와닿지 않는 언어라는 것을 깨달았다. 반대로 조향사의 언어도 일반 대중에게는 외계어처럼 들린다는 것도 깨달았다. 그녀는 이러한 두 언어를 해독, 전달하는 임무를 맡았다. 쌍방의 바람이나 감정을 통역하여 전달하는 매우 어렵지만 보람된 작업이다. 그녀는 향수 뿐 아니라 화장품 분야에서도 돋보이는 겔랑의 티에리 바세(Thierry Wasser)와도 다양한 제품개발을 함께 하고 있다.

**캔디, 캐러멜, 뜨거운 우유, 마쉬멜로우,
오븐에서 막 꺼낸 과자 냄새**
바닐라와 바닐라 빈, 말톨이 과한 경우

토마토 같은 야채의 냄새
그린 노트의 cis-3-hexanol, Triplal이 제대로
융합되지 않은 경우

경유, 석유 냄새
cis-3-hexanol이 과하게 들어 있는 경우

코를 찌르는 냄새
우디, 앰버노트의 카라날(Karanal)이 반응을 과하게
하고 있는 경우. 개인적으로 이 향에 민감하다.

매니큐어, 바나나, 라커 냄새
여성이 자주 말하는 표현, 벤질아세톤이 너무 많이 배
합된 경우

접착제, 풀 냄새
아니스 알데하이드, 헬리오트로핀, 쿠마린 때문이다.

청사과 향의 샴푸 냄새
싸구려 향수의 느낌

태닝오일, 후기, 해변, 더운 모래사장의 느낌
긍정적인 느낌이다. 유럽적인 향의 느낌이 있다. 태양을
피하는 아시아와 미국인들은 잘 모르는 향조이기도 하다.

치즈
동물성 악취와 유지방의 산성이 느껴진다는 뜻

말린 풀, 막 자른 풀의 냄새
그린노트의 향이 지나치게 강하지만 부정적인 뜻은 아니다.

인형의 냄새
여자아이들이 좋아하는 코롤 인형, 바닐라 향이 은은한 향

대파 냄새
베르토픽스(Vertofix)의 향이 다른 향을 다 가리고 있
을 가능성이 크다.

토스트, 약간 탄 냄새
피라진(Pyrazine)이 과도하게 들어간 경우

잘 모르겠음, 코가 마비된 것 같음
이오논(Ionone)과 바이올렛 노트가 함께 배합된 경우
인지 확인해 보아야 함.

최근, 캐나다를 여행하다 만난 저널리스트들이 겔랑의
향수에 대해 '토할 것 같아'라고 말을 걸어왔다. 그녀들
은 그 향수를 무척 좋아한다는 뜻으로 건넨 말이었다.
감상이란 이렇게 어려운 것이다. 때로는 조악한 표현이
라고 할지라도, 그 안에 숨은 의미를 파악해내야 한다.
그렇기에 적절한 질문들을 통해 중요한 포인트를 잡아
내는 것은 매우 중요하다.

38명의
조향사와
향이 나는
38가지
식물

가이악 Gaïac	벤조인 Benzoin	유향 Frankincense
갈바넘 Galbanum	블랙커런트 Black Current	이모르뗄 immortel
금목서 Osmanthus	비터 오렌지 Bitter Orange	일랑일랑 Ylang-ylang
라벤더 Lavender	샌달우드 Sandalwood	자스민 Jasmin
마테 Mate	수선화 Narcissus	장미 Rose
만다린 Mandarin	스타아니스 Star Anise	제라늄 Geranium
미모사 Mimosa	스티락스 Styrax	진저 Ginger
민트 Mint	시나몬 Cinnamon	카다멈 Cardamom
바닐라 Vanilla	시더 Cedar	클라리 세이지 Clary Sage, Salvia
바이올렛 Violet	시스투스 Cistus	통카빈 Tonka Bean
바질 Basil	아이리스 Iris	튜베로즈 Tuberose
베르가못 Bergamot	아카시아 Acacia	패츌리 Patchouli
베티버 Vetiver	웜우드 Wormwood	

가이악 (Gaïac)

Gaïacum officinale L. 납가새과
Le baiser du dragon, Cartier, 2003

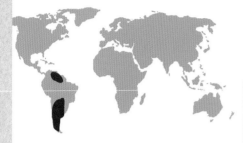

가이악 나무의 원산지는 남아메리카와 서인도 제도. 주요 생산지는 아르헨티나(그란 차코 숲), 베네수엘라, 파라과이 열대우림이다.

> 향기성분: 독특한 장미 향의 가이악 오일은 구아일 아세테이트를 쓰기 전까지 많이 사용되었다. 가이악은 항산화 효능이 높고, 대부분의 성분은 세스퀴테르펜에 속하는 구아이올 및 불네솔 등이다.

가이악은 유럽에서 흔히 볼 수 있는 이국적인 나무다.

가이악은 1884년부터 프랑스에서 탕약 형태로 매독과 결핵 치료제로 사용했다. 1930년, 더 효과 좋은 약이 나오기 전까지 말이다. 가이악의 송진은 오래 전부터 관절염 치료제로 널리 쓰였다.

가이악 나무의 밀도는 1.3으로 매우 단단하고 촘촘하며, 생명의 나무라고도 부른다. 가이악은 도르래의 밧줄 걸이, 배의 프로펠러, 보석 세공 등 다양하게 사용된다. 이렇게 용도가 다양하다 보니 지나친 채집을 하게 되었고, 그 결과 나무의 양이 크게 줄었다. 최근 주요 수출국에서는 채집을 제한하는 법령을 만들기도 했다. 가이악의 에센셜 오일은 주로 줄기와 가지에서 추출되며, 나머지는 대팻밥이나 톱밥에서 나온다. 수증기 증류로 추출하는 시간은 약 24시간 정도로 길고 수율은 약 5-6% 정도다. 정제유는 희거나 노란 빛인 반 결정화 상태의 점성이 있는 덩어리이며 우디, 장미향에 가까운 달콤한 향이 난다. 가이악은 향수 제조시 미들 노트를 고정하는 역할을 한다. 또 장미향이 나는 향수에서도 가이악 오일을 많이 사용한다. 오일 가격은 상대적으로 비싸지 않아 비누와 화장품, 다른 제품을 만들 때 향을 내는데 쓰이기도 한다.

가이악의 채집이 엄격하게 제한됨에 따라 과거에 나무로 만들었던 공은 합성 물질로 만들어지게 된다. 고밀도의 가이악은 도르래, 차축, 배 프로펠러의 베어링 자재 등 다양한 분야에서 이용되어 왔다. 프랑스의 전통 놀이인 페탕크(Pétanque)나 볼링과 비슷한 공을 만드는데 쓴다. 공은 가이악으로 만든 원반이며, 직경은 10-15cm, 무게는 4-8kg이다. 직사각형의 공간에 아주 세게 던지면 공들이 구멍에 떨어지면서 게임이 끝난다. 구리 원반에 빨리 도달하는 사람이 이긴다.

가이악은 대략 15m의 높이로, 회색 껍질은 두껍고 윤기가 난다. 이 나무는 색이 하얗게 바래는 파란 꽃과 노란색의 작은 열매들을 가진다. 오돌토돌한 꼭지가 있는 잎은 타원형이다.

올리브 오일과 가이악을 넣은 당근 퓨레(4인분)

당근 800g, 감자 200g, 올리브 오일 세 큰술,
가이악 정제유 한 두 방울, 생크림 두 큰술, 소금과 후추

다진 당근과 감자를 찐 다음, 퓨레 형태로 으깬다. 올리브 오일,
생크림, 그리고 가이악을 넣는다.
약간의 우유를 넣어 적당한 농도로 맞춘다.
양념을 하여 흰살 생선이나 육류와 함께 서빙한다.

조향사
EVELYNE BOULANGER

나는 냄새와 다양한 향에 항상 민감하게 반응했다. 금방 깎은 풀 냄새, 야외에서 말리던 세탁물의 냄새를 떠올리면 고향 노르망디의 풍경이 아직도 생생하다. 식물과 꽃에 열정적이던 나는 우선 식물학을 공부했다. IUT(프랑스 공과 전문 대학 시스템) 화학 공부를 마치고 ISIP에 들어가 1980년 향수에 관한 학위를 받았다. 로베르테 사에서 조향사 장 귀샤르(Jean Guichard)의 조수로 일하면서, 운이 좋게도 난 에드몽 루드니츠카(Edmond Roudnitska) 등 이 분야의 '달인'들을 만나게 되었다. 지보당(Givaudan) 사와 크리아숑 아로마티크(Créations Aromatiques)에서 조향사로 일 했으며, 지금은 심라이즈(Symrise)의 모리스 루셀(Maurice Roucel) 팀에서 일하고 있다.

향수에서 시작하여
화장품의 라인을
만든 하나의 예

진가를 인정받지 못하는 에센스

가이악 에센스는 향수 제조 분야에서 상대적으로 인정받지 못했고 저렴한 가격 덕분에 비누 제조에 많이 쓰였다. 2000년대 초반, 가이악 향이 다시 유행하기 시작했고, 현재는 여러 향장 제품들에 쓰이고 있다. 가이악에서는 훈제 햄을 연상케 하는 냄새가 난다. 가이악 향은 부드러운 동시에 관능적이고, 미들 노트와 베이스 노트에 깊이를 준다. 나는 '보그너 우드 우먼(Bogner Wood Women)'에 가이악 향을 넣어 자연 그대로의 향, 아몬드 향, 꼴향을 구현했으며, 베이스 노트에는 나무향과 바닐라 향을 조합하여 피스타치오 나무의 향을 표현했다. 또한 '자이살메르(Jaisalmer)'에서는 가이악향을 삼나무와 섞었고, 남성용 향수 '화이트 머스크(White Musk)'에도 넣었다. 내가 즐겨 쓰는 베이스 노트로, 가죽 향과 나무 향 사이에 감지되는 훈제와도 같은 향을 미들 노트에서도 맡을 수 있다는 점을 높이 평가한다.

생산 라인의 확장

향수에서 시작하여 상품의 라인업을 넓혀 나가기를 원하는 제작의뢰는 꽤 일반적이다. 비누나 크림을 만들 때 알코올 용액에 용해한 조합 향료를 배합하기만 하면 된다고 단순하게 생각하는 경우가 있다. 하지만 그렇게 만만한 일이 아니다. 제품을 안정화시키기 위해서는 주요 성분들의 반응이나 상호 작용을 잘 살펴야 한다. 시장에 출시되기 전, 열, 빛에 반응하는지. 물과 잘 섞이는지 등의 테스트를 해야 한다. 만약 제품이 불안정하다면 어떻게 해야 할까? 문제가 되는 원료를 찾아내고, 그 양을 조절하거나, 대체 물질을 찾아야 한다. 소비자가 냄새를 느낄 때 시간이 지나면서 처음의 느낌이 변하는지, 향의 노트가 희미하게 사라지는지, 아니면 너무 오래 남아있는지를 확인해야 할 경우도 있다. 문제 해결을 위해 포뮬러를 변형해 탑 노트의 잔향이 더 오래 가도록 하는 등 여러가지 방법을 생각해볼 수 있다. 어떤 문제에 정확한 해답은 없다. 왜냐하면 조향이라는 작업은 창작을 하는 일이기 때문이다.

남성용 향수 화이트 머스크

더 바디 샵(The Body Shop)이 남성을 위한 머스크 향을 만들어 달라고 했을 때, 나는 사랑하는 연인을 떠올리며 머리 속에 떠오르는 단어를 적었다. 그리고 그 단어에 어울리는 원료들을 찾았다. 최소한의 원료만을 사용해 미니멀하고 심플한 향을 만들어보고자 했다. 우선 전통적인 향수의 제조 공식인 탑-미들-베이스를 생각하지 않으려했다. 아주 편안한 머스크 향, 상탈 나무와 앰버그리스의 관능적인 향, 가이악의 스모키하면서 가죽 느낌이 나는 향을 먼저 생각했다. 남성적인 노트에 아련한 섹시함을 품은 베티버, 타바코 노트를 섞어봤고 베르가못과 라벤더로 상큼한 맛을 더했다.

EVELYNE BOULANGER의 향수

Io, La Perla, 1994
Deci Delà, Nina Ricci (avec Jean Guichard), 1994
Charlie Gold, Revlon, 1995
Dalistyle, Salvador Dali, 2002
Eaux d'Eté First, Van Cleef & Arpels, de 2002 à 2007
Comme des Garçons: series 2, Red, Carnation, 2002
series 3, Incense, Jaisalmer, et Zagork, 2002
series 4, Cologne Anbar, Cologne Citrico, 2002
Bogner Wood Woman, Bogner, 2003
Life by Esprit pour femme, Coty, 2003
White Musc for men, The Body Shop, 2007
Just 4 U, Lulu Castagnette, 2007
Eden Park, EdT Homme, 2008
Aqua Lily, The Body Shop, 2008
Lulu Rose, Lulu Castagnette, 2009
QS by S. Oliver, Men, 2009

가이악이 들어간 향수

Bahiana, Maître Parfumeur et Gantier, 2005
Le Baiser du Dragon, Cartier, 2003
Gin Tonic Happy Hour, Gin Tonic, 2009
L'Eau de Guerlain homme, Guerlain, 2009
PI, Givenchy, 1998

갈바넘 (Galbanum)

Ferula galbaniflua Boissier et Buhse
Ferula rubricaulis Boissier, Ferula ceratophylla Regel et Schmalhausen 미나리과
Vent vert, Balmaim, 1945

갈바넘, 거대한 미나리과 식물.

갈바넘 에센셜 오일은 항염 작용, 통증 완화, 최음 효능으로 널리 알려져 아로마테라피에 사용한다. 갈바넘은 그린향과, 톡 쏘는 발사믹 향취를 가지고 있다. 한때 호흡기 질환, 복부 팽만증, 복통 치료제로 썼으나, 이러한 용법들은 오늘날 더 이상 사용하고 있지 않다.

공주들의 향수

갈바넘은 Ferula(Ombellifères)의 세 품종으로부터 나오는데, 이란 북부의 Ferula galbaniflua, 이란 남부의 F. rubricaulis Boissier, 투르키스탄의 Schmalhausen이다.

> 향기성분: 갈바넘 에센셜 오일은 주로 α-와 β-피넨, 리모넨, 카렌, 갈바놀렌으로 구성되어 있다.

뿌리는 놀랄만큼 땅딸막하고 비트의 뿌리와 닮았다. 뿌리에 칼집을 넣거나, 뿌리와 줄기의 경계에 흠집을 내면 갈바넘의 고무수지가 나오는데, 그 수지를 채집해서 사용한다. 향료로 사용할 수 있는 갈바넘은 페르시아의 갈바넘과 레반트(Levant)산 갈바넘이다. 페르시안 갈바넘은 경질의 갈바넘이라고도 불릴 만큼 단단하고 점성은 없지만 응고되는 경우가 있고, 표면은 살짝 노랗지만 대체적으로 하얗고, 강한 발삼향이 난다. 레반트산 갈바넘은 부드럽고 말랑말랑하며 점성이 있고 시간이 지날수록 단단하게 굳어진다. 은은하게 노랗거나 붉은 빛을 띤다. 수지는 고형에 가까워 식물의 잔여물이 섞여 있어 탁하다. 레반트의 길바넘은 침엽수와 비슷한 그린 혹은 우디한 느낌의 강한 향이 특징이다. 실제로 향수 제조에 사용되는 갈바넘은 대체적으로 레반트산 갈바넘이다. 현재 갈바넘의 채집은 이란이 독점하다시피 하고 있는데, 특히 수도 테헤란의 북동쪽 엘부르즈 산맥(Elburz Mts.)에서 주로 생산되고 있다. 여름이 되면 채집가들은 넓게 펼쳐진 불모의 토지를 누빈다. 길게 자란 갈바넘 줄기를 구하기 위해서이다. 동그란 갈바넘의 뿌리를 절개한 후 2주가 지나면 같은 공정을 반복한다. 연간 100~150톤에 이르던 갈바넘 수확량은 1980년대부터 줄어들기 시작해 현재는 50~60톤 정도에 불과하다. 이 고무 수지를 수소 증류하면 투명한 에센셜 오일 (수율 18~24%)이 되는데, 오리엔탈 계열 향수를 만들거나 상쾌한 그린노트를 연상시키는 향수에 사용한다. 유기 용매로 추출하면 깊은 자연의 향, 발삼, 우디, 동물의 체취와 같은 향이 나며 짙은 호박색에서 노르스름한 황갈빛이 나는 소량의 반고체의 수지를 얻을 수 있다.

갈바넘은 고대 이집트의 제례 등에서 사용했다. 아비뇽 대학 프랑스 연구진은 고고학자 J. 드 모건(J. de Morgan)이 1894-1895년에 다슈르(Dashour)에서 발견한 고대 이집트 유물로 추정되는 샘플을 분석했다. 그 중 하나는 삿-하토르(Sat-Hathor) 공주의 무덤에서 나온 페룰라의 뿌리로 확인되었다. 상형 문자로는 '처음 선택하는 향수'라고 적혀 있고 아울러 식물이라 덧붙였다. 갈바넘 향유는 9가지 제사용 오일 중 하나였다.

Ferula galbaniflua Boissier와 Buhse, Ferula rubri-caulis Boissier, Ferula ceratophylla Regel, 그리고 Schmalhausen이 향수를 제조할 때 사용된다. 산형 초본 식물로 뿌리가 1-2m 길이이며, 불모지대에서는 해발 2,800미터까지 자랄 수 있다.

녹차와 갈바넘을 넣은 비스킷 샤브레

—

부드러운 버터 150g, 건조 이스트 반봉지, 바닐라풍미 설탕 한봉지, 설탕 150g, 계란 흰자 1개, 말차 1g, 밀가루 150g, 갈바넘 에센셜 오일 2방울, 필요하면 물을 조금 사용한다.

오븐을 180도로 예열한다. 버터, 설탕, 바닐라 설탕, 갈바넘 에센셜 오일을 믹서로 섞는다. 계란 흰자를 넣고, 미리 이스트와 섞은 밀가루 그리고 녹차를 넣어준다. 반죽이 균일해지면 소시지 모양으로 만들어 랩을 씌워 서늘한 곳에 보관한다. 작은 조각으로 자른 반죽을 베이킹 시트 위에 놓고, 15분 정도 굽는다.

조향사
JEANNINE MONGIN

1956년 향수 업계에서 우연히 일하게 된 것은 나에게 행운이었다. 처음에 뤼뱅(Lubin) 사의 앙리 지불레(Henri Gibou-let)의 어시스턴트로 일했고, 시나롬(Sy-narôme)사에서 위베르 프리세(Hubert Fraysse)의 견습 조향사, 주르주 상트(Georges Saint)와 렌데릭(Lenthéric) 사에서 1년 이상 열심히 일한 뒤 IFF에 합류하게 된다. 르노 세네끄(Renaud Sé-nèque)와 함께 향기 평가사로서, 다양한 부서에서 일하게 되었다. 그 뒤 멘토 기로베르(Guy Robert)의 가르침을 받아 나는 드디어 조향사가 되었다. 나의 조향사 경력은 16년 동안 일한 지보당(Givaudan)에서 끝이 났으며, 그 뒤에는 향 교육에 매진하게 된다. 1992년부터 10년 동안 ISIPCA에서 향수 제조를 가르쳤다. 오스모테크(Osmothèque: 프랑스 및 미국을 기반으로 향수의 역사를 살피고 연구하는 국제 연구 기관이자 향수 아카이브) 설립에 기여한 팀의 일원이자 창립 멤버인 나는 누벨 드 오스모테크(Nouvelles de l'Osmothèque)라는 향수 잡지의 편집장을 역임하게 되며 20세기 향수의 역사에 대한 칼럼을 쓰게 된다.

나무 아래에서 나는 향

갈바넘은 자연에서 자라는 야생 허브다. 갈바넘 에센셜 오일은 봄의 맑은 강가를 연상하게 하는 프레쉬한 탑 노트를 가지고 있다. 피라진, 토마토, 당근 줄기 잎의 냄새는 갈바넘의 또다른 매력이다. 갈바넘의 레지노이드에서 나오는 그린 노트의 깊은 향은 사람들에게 나무 잎사귀들 속에 있는 듯한 기분을 느끼게 해준다. 축축한 나무, 오크 이끼, 베티버 향이 나무, 뿌리의 향과 어우러져, 고전적인 사이프러스 향을 만든다. 최초의 여성 조향사인 제르맹 셀리에(Germaine Cellier)는 1945년 발망(Balmain) 사에서 '방 베르(Vent Vert)'를 만들어 이름을 날렸다. 그녀는 젊음을 떠올리게 하는, 시원하고 봄의 역동성이 느껴지는 향수에 갈바넘을 8%나 넣었다. 20년 후, 방 베르(Vent Vert)는 '그라피티(Grafitti)', '피지(Fidji)', '오 드 깡파뉴(L'eau de campagne)'와 함께 젊은 여인들 사이에서 가장 큰 인기를 끌게 된다.

후각적 표현

향수를 설명할 때 향수에만 사용하는 고유한 언어는 없으며 음악, 회화, 조각 등의 언어를 빌려와야만 비로소 그 표현이 가능해진다. 나는 ISIPCA 학생들에게 후각적인 표현을 가르쳐주며, 다른 예술 분야의 언어 표현들을 가져와 평범한 물건이나, 과일, 야채의 형태와 냄새, 촉감으로부터 이끌어낼 수 있는 모든 것들을 향수의 원료들과 연관시켜 표현할 수 있도록 가르쳤다. 살구의 둥근 형태는 백단향과 같은 거칠지 않은 향을 연상시킬 수 있다! 촉감도 부드럽고 순하지 않은가? 우리는 거기서 통카빈을 떠올릴 수 있다. 살구의 과육은 부드럽고 약간 새콤하지 않은가? 과일의 알데히드 때문인데 그 씨는 나무의 형태를 떠올리게 한다. 학생들은 각종 형용사를 사용해 냄새를 표현하고자 노력했고, 모든 사람들이 공감할 수 있는 설명을 전문가들이 쓰

Galbanum

는 고유의 기술적인 어휘로 표현했다. '부드럽고, 둥글며, 과일 향이 나는' 향수를 제안한다. 그리고는 향 팔레트의 도움을 받아, 그 향기를 만들어낼 수 있는 노트들을 찾도록 노력해보는 것이다. 결과물을 만들면 학생들은 토의를 거쳐 서로를 평가해주는 시간을 갖는다.

조향사의 팔레트에는

조향사의 팔레트 수업은 향의 진화에 대한 내용이 주를 이룬다. 감귤계로 시작하여 플로럴, 그린, 마린, 시프레, 우디, 앰버에 이르기까지 조향은 점점 세련된 진화를 거치며, 향수의 표현까지도 다양해지게 된다. 20세기 초반까지의 위대한 조향사들의 이야기와 역사, 19세기 말 향수산업의 진화 등 새로운 카테고리를 여는 대가들의 위대한 작품도 함께 가르쳤다.

JEANNINE MONGIN의 향수

우리가 과거를 회상할 때 기억하는 것은 '처음과 마지막 성공'일 것이다. 1969년 내가 만든 레오나드 사의 첫 번째 향수였던 '패션(Fashion)'. 플로럴하고, 풍부하며, 일랑일랑의 가벼운 미들 노트, 동물성 염료의 베이스 노트, 약간 가벼운 알데하이드의 신선함이 있는 사이프러스를 가미했다. 같은 브랜드에서 1993년에는 그 당시 트렌드였던 플로럴 부케향을 강조해 업그레이드했다. 1990년에 시슬리에서 만든 '오 뒤 스와르(L'eau du soir)'는 우디하고 패츌리 향이 강한 사이프러스 향을 동시에 느낄 수 있다. 처음에는 프리지아와 치자 등 플로럴한 노트가 어렴풋이 느껴지다가 점점 향이 강해지며, 갈바넘의 초록색 화려한 부케가 확 퍼진다. 잔향이 오래 남는 향수다.

갈바넘이 들어간 향수

CONTENANTS DU GALBANUM
Ysatis, Givenchy, 1984
L'Eau du soir, Sisley, 1990
Vent Vert, Balmain, 1945
Ivoire, Balmain, 1979
N°19, Chanel, 1970

금목서 (Osmanthus)

Osmanthus fragrans Lour. 물푸레과
Osmanthus Interdite, Parfume d'Empire, 2007

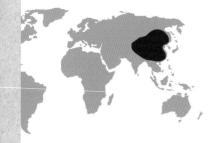

중국이 원산지인 금목서는 계림시 근교 군산에서 많이 자란다. 계림(桂林)은 중국어로 금목서의 숲이라는 뜻이다. 그 밖에 중경, 성도와 대만의 신죽도 금목서의 산지이다.

> 향기성분: 앱솔루트에는 370종 이상의 성분이 들어 있는데, 살구향이 나는 주요 성분은 알파와 베타 이오논(Ionone)류와 다마세논(damascenone)류이다.

금목서는 하얗고 귀여운 꽃이 다발져 핀다.

만성 기침에 말린 꽃잎, 뿌리, 나무 껍질을 이용한다. 금목서 앱솔루트는 헤어와 스킨케어 제품에 사용하고, 벌레기피제 효과도 있다. 살구 향기와 비슷한 금목서의 향으로 약용식물의 고유 향을 가리기 위해 배합하기도 한다.

고대 중국 황제의 정원에 있던 낮은 키의 상록수, 금목서. 향이 좋은 꽃을 피우기 때문에 점차 서민들도 재배하기 시작했다. 작은 돌이 적은 토양이 좋은 땅, 적당한 비, 강한 태양이 내리쬐는 아열대성 기후에서 잘 자란다. 중국과 대만에서는 건조한 꽃을 과자와 차에 넣어 먹는다. 최근에는 살구맛 요구르트 등 식품향료에도 사용하고 있다. 작은 꽃이 나무 전체를 덮듯 다발 모양으로 핀다. 3주에 걸쳐 꽃을 수확하는데, 가지를 치거나 흔들어 땅에 깔아 놓은 천 위에 떨어뜨린다. 수확한 꽃잎은 소금물이 들어 있는 통에 가득 담아 공장으로 보낸다. 추출할 수 있는 용량이 적고 재배지가 각지에 분산되어 있어 꽃의 수확은 비정기적으로 행해지고 있다. 통에 들어 있는 꽃을 깨끗한 물로 씻고, 물기를 제거한 다음 헥산, 석유 에테르 용제로 에센셜 오일을 추출하는데 수개월 간 이런 작업을 반복한다. 이러한 추출법은 프랑스 그라스 지방에서 사용하는 방식과 비슷하다. 추출로 얻는 콘크리트의 수율은 약 1.5~1.7%이며, 가공 처리로 수율 70%의 진갈색 앱솔루트를 얻을 수 있다. 향수에서는 상당히 가격 경쟁력이 있는 제품이다. 금목서가 유럽의 향수 업계에 소개된 것은 중국인과 함께 공동 작업을 진행했던 그라스의 LMR(그라스 소재 향료 제조 업체이며 IFF 소속)이며 1985년의 일이었다. 그 당시의 생산량은 1kg 밖에 되지 않았지만, 지금은 약 100kg에 달하게 되었다.

금목서를 재배하는 도시, 중국 광시좡족자치구. 톱날 같은 구릉 지대가 금목서의 전통적 재배지이다.

향기 좋은 꽃이 피는 금목서는 전통적으로 중국 계림시의 상징이다. 계림시는 2,000여년 전 주나라 시대에 형성되었다. 리강(漓江)과 '용의 이빨'이라 불리는 톱날처럼 보이는 아름다운 구릉 지대가 멋있는 곳이다.

금목서는 1~2m의 키 작은 관목으로 꽃은 일년에 2번, 5-6월과 9-10월에 핀다. 주품종은 꽃이 하얀 은목서와, 꽃이 금색이며 향이 진하고 달콤한 과일꽃 향의 금목서이다.
사진은 Osmanthus Burkwood

우롱차와 금목서 젤리

우롱차 3스푼, 물 1L, 금목서 꽃잎 2스푼,
레몬 1/2개, 설탕 400g, 한천 가루 6g

펄펄 끓인 물에 우롱차와 꽃잎을 넣고 10분 간 담가둔다. 차가 우러나면 설탕과 한천 가루, 레몬 반 개의 즙을 넣고 끓여준다. 준비해둔 용기에 나누어 넣은 후 뚜껑을 덮어 냉장고에 넣고 차갑게 식힌다.

조향사
JEAN KERLEO

과거의 중등 교육 과정을 수료하고 병역을 마친 후 헬레나 루빈스타인(Helena Rubinstein)에 입사한 것이 1955년이었다. 자크 장 첸이라는 실력 있는 조향사의 조수로 일하며 작업에 쏟는 열정을 배웠고, 8년 후에는 그의 은퇴와 함께 후계자가 되었다. 1965년에는 신예 조향사로서 프랑스 조향사상을 받았으며, 1966년에 '이모션(Emotion)'을 창작했다. 장 파투(Jean Patou)의 메종에 입사한 것은 1967년의 일이었다. 처음엔 기술 주임으로 근무했으며, 이후 메종의 전속 조향사로 33년간 일했다. 프랑스 조향사 협회 회장으로 취임(1976~1979년), 이후엔 명예회장을 맡았다. 프랑스의 향수 박물관인 오스모테크(Osmotheque)를 창설, 2008년까지 회장을 맡았다. 2001년에는 명예로운 프랑수아 코티상을 수상했다.

금목서 꽃잎을 말려서 준비한다

살구향 향수

금목서의 재배는 주로 중국에서 이루어지고 있다. 광주의 시장에서 일 년에 한 번 꽃이 판매되는데, 콘크리트는 중국 현지에서 추출한 다음 그라스에서 앱솔루트로 가공한다. 프랑스의 몇몇 도시에서도 장식용 나무로 심었지만 꽃에서 향료를 채취할 생각은 전혀 없었다. 금목서는 뚜렷한 개성을 가진 향을 내뿜는데, 플로럴하며 프루티한 향조에 복숭아와 살구의 향도 느껴진다. '1000'을 창작할 때 1~2% 정도 금목서를 사용했는데, 향수에 처음으로 금목서가 사용된 케이스다. 독특한 개성을 갖고 있지만 그 이후로는 향수에 쓰지 않았다. 아주 비싼 제품이기도 하고, 요즘엔 단가가 오르지 않는 합성 대용품이 있기 때문이다. 33년이나 같은 일을 해서인지, 조향사 상을 받는 등 실력을 인정받고 있다. 전속 조향사였던 앙리 지브레(Henri Givree)가 사망하자 장 파투의 의형제이자 공동 경영자로서 1936년 회사를 이어받은 레이몬드 비르바스(Raymond Barbas)가 1967년에 나를 앙리 지브레의 후임자로 삼았다. 당시 장 파투의 메종은 오트 쿠튀르(Haute Couture) 전문이었고, 일 년에 두 번, 80가지 디자인을 발표했다. 당시 앙리 알메라(Henri Almeras)가 세상에서 가장 비싼 향수라고 표현한 '조이(JOY, 1930)'가 무척 성공적이었음에도 불구하고, 그 시절 향수는 3~4년에 한 번씩 발표되는 2차적인 사업이었다. 크리스티앙 라크르와(Christian Lacroix)가 사직하고 나서부터, 쿠튀르 부문이 1987~1988년 사이에 폐쇄될 때까지, 향수는 쿠튀르를 메꿔주는 제품 정도의 이미지였다. 다른 조향사와 경쟁을 거쳐 1968년 장 파투의 라코스테 오 드 스포츠, 오 드 뚜왈렛을 창작하게 되었다. 이렇게 해서 나는 메종의 전속 조향사라는 직함을 얻게 된다.

Sublime!

1992년 창작한 '수블림(Sublime)'은 향수병에서부터 프레젠테이션, 명칭과 모든 것을 파투 사의 협력자들과 팀워크로 만들어낸 선물 같은 향수다. 향수는 세미 앰버의 느낌이 나며 플로럴해서 우리 회사의 향수 라인에서는 혁신적인 제품이었다. 향수 창작에 관여했던 팀 모두가 만족스러웠기 때문에 향수 이름을 단도직입적으로 결정했다.

Osmanthus

정석적인 방식에서 벗어났던 에피소드

금목서는 내가 만든 향수 '1000'의 상징이다. 레이몬드 바르바스(Raymond Barbas)에게 엘리트의 느낌이 나는 향수를 만들어달라는 의뢰를 받았다. 조이(Joy)에서의 자스민과 장미보다 더 완벽한 조합의 아름다운 부케를 만들어 달라며 '가격은 얼마가 되든 상관없고, 서두르지 않아도 괜찮아'라는 말을 들었다. 그가 원했던 향수는 수퍼 조이라고 불릴 수 있는 단계 높고 우월한 제품이었을 것이다. 어쩌면 그는 돌아가신 의형제의 영광에 살짝 질투를 느꼈을 수도 있었겠다. 그로부터 2년에 걸쳐 자스민과 장미, 샌달우드 등의 조합을 만들어 그에게 보여주었더니 이국적인 게 부족하다는 말을 듣게 되었다. 그래서 당시에는 아는 사람도 없었고 희귀한 원료였던 값비싼 중국산 금목서 앱솔루트를 써봐야겠다는 아이디어가 떠올랐고, 결과적으로 이것으로 성공한 셈이었다. 끝까지 엘리트 주의를 고집했던 바르바스는 초판 한정으로 1,000개의 향수병에 일련 번호를 넣어 판매했다. 대부분 유명인인 구매 고객의 성을 하나하나 각인해서 여섯 대의 롤스로이스에 실어 납품했다.

JEAN KERLEO의 향수

JEAN PATOU: 1000, 1972
Eau de Patou, 1976
Patou pour Homme, 1980
Ma Collection, 1984
Eau de toilette Joy, 1984
Ma Liberte, 1987
Sublime, 1992
Voyageur, 1995
Patou forever, 1998
Le parfum de Venise, 1999
Lacoste Eau de Sport, Lacoste Eau de Toilette, 1968
Lacoste Eau de Toilette Lacoste, 1984
Lacoste Land, 1991
Lacoste Eau de Sport, 1994
Lacoste Booster, 1996

금목서가 들어간 향수

Narciso Musk for her collection, Narciso Rodriguez, 2009
Osmanthus, The different company, 2001
Terre de Sarment, Frapin 2008
1000, Jean Patou, 1972
Autour du muguet, Orlane, 2009
Osmanthus Interdite, Parfume d'Empire, 2007

051

라벤더 (Lavender)

Lavandula augustifolia Miller
Lavandula augustifolia Miller x Lavandula latifolia L. f. Medikus 꿀풀과
Pour un Homme, Caron, 1934

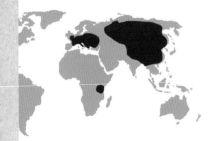

주로 지중해 연안 일대에 서식한다. 이탈리아, 러시아, 헝가리, 중국, 태즈메이니아, 프랑스에서는 알프 드 오트 프로방스가 주요 산지로 유명

> 향기성분: 라벤더와 라반딘의 주요성분은 리나롤(linalool)과 리나릴아세테이트(linalyl acetate)이다.

라벤더는 프로방스의 상징

아주 먼 옛날부터 라벤더는 항균 작용으로 유명해서, 12세기 베네딕트 수도회의 수녀회 원장인 힐데가르트 폰 빙엔(Hildegard von Bingen)은 상처 치료에 사용했다. 에센셜 오일에는 살균 작용 외에도 피부에 바르면 화상이나 벌레 물린 곳의 증상 완화에도 도움이 된다. 라반딘이 들어있는 향 주머니(사셰, sachet)는 진드기 등을 퇴치해준다. 지금도 옷장에 넣어 사용하고 있으며 좋은 향기가 의류에 배는 효과도 있다.

라벤더는 고대 로마인들이 세탁물이나 욕조에 향기를 내기 위해 오래 전부터 사용되었다. 디오스코리데스는 그의 저서인 의약품 방법학개론에 라벤더를 포함하여 건강에 도움이 되는 식물을 다수 기록해 두었다. 라벤더는 중세 무렵 생긴 명칭으로, 이탈리아어 동사로 씻다를 의미하는 laver에서 파생되었다. 라벤더 증류는 13세기에 시작되었으며, 추출된 에센셜 오일은 여러 치료 목적으로 사용되었다. 수도원의 약초 정원에서도 흔히 볼 수 있다. 라반딘(Lavandin)은 라벤더의 교배종으로, 1925년 발견됐다. 조향사는 라반딘을 그리 선호하지 않지만, 라벤더보다 수증기 증류로 추출되는 에센셜 오일의 수율이 높아 재배규모가 확대되고 있다. 전통적인 추출법에서는 증류하기 하루~이틀 전에 원료를 건조하여 수분을 제거해 준다. 수증기 증류법에서는 용적 300~3,000L의 알람빅(alembic) 증류기를 사용하는데, 추출까지의 소요 시간은 단축되어 1시간 이내로 끝난다. 1990년 식물 분쇄법이라고 하는 증류법이 새로 개발되어서 생산량을 증대시켰다. 이 방법을 쓸 경우 수확지에서 원료를 미리 건조시킬 필요 없이 그대로 잘게 썰어 보일러가 담긴 이동식 컨테이너에 그대로 넣으면 된다. 또한 라벤더를 석유 에테르로 처리하면 비누와 같은 형태의 콘크리트(수율 0.6~1.2%)를 얻을 수 있다. 여기서 다시 적갈색의 앱솔루트를 50~66%의 수율로 추출할 수 있다. 라반딘의 경우도 수율은 같다. 향수 제조용 원료로 라벤더의 에센셜 오일을 추출한 다음 분류분별 증류해서 탈에테르화하기도 한다. 콘크리트와 앱솔루트는 그린 노트가 진하게 느껴지고 잔향이 길게 남는다.

매년 8월이면 뤼르와 뤼베롱의 사이에 있는 소(Sault)의 지방자치단체에서는 라벤더 여왕을 위해 하루를 바친다. 백작의 영지에서는 탬버린을 두드리며 참가하는 단체 외에도 옥외 미사가 열리거나 지역 특산품의 시식 및 퍼레이드도 펼쳐진다. 옛날 방식대로 열심히 라벤더를 수확하는 라벤더 따기 시합은 정말로 볼만해서 약 25,000명의 관중을 열광시킨다.

꿀풀과 라벤더속의 쌍떡잎식물. Lavandula angustifo-lia Miller와 교배종인 Lavandula angustifolia Miller X Lavandula latifolia L. f. Medikus가 향수 제조용으로 재배되고 있다. 1m 정도로 자라며 총생(fasciculate) = 무더기로 뭉쳐 자란다. 꽃은 대개 연보라색이나 보라색이다.

70°

Eau
de
Lavande

G.MOEHR
PARFUMEUR
MONTE·CARLO
PARIS

라벤더향 딸기스프(4인분)

딸기 500g, 라벤더 꽃대 3개, 물 100ml, 바닐라빈 1개, 설탕 100g

딸기를 씻은 후 꼭지를 딴다. 편수 냄비에 물과 설탕을 넣고 끓인다. 불을 끄고, 거기에 라벤더꽃, 바닐라빈을 넣은 후 열을 완전히 식힌다. 체에 거른 다음 딸기를 넣고 골고루 섞어 차갑게 하면 완성!

조향사
ALAIN ALLIONE

아버지께서 그라스에 있는 샤라보(Char-abot, 프랑스의 향수 제조 회사)에 근무하셨기에 나도 16살 무렵부터 매년 여름 사내 조향사 양성학교에 다니게 되었다. 조르주 커(Georges Coeur)가 지도하고, 그라스 출신의 조향사 장 카를(Jean Carles)이 가르쳤다. 학교에서는 다양한 천연향료와 합성향료의 향을 맡았다. 라벤더, 레몬, 페퍼, 장미, 시나몬, 히아신스, 감귤계의 다양한 향과 향신료의 향을 맡으며 구분하는 교육을 받았다. 로베르테에 취직해서 계량과 품질관리, 크로마토그래피(chromatography) 등 다양한 일을 했다. 그리고 페양&베르트랑(payant et Bertrand, 프랑스 그라스에 소재한 향수 및 향료 제조 회사)에서 조향사로 데뷔, 플로레센스(Florescence, 그라스 소재 향기 제품 제조 회사)로 이적했고, 지금은 그라스에 있는 익스프레씨옹 파르퓨미(Expressions Parfumees, 그라스 소재 향 제품 제조 회사)의 조향사로 있다.

뛰어난 고전 작품

라벤더는 아주 오래 전부터 향수의 주력 제품이었고, 특히 잉글리쉬 라벤더는 오랜 기간 동안 향의 여왕이었다. 30여 년 전 트루 라벤더와 스파이크 라벤더를 이종교배하여 만들어진 라반딘(Lavandin)이 청결한 향의 이미지를 가지게 되자, 각종 위생용품과 가정용품에 사용되는 일이 많아졌다. 그 영향으로 파인 프래그런스에 라벤더를 사용하는 경우가 현저히 줄어들기는 했지만, 그렇다고 해서 라벤더가 완전히 모습을 감춘 것은 아니다. 지금도 명작으로 불리는 어코드에서 오랫동안 꾸준히 사용되어 온 노트에는 라벤더가 있다. 어코드의 전반적인 분위기를 조율하는 역할도 한다. 이를 이해하기 위해서는 같은 향에 라벤더를 넣은 것과 넣지 않은 것을 비교하며 향을 맡아 보는 것이 좋다. 향의 구성에 중후함과 잔향감, 확산성을 가져다주는 것이 라벤더라는 사실을 간파까지는 못하더라도, 확실한 차이가 있다는 것은 느낄 수 있다. 라벤더아 라반딘이 여러 품종들은 각각 향기가 미묘하게 다르다. 라벤더는 플로럴 노트가 약간 더 강하고, 라반딘은 '들꽃의 향기'와도 같은 아로마틱 노트가 강조된다. 또한 남성적이며, 아로마 향이 강해진다. 라반딘에는 캠퍼가 6~7% 정도 들어있지만, 라벤더에서는 1%를 넘지 않는다. 일반적으로 라벤더 앱솔루트는 향기 조합에 특징을 불어넣는다. 라벤더라고 할 때 잊을 수 없는 향수는 카롱(Caron)의 '뿌어 엉 옴므(Pour un Homme)', '미셸 모세티(Michael Morsetti)', '에르네스트 달트로프(Ernest Daltroff)'이다. 라벤더를 중심으로 조향한 것으로, 향수에서는 드문 일이기도 하다.

현대의 푸제르 어코드(fougere accord)

라벤더는 푸제르 어코드의 주요 성분 중 하나이다. 라벤더, 쿠마린, 모스, 제라늄에서 맡을 수 있는데, 이 고전적인 어코드에 현대적인 푸제르가 더해지게 되었다. 깊은 아로마 향과 프레시한 느낌이 풍부해지면, 아쿠아 노트, 오리엔탈 푸제르 노트의 느낌을 받을 수 있다. 들꽃 향을 더 부각시키고 싶다면 로즈마리나 웜우드를 배합하거나 라반딘의 양을 조금 더 늘리면 된다. 프레시 푸제르를 만들려면 감귤계 노트나 합성 향료를 몇 가지 더 배합하면 된다.

Lavender

유기농 원료

내가 연수를 받았던 때에는 항상 천연향료를 사용하도록 했다. 그 시대에는 품질 좋은 향료를 쉽게 구할 수 있었고 원료의 종류도 지금보다 풍부했다. 그러나 현대에는 법적 규제가 있어 여러 제약을 받고 있다. 유기농 제품 시장이 성장하게 되면, 천연 제품을 사용할 수 있는 기회가 좀 더 늘어나지 않을까 기대한다. 유기농 제품 인증을 받기 위해서는 인증 단체가 발행하는 에코서트(Eco Cert Label)를 취득해야만 한다. 이 인증 라벨은 기술적인 제약 이외에도 살충제를 사용하지 않는 원료 식물의 재배에서 가공에 이르기까지 자세한 규약이 정해져 있다. 유기 용제의 사용은 금지되어 있으므로, 아무래도 옛날 방식의 수증기 증류법으로 추출되는 에센셜 오일을 사용할 수밖에 없게 된다. 콘크리트에서 앱솔루트를 추출할 때 유기용제가 사용되므로, 앱솔루트는 사용할 수 없게 된다. 허가되는 추출물의 대부분은 CO_2 초임계 추출법에 의한 제품이다.

라벤더가 주인공인 까롱(Caron) 뿌어 엉 옴므 (Pour un Homme)

ALAIN ALLIONE의 향수

Note d' Or, Octée, 1998
Parfum de centenaire FC Barcelone, 1999-2000
Parfum et gamme du FC Barcelone, 2004-2005
Mirea, Molinard, 2005
Yellow Sea, M. Micallef, 2008
Flore Ette, Les Ettes, 2009
Dermophil, Ligne soin d' eau, 1998
Roger Gallet, Gamme doux nature Sève de Vanille, 2005

라벤더가 들어간 향수

Eau de Dali, Salvador Dali, 1987
Pour un Homme, Caron, 1934
Paco, paco, 1996
Yellow Sea, M. Micallef, 2008
Mustache, Rochas, 1950

마테 (Mate)

Ilex paraguariensis A.St.-Hil 감탕나무과
Aqua Verde, Salvador Dali, 2003

열대성 수목인 마테는 브라질 남부와 파라과이, 아르헨티나 북부 이과수 폭포 유역 인접 지역에서 볼 수 있다. 해발 500~700m의 고지대에 서식한다.

> 향기성분: 마테의 잎에는 테오필린(theophylline)과 테오브로민 (theobromine), 카페인(caffeine)이 들어있다.

과라니(Guarani)족이 옛날부터 사용하고 있는 마테는 약국의 처방에서 여러가지 효능이 있다고 알려지고 있다. 마테 잎에는 다른 약용 식물의 잎보다 엽록소가 다량 함유되어 강력한 항염 작용을 하며, 강장 작용과 함께 스트레스를 완화한다.

마테는 중남미 지역의 전통과 문화를 상징하는 음료이다. 아르헨티나의 국민 음료로서 커피와 같은 사회적 역할을 하고 있다. 마테차 나무(yerba mate)의 잎을 넣고 차를 우려내는 표주박 모양의 용기를 마테로 끓인 차라고 부르며, 하루에도 몇 잔씩 봄비야(bombilla)라는 빨대로 마시는 습관이 있다. 마테의 수확에 관한 최초 흔적은 1570년대 경의 기록으로, 지금의 파라과이의 과이라(Guaira)지방에 남아 있다. 그곳은 1676년까지 마테나무 생산의 중심지였다. 원주민과 스페인인의 혼혈이 많이 있던지라 백인과 원주민들의 문화가 많이 융합되는 현상을 보였다. 수도인 아순시온(Asunción)이나 라 과이라(La Guaira) 등지에서 특히 이런 문화 융합을 많이 볼 수 있었다. 한 민족에게 있는 고유의 습관이나 관습은 다른 문화와 합쳐지면서 그 현상이 희미해지는 것도 있다. 유럽에서는 마테의 강장작용에 주목하여 상업화하였다. 그러나 원산지의 주민들은 지금도 전통에 따라 사람을 대접할 때 우정 그리고 나눔과 애정의 표시로 마테차를 내고 있다. 현재 마테 잎의 연간 수확량은 30만 톤 이상이다. 말린 잎을 원료로 유기 용제를 이용해 앱솔루트를 추출한다. 색이 블랙에 가까워 향수 제품에 사용하려면 이 성분은 탈색과정을 필요로 한다. 앱솔루트의 향은 우디, 스모키, 허벌 그린, 타바코 노트의 특징이 있다. 플로럴한 어코드에 그린계의 터치를 더할 때 쓰인다. 푸제르 어코드에 묵직한 느낌을 줄 때나 독특한 잔향성을 갖는 허벌 노트에 약간의 악센트를 더할 때 사용되고 있다.

신이 주신 선물

스페인 사람들의 상륙보다 훨씬 이전으로 거슬러 올라간다. 카오야라는 이름의 노인과 그의 손녀인 야리는 동료부족들과 여행하다 지쳐 이과수 폭포 근처에 살게 되었다. 그러던 어느 날 피부가 하얗게 질린 몹시 지쳐 보이는 남자가 나타났고, 카오야라는 그를 오두막에서 쉬게 했다. 그는 몰래 찾아온 선의의 신 '슈파'였다. 인간들이 가르침에 따라 생활하고 있는지를 확인하고 과라니족에게 마테차를 내려주려고 왔던 것이다. 따뜻한 대접에 감동을 받은 신은 이 땅에 어떤 식물을 자라게 했다. 그 잎에는 목의 갈증을 풀어주는 힘과 함께 외딴 곳인 이곳에 사는 사람들에게 고독을 느끼지 않게 해주는 힘이 있었다. 신은 이렇게 귀한 약초차의 끓이는 방법과 마시는 방법을 알려주었고, 이 식물을 마테라고 불렀다. 인디언들은 이렇게 마테를 표주박 모양의 용기에 넣고 봄비야라는 짧은 빨대로 마시는 습관을 갖게 되었다.

마테차는 표주박 모양의
전용 용기에 넣어 마신다.

별명 예르바마테(Yerba mate, 마테차 나무)는 열대에서 자라난 수목으로 감탕나무과 감탕나무속의 남미산 품종이다. 야생에서는 크기가 20m에 이르는 것도 있으나 농원에서는 4~5m 정도의 높이로 가꾼다. 1821년에 마테를 발견한 사람은 프랑스의 식물학자 오귀스트 생 힐레르(Agustin Saint Hilaire)이다.

마테와 라임, 프레쉬 민트의 믹스티

물 1L, 페퍼민트 잎 15장, 분말 마테 90ml,
설탕 적당량, 라임 4개, 잘게 부순 얼음

끓인 물에 마테 가루를 넣는다. 10분 동안 우려내고 필터로 걸러 낸다. 여기에 라임을 즙으로 짜넣고 페퍼민트 잎을 넣은 다음 취향대로 설탕을 더해 식힌다. 다 식으면 잘게 부순 얼음을 넣어 마신다.

조향사
RAPHAEL HAURY

조향사 제라르 오리(Gerard Haury)가 아버지이다. 나는 그라스에서 조향을 배웠다. 집에는 언제나 작은 향수병들이 곳곳에 있었고, 그 병들은 나의 진로에 큰 영향을 주었다. 니스(Nice) 대학에서 화학을 전공했고, 샤라보(Charabot) 사의 조향사 양성 학교에서 2년간 공부했다. 양성 학교에서는 모리스 질의 지도 하에 천연 향료에 대해 배우는 행운을 얻었고, 그 후에는 아버지께 배우고 연수를 마쳤다. 1998년 샤라보 사 소속으로 파리 조향사 팀에 참가했다. 2007년 Parfum.com이라는 회사를 창립했다.

조연으로

남미의 전통적인 식물인 마테가 향수에 사용되어 온 역사는 길다. 원가가 저렴한 마테는 자스민 등 다른 원료를 부드럽게 하기 위해 사용되어 왔다. 앱솔루트는 비중이 크고 고밀도의 물질이다. 마테 잎의 초록색은 엽록소에서 생기는 것이며, 녹차와 같은 맛이 난다. 마테 잎은 모닥불 옆에서 건조시키기 때문에 스모키하고 은은한 차를 연상시킨다는 점이 조향사의 흥미를 끈다. 마테의 향기는 감귤류의 산미를 완화시키는 데 사용된다. 감귤 계통의 탑 노트, 플로럴향의 미들 노트, 통카빈이나 쿠마린 계통의 라스트 노트 속 타바코 향 등에서 마테를 느낄 수 있다. 향수에 사용하는 원료 중에는 직관적이고 특징적인 향 때문에 주연으로 쓰이는 것들이 대부분이지만, 마테의 경우에는 오히려 2차적이며 부수적인 역할을 하고 있다. 나도 마테를 향수 창작에 활발하게 사용하고 있다. 예를 들자면, 클라란스의 '오 잉솔레망테(Eau Ensoleillante)'에서는 감귤 노트를 완화시키기 위해 사용했으며, 소니아 리키엘의 '오 드 우먼(Eau de Woman)'과 쇼메의 '쇼메 뿌어 옴므(Chaumet pour Homme)'에서도 같은 목적으로 사용했다.

기회를 얻어

신예 조향사였을 때에는 내가 만든 향을 평가자(Evalator)에게 위임해 최종적으로 고객에게 보여준다는 것만으로도 만족스러웠다. 여러가지 작은 프로젝트를 맡고 나서 서서히 중요한 테마의 작업에 착수할 수 있을 때까지 수 년이나 걸렸던 시기도 있었지만, 파리의 샤라보 스튜디오 대표인 베르틸 드 봉땅(Bertil de Bontin)의 배려로 이른 시기부터 회사의 거의 모든 클라이언트와 직접 만날 수 있는 행운을 얻었다. 회사의 입찰 심사에서도 참가할 수 있었고, 아직 젊은 나이였음에도 여러 가지 포뮬러를 제안할 수 있게 허락해 주었다. 다행스럽게도 사람들은 내 포뮬러에 관심을 가져 주었고, 거래처와 만날 기회를 얻는 행운도 있었다. 입찰 심사 기준은 향기 노트의 '퀄리티'에 있다. 제시한 처방이 클라이언트의 취향에 맞으면, 창작한 조향사가 갓 데뷔한 신인이라도 상관없다. 그 다음부터는 스튜디오가 총력을 다해 우리를 승리로 이끌 수 있게 태세를 정비한다. 무엇보다 기회를 잡을 수 있게 되었기 때문이다. 그 시대에는 상당히 드문 일이었고 지금도 별로 달라지지 않은 것 같다.

법적 제한

2007년에는 독립하고 싶다는 의지가 확고했다. 'Parfum.com'을 파리에 창립하는 동시에 '상테 드 그라스(Senteurs de Grasse)'라는 작은 제조회사를 산하에 두면서 현대적으로 변모하고자 하는 계획에 착수했다. 천연 원료에 대한 법적 규제가 엄격하기에 그 대책으로 향수 창작 전용 범용 프로그램을 갖추고 있다. 법규개정정보를 공유하는 회사와도 네트워크 연결이 되어 있다. 많은 조향사들의 불편함과 반대에도 불구하고 이 법률은 여전히 집행력을 갖고 있다. 천연 원료는 시장에서 사라지거나 사용이 감소하는 추세이지만, 한편으로는 새로운 원료가 발견되고 새로운 분자가 탄생하는 것이 현재의 상황이다. 국제규격 뿐 아니라 제품이 유통되는 지역의 규격에도 적합하도록 우리는 클라이언트와 제휴하여 제품을 관리하고 있다. 관리하는 대상은 IFRA. 라벨에 표시 의무가 있는 여러 알레르기 유발 물질, 휘발성 유기 화합물의 유무, 미국의 캘리포니아 51 등 광범위하다. 또한 유럽 화장품 관련 명령은 구속력이 가장 강력한 법규 중 하나로, 거의 모든 분야에 법적 제제를 가하고 있다.

RAPHAEL HAURY의 향수

Chaumet pour Homme, Chaumet, 2000
Pure Cedrat, Azzaro, 2001
Immense, Jean-Louis Scherer, 2002
Aqua Verde, Salvador Dali, 2003
Dali edition, Salvador Dali, 2004
Eau de Woman, Sonia Ryckiel, 2005
Par amour, Clarins, 2005
Visit Bright, Azzaro, 2006
Eau Ensoleillante, Clarins, 2007
Eau de Fath, Jacques Fath, 2010

마테가 들어간 향수

Aqua Verde, Salvador Dali, 2003
Pure Cedrat, Azzaro, 2001
Un Zeste de Rose, Rosine, 2002
Eau de Woman, Sonia Rykiel, 2005
Chaumet pour Homme, Chaumet, 2000

만다린(Mandarin)

Citrus reticulata Blanco 운향과
In case of Love, Pupa, 2009

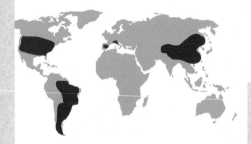

주요 생산지는 이탈리아(칼라브리아, 시칠리아 섬), 중국, 아르헨티나, 브라질, 미국(플로리다, 캘리포니아), 스페인

향기성분: 에센셜 오일의 주성분- 모노테르펜(monoterpene)류(리모넨(limonene), Γ-테르피넨(terpinene), 미르센 (myrcene), α-피넨(pinene))

만다린은 과피에서 에센셜 오일을 추출한다.

만다린은 기분을 가라앉혀 주는 진정 작용이 있다고 알려져 있다. 그러나 베르가못 에센셜 오일과 마찬가지로 피부에 사용하면 빛에 민감한 작용을 보이므로 피부에 바른 후에는 햇빛을 피하는게 좋다.

만다린의 원산지는 동남아시아, 중국, 베트남이며 18세기 말 유럽(특히 프로방스 지방)에 소개되었다. 과육이 크고 향기도 풍부한 매력적인 과일이지만, 과일가게에 진열된 클레멘타인(Clementine)처럼 품종이 많은 것이 결점이다. 일설에 의하면 만다린이라는 이름은 중국의 고급 관리가 입었던 선명한 오렌지 색의 관복 이름에서 따온 것이라고 한다. 많은 꽃을 피우는 만다린이지만 꽃은 향료로 쓰이지는 않아서 과실만 수확한다. 에센셜 오일의 주요 생산국인 이탈리아와 브라질에서는 과피에서 에센셜 오일을 추출한다. 현재 만다린의 품종은 수백 종이나 되는데, 이 대부분은 인간이 만들어낸 것이라는 것이 놀라울 따름이다. 만다린에서 추출되는 주요 제품은 과피에서 나오는 에센셜 오일이다. 베르가못 등의 감귤류 추출과 마찬가지로 펠라트리스(pelatrice, 껍질벗기기)와 스푸마트리스(sfumatrice, 냉압착)의 기계 공정을 거쳐 추출한다. 에센셜 오일의 수율은 0.75~0.85%(이탈리아산의 예시)로 적다. 에센셜 오일의 색은 투명하며, 연녹색이나 노란빛을 띠는 오렌지색인데 은은하게 푸른 형광색이 감돈다. 주로 오 드 뚜왈렛의 성분으로 사용된다. 식품 향료 산업에서는 이것을 향신료 외 음료부터 아이스크림까지 다방면에 사용하고 있다.

프랑스의 작은 여동생 (미국 민요 '클레멘타인' 참조)

조향사들은 클레멘타인(Clementine)보다 만다린을 더 많이 사용한다. 시장에서 자주 볼 수 있는 클레멘타인은 프랑스가 만든 품종이다. 풍부한 재능을 타고난 클레망(Clement) 신부(1829~1904)는 알제리에서 고아원의 밭을 관리했다. 신부는 1882년, 만다린 나무에 오랫동안 '비터 오렌지'라고 알고 있던 나무를 교배시켜서 교배종을 만드는 위업을 달성했다. 최근 연구를 통해 품종 교배의 결과물이 비터 오렌지가 아니라 '스위트 오렌지'였다는 것이 판명되었다. 과연 이 교배종이 우연의 산물이었을까? 알제리의 농업 공동체는 후세에 신부의 이름을 남기기 위해 이 새로운 품종의 과실에 '클레멘타인'이라는 이름을 붙였다.

L.2
SAN MARINO
A.M. TRECHSLIN   COURVOISIER S.A.

만다린에서 많은 변종이 생겨났다.

3~6m로 자라는 키 작은 관목. 광택이 있는 녹색 잎이 많이 달리지만 낙엽으로 떨어지지는 않는다. 피침형(납작하고 끝이 뾰족한 모양)의 잎은 다른 감귤류의 잎보다 작으며 잎자루에 익상돌기가 나타나는 감귤류의 특징은 나타나지 않는다. 만다린의 과실은 오렌지색이거나 붉은 작은 공 모양이다.

만다린과 로즈마리 시럽

신선한 만다린 과즙 500cc, 만다린 과피 1/2개, 레몬 과즙 1개 분량, 꽃이 달린 로즈마리 잔가지 하나, 물 1/2컵, 설탕 375g

물에 설탕을 넣고 끓인다. 거기에 로즈마리의 잔가지, 레몬 과즙, 만다린 과즙, 만다린 과피를 넣고, 다시 끓기 시작하면 바로 불을 끈다. 재료를 걸러 병에 넣은 다음 식으면 냉장 보관한다.

조향사
FREDERIQUE LECOEUR

처음엔 유전공학자가 되고 싶었다. 그렇지만 쥐나 개구리를 해부하게 되면서 내가 꿈꾸던 미래는 맥없이 무너져 버렸다. 그러다가 친구가 ISIPCA를 알려 주었고, 바로 마음이 설레었다. 처음 연수생으로 나갔던 곳이 지보당(Givaudan)으로 장 클로드 엘레나(Jean Claude Ellena)가 담당자였다. 다음으로 나르덴(Naarden)에서는 어시스턴트로 신진 조향사 연수를 받았다. 지금과 비교해 볼 때 당시는 신예 조향사가 '목소리를 내는 일'이 비교적 쉬운 시대였다는 생각이 든다. 그리고 다니엘 브라인의 작은 회사에 입사했는데, 그가 회사의 하나뿐인 조향사였기 때문에 나는 조향은 물론이고 평가나 원료 관련 업무까지 온갖 장르의 일을 다 했다. 소지오(Sozio)에서 햇수로 5년간 일했던 건 지보당(Givaudan)으로 합병되기 전의 퀘스트(Quest)에서 일하던 것보다도 이전의 일이었다. 지금은 여전히 소지오에서 일하면서 세계 각국에서 쓰는 향을 만들고 있다. 그 중에서도 아시아와는 매우 특별한 관계이다.

새콤달콤한 캔디

기운을 북돋워 주는 기분 좋은 향이지만 장미나 일랑일랑처럼 꿈꾸는 듯한 느낌의 향기는 아니다. 만다린은 감귤류의 향기와 그린 노트의 향조가 있고, 마치 잎을 손으로 비볐을 때의 향도 있다. 뚜렷한 산미와 부드러운 향기, 적당한 달콤함이 있다. 향조에는 터질 듯한 생동감이 있고 과실의 색처럼 화려하다. 이 향기에서 어릴 적 먹었던 새콤달콤한 작은 사탕이 생각나기도 한다. 팜 올리브 샤워젤 제품인 '모닝 토닉(Morning Tonic)'에 만다린을 넣었다. 하루를 시작하는 아침 샤워에서 만다린이 활력을 주기 때문이다. '오 드 로샤스(Eau do Rochas)'에는 만다린이 이상적으로 배합되어 있으며, '오 프레쉬(Eau Fraiche)'의 성분으로도 자주 사용되는 원료이다. 또한 상쾌함과는 먼 위대한 향수에도 함유되어 있다. 그 하나의 예가 '오피움(Opium)'이다.

코스메틱 퍼퓨머 (화장품 조향사)

나에게는 '코스메틱 퍼퓨머(Cosmetic Perfumer)'라는 호칭이 우아하게 느껴진다. 샴푸, 샤워젤, 크림, 데오도란트, 로션, 비누 등 매일 사용하는 모든 아이템에 향을 부여하고 있기 때문이다. 향을 기제로 혼합하는 작업은 약간 게임과도 같아서 매우 좋아하지만, 양쪽의 조합 물질이 서로를 받아들이면서 보완하도록 조정해야 하므로 창조성과 기술적인 면의 연구가 함께 요구되는 일이다. 화장품의 기제는 각각 특성이 다르다. 크림, 액상, 고형이라도 기제의 수분량이나 산성도, 그 외 기타 요인으로 어떠한 냄새가 난다. 재료 자체가 지닌 냄새이기도 하지만 늘 좋은 향기라고는 말할 수 없다. 그 성분 중에는 기제에 반응할 가능성이 있는 물질도 몇 가지 존재하므로, 시간이 경과하면서 생기는 물질의 변화도 잊어서는 안된다. 제조에서 실제로 소비자가 사용하기까지는 몇 주가 걸릴 것으로 예상된다. 크림이 변색되거나, 샴푸에서 시큼한 냄새가 난다면 그 제품은 쓰지 않는 게 맞다.

당신이 머리카락을 위하여

샴푸 제작에 들어가면, 몇 단계에 따라 조합을 평가한다. 제품 시험에서는 모발을 술 장식 모양으로 심어 놓은 인형 머리가 여러 개 사용된다. 사람에 따라 모발의 굵기가 다르고 모발의 표면이나 투과성도 다양하다. 결국 머리카락은 다소라도 향기를 흡수한다는 것이다. 유럽의 여성과 비교할 때, 아시아 각국 여성의 모발은 3배 이상 굵다. 서양에 비해 일반적으로 향수를 쓰지 않는 대신 하루에 2번 머리를 감고, 다시 감을 때까지 머리 냄새에 무척 신경을 쓴다. 그래서 나도 오 드 뚜왈렛의 잔향과 비슷하게 강한 잔향을 갖게 하려고 온갖 노력을 기울이고 있다. 감사하게도 업무 차 소비자를 직접 만날 기회가 가끔 있다. 마닐라에서 미용실을 견학했고, 상하이에서 몇몇 가정들을 방문하기도 했다. 방콕이나 도쿄에서는 고객의 미용법의 관해 그들과 서로 이야기를 나눈 적도 있다. 중국의 대기오염, 필리핀의 석탄 타는 냄새와 습기, 태국의 어느 곳에서 나는 유황 냄새와 비슷한 두리안 냄새와 자스민 꽃의 향기 등등, 현지인들이 일상적으로 맡고 있는 향기를 발견하는 것보다 나에게 더 좋은 보물은 없다.

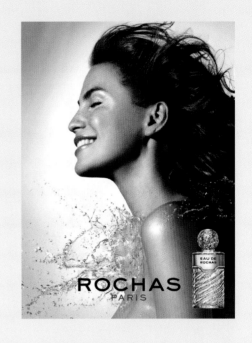

FREDERIQUE LECOEUR의 작품

Lux Super Rich, gamme de shampooing et soins du cheveu (Japan), 2007
gel douche Morning Tonic, Palmolive Aromatherapy, 2009
Jardins du monde, gel douche? la fileur de lotus du Laos, Yves Rocher, 2004
Le Petit Marseillais, lait hydratant peaux très seches, 2009
Sure women, deodorant Hair Minimising (Grande-Bretagne), 2009

만다린이 들어간 향수

Eau de Rochas, Rochas, 1970
True Glow, Avon, 2008
In case of Love, Pupa, 2009
Ice Man, Thierry Mugler, 2007
Passion Boisee, Frapin, 2008

미모사 (Mimosa)

Acacia dealbata Lam., Acacia Floricunda Wild. 콩과
샹 젤리제(Champ Élysées), Guerlain, 1996

Acasia dealbata의 주산지는 남프랑스, 모로코, 인도, 마다가스카르. 프랑스에서는 에스테렐(l'Esterel) 산지와 타네론(Tanneron) 협곡에서 대규모 향료 재배를 시작했다.

> 향기성분: 미모사의 앱솔루트는 주로 비휘발성 물질을 함유하는 굉장히 복잡한 추출물이다. 향기는 미량으로 들어있는 여러 가지 화합물에서 생긴다. 과일향을 내는 성분은 여러가지 에테르 성분(프로파노에이트(pro-panoate), 부타노에이트(butanoate), 펜타노에이트(pentanoate), 에틸헥사노에이트(ethylhexanoate))이다. 페닐아세트알데하이드(phenylac-etaldehyde), z-페닐에탄올(z-phenylethanol), 벤질아세테이트(benzy-lacetate), (z)-자스몬((z)-jasmon)은 플로럴 노트를 생산하는 주성분이다.

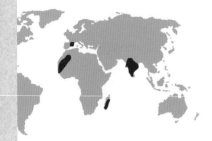

1월에 노란색의 방울 모양 꽃이 열리는 미모사는 코트다쥐르(Cote d'Azur) 지방에서는 친숙한 나무이다.

멕시코산 품종의 미모사는 원주민들이 나무껍질에서 치아파스 오일(Chiapas oil)을 채취한다. 전통적으로 화상이나 부스럼, 딱지, 정맥류, 베인 상처, 유아의 기저귀 발진 등의 치료에 쓰였으며 피부재생용 약으로도 사용되었다. 그러나 복용약으로는 절대 권하지 않는다.

Acasia dealbatasms 5~6m 키의 나무로, 일반적으로 A. melanoxy-lon R. Br.에 접목시켜 재배한다. 오스트레일리아가 원산지인데, 유럽에는 1776년 제임스 쿡(Jame Cook)선장에 의해 소개되었다는 것이 정설이다. 미모사의 성장에 적합한 지역인 코트다쥐르에서는 19세기에 나무 심기가 시작되었다. 꽃의 개화는 12월 중순부터 4월 초순으로 두세달에 걸쳐 핀다. 연간 수확량은 1헥타르 당 5,000~6,000kg인데 해마다 차이가 있다. 잎은 떼어내고 향기가 나는 두화(꽃 부분)만을 모아 추출한다. 프랑스에 서식하는 약 30여 종의 미모사 가운데 태즈메이니아(Tasmania) 산의 A. dealbata Lam.과 신뢰성이 높아 '사계절의 미모사'로 불리는 A. floribunda Wild.의 두 종류가 향료로서 가치가 있다. 번식력이 왕성해 침략적인 외래종으로 간주되는 경우가 많기에 재배 상 여러가지 문제를 일으키기도 한다. 미모사는 석유 에테르(petroleum ether)와 헥산(hexane)이라는 용제로 추출하는데, 꽃과 줄기에서는 0.66~0.88%의 수율로 콘크리트가 나오며, 꽃잎만으로 추출하면 수율은 1.06%이다. 콘크리트는 크림색의 단단한 왁스 상태이며, 아이리스나 일랑일랑을 연상시키는 향을 지닌다. 밀랍(beeswax)향과 비슷한데, 미모사 꽃 자체의 향기와는 사뭇 다르다. A. floribunda의 콘크리트는 조금 더 짙은 황색이며 밀랍 같다. 콘크리트에서는 아이리스 계열의 향기가 더 강해지고 카시(cassie, 미모사의 다른 이름)의 특징이 더해져서 페놀 계통의 노트와 그린 노트가 함께 느껴진다. 콘크리트에서 다시 앱솔루트를 15~40%의 수율로 얻게 되는데 끈적한 황갈색이다. 전세계 연간 생산량은 약 5톤 정도. 미모사의 앱솔루트에는 플로랄, 알데하이드, 오리엔탈 그린 향을 가지고 있어, 화장품에 많이 사용한다.

1880년대에 오스트레일리아산 미모사가 코트다쥐르(Côte d'Azur)에 들어왔다. 농업 조합이 대규모 판매 촉진에 힘쓴 결과로 제 2의 미모사 생산지로 뿌리내리게 된 것이다. 얼마 지나지 않아 미모사를 가득 실은 화물열차가 라 나풀(La Napoule) 역에서 북프랑스와 다른 나라를 향해 매일매일 출발하게 되었다. 1931년부터 만델리오-라-나풀(Mandelieu-la-napoule)에서는 매년 2월 주민들의 손으로 미모사 축제를 개최하게 되었고, 지금은 아주 유명한 행사로 성장했다. 매년 약 12톤의 미모사를 사용하여 퍼레이드용 꽃차를 장식한다.

꽃수레 장식에는 수톤의
미모사 꽃을 사용한다.

Acasia dealbata(미모사 아카시아)는 콩과의 나무이다. 2003년부터 계통발생학상의 이유로 넓은 의미인 콩과로 분류되고 있다. 전세계에 1,200여개 이상의 미모사 품종이 있는데 그중 약 30여종이 프로방스에서 재배되고 있다.

가리비 카르파쵸
- 미모사 향 오일첨가 (4인분)

미모사 꽃잎 한 줌, 가리비 12개, 천일염 굵은 것으로 약간, 올리브유 500ml, 라임 1/2개, 생 고수 약간, 분말후추 약간, 마쉬(mache, 콘 샐러드 허브)

요리하기 5일 전에 올리브유에 미모사 꽃잎을 넣어 미모사 오일을 만든다. 올리브유를 약한 불로 60도가 되게 천천히 데우고 불을 끈다. 미모사 꽃잎을 넣고 식힌다. 식으면 그대로 냉장고에 5일간 보관한다. 침출유를 체로 거른다. 가리비 관자를 얇게 썰어 접시에 올린다. 거기에 라임 즙과 미모사향 오일을 가는 실처럼 부어준다. 천일염과 후추로 간을 하고 잘게 썬 고수를 뿌려준다. 마쉬 잎을 곁들여 장식한다.

조향사
KARINE DUBREUIL

어릴 때 살았던 그라스의 향수 제조 산업은 지금보다 예전이 훨씬 더 활기 있었다. 꿈이 자주 바뀌는 아이였기에 시적인 세계에 굉장히 매력을 느꼈다. 그 당시 배우고 있던 춤을 통해 음악을 알게 되었고 피아노를 배우기 시작했으며 파리로 와서는 가곡을 배웠다. 문화적인 온상에서 성장했던 것이 내 안에 향기에 대한 확실한 감성을 길러줬다고 생각한다.

상당히 파우더리한 미모사는 마음을 안정시켜주는 향료이다.

어린 시절의 미모사

미모사는 어린 시절의 추억이 어린 식물이다. 나는 할머니 댁 커다란 정원에서 시간 가는 줄 모르고 자유롭게 지내는 걸 좋아했다. 미모사 나무로 덮인 정원의 선명한 색과 향기는 지금도 가장 감동적인 기억 중 하나이다. 미모사는 에센셜 오일이 아닌 콘크리트와 앱솔루트만이 향수의 원료가 되지만, 조향사는 그 여러 가지 특징을 고려할 수 있게 한다. 이 원료는 파우더리 노트가 확실히 나타나며, 호손(hawthorn, 산사나무) 그리고 헬리오트로프(heliotrope)류의 향기가 상쾌함을 주며, 게다가 멜론과 비슷한 바이올렛 리프 향조가 그린 계열의 악센트를 은은하게 더해준다. 미모사를 황홀한 파우더 느낌의 향으로 이야기하고 있지만, 진짜 미모사의 향기를 앱솔루트의 향과 비교해보고는 실망스럽다고 말하는 조향사가 많을지도 모른다. 이 노트를 다루는 것은 긴단하지 않아서, 미모사가 향수병 안에서 그라스 1월의 정원이 가진 향기를 제대로 내뿜지 않아 기대에 어긋나 실망하는 경우도 많다.

자연과 친해지고 싶다

어느 날 휴가를 얻어 나와 가족을 위해 살고 싶다는 생각이 들었다. 결과적으로 1년 동안 모든 활동을 그만두었다. 그리고 나서 기회가 내게 미소를 지었다. 로레알(Loreal)이 랑방(Lanvin)을 중국 기업에 매각하는 것을 추진하던 중 새로운 책임자인 L. 피에로티(L. Pierotti)와 P. 게겅 (P. Guegan)에게 그들이 새롭게 추진하는 향의 컨설턴트로 내가 들어갈 수 있을지 타진해 보았다. 첫번째 기획으로, 발향은 랑방의 대표적인 향수인 '아르페쥬(Arpege)'의 인상에 가깝지만 그와 동시에 이전과 다르게 조금 더 현대적인 향을 특징으로 하는 향수의 발매를 제안했다. 그들은 내게 향수 제작을 의뢰했고, 상사였던 메인(Mane)은 내가 원하는 일의 진행 방침을 그대로 받아들여 주었다. 나는 브랜드 측과 긴밀하게 연락을 주고받으며 직접적인 의견 교환을 하는 인간적인 방식으로 일을 진행시키고 싶었다. 이렇게 각고의 노력 끝에 '에끌라 드 아르페쥬(Eclat d'Arpège)'가 만들어졌다. 그 후에도 내 향수의 대부분은 인간적인 도전 및 좋은 사람들과의 만남에 기반을 두는 등의 접근 방식에 의해 탄생하고 있다.

Mimosa

우리 직업에 대해서

향수 제작 회사에서는 영업 담당자가 클라이언트와 연락을 주고받는 것이 일반적으로, 조향사는 기획이 구체화되고 난 후 연락을 받아 뒤늦게 행동하는 경우가 대부분이다. 그런데 나는 창작에 착수하기 전에도 대기중인 담당자와 직접 의견을 교환하고 싶어하는데, 나에게는 꼭 필요한 과정이라 생각한다. 여러 개의 향수 브랜드를 소유하는 기업은 향을 만드는 조향사와 마케팅 사이에 중간 조직을 만들어서 가장 최적의 향기를 찾도록 맡기는 경우가 많다. 이와 같은 조직은 향기 흔적을 개척한다는 의미인 '향기 풀(Pool)'이라는 시스템을 개발하고 있다. 마케팅 팀의 의뢰도 마치 향수 자체의 의뢰인 것처럼 작업에 임한다. 향수를 만들기까지의 길은 멀고, 그 여정에는 많은 함정이 있다. 인내와 겸손한 마음을 유지하는 것이 중요하다.

KARINE DUBREUIL의 향수

Bouquet Imperial, Roger & Gallet, 1991
Vetiver, Roger & Gallet, 1991
Lavande, Roger & Gallet, 1991
Mûre et Musc extreme; L'eau d'Ambre, L'artisan Parfumeur, 1993
Vice Versa, Yves Saint Laurent, 1999
Eclat d'Arpège, Lanvin, 2002
Stile, Sergio Tacchini, 2003
Envy Me, Gucci, 2004
Pivoine Magnifica, Guerlain, 2005
Gucci pour Homme 2, Gucci, 2007
Woman Amsterdam Spring, Mexx, 2007
Incanto Shine, Ferragamo, 2007
Blue Charm, Azzaro, 2007
Paris Night, Celine Dion, 2007
Cedrat, Roger & Gallet, 2007
Black Pure, Bugatti, 2008
Ambrorient, Esteban, 2009
Nautica Oceans, Nautica, 2009
L'Occitane: Eau des 4 Reines, 2004; Notre Flore, 2006;
Rose & Reine, 2007; Eau des Baux, 2007; Myrte, 2007;
Jasmin, 2008

미모사가 들어간 향수

Pivoine Magnifica, Guerlain, 2005
Amarige Mimosa de Grasse, Givenchy, 2010
Paris, YSL, 1983
Champ Élysées, Guerlain, 1996
CoCo, Chanel, 1984

민트 (Mint)

**Mentha arvensis L., Mentha X piperita L.,
Mentha spicata L., Mentha pulegium L. 꿀풀과
Le Male, Jean Paul Gaultier, 1995**

arvensis종은 중국과 브라질에서, piperita종은 미국, 러시아, 프랑스 등
에서, spicata종은 미국과 중국에서, pulegium종은 모로코와 스페인에
서 생산된다.

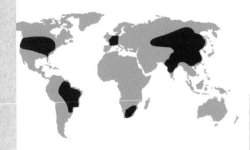

> **향기성분:** 품종에 따른 에센셜 오일의 구성성분이 다르다. 성분 중에 들
> 어있는 다수의 분자도 다르고 비율에서도 차이를 보인다. 에센셜 오일의
> 성분은 일반적으로 멘톨(menthol)과 멘톤(menthon), 이소멘톤(isom-
> enthon)인데, 그 밖에도 네오멘톨(meomenthol), 네오이소멘톨(neoi-
> somenthol), 멘토퓨란(menthofuran), 풀레곤(pulegone), 피페리톤
> (piperitone)이 들어있다.

품종이 다양한 민트는
자주 볼 수 있는 식물 중 하나

민트 에센셜 오일은 소화불량, 위산과다, 메스
꺼움, 구토, 복부팽만, 변비, 어지럼증, 축농증,
중이염 회복에 도움을 준다.

민트의 품종은 다양한데 그 중에 향수 제품용으로 개발된 것은 박하
(Mentha arvensis L.), 페퍼민트(Mentha X piperita L.), 스피아민트
(Mentha spicata L.), 페니 로얄(Mentha pulegium L.=penny royal)
등이 있다. 꽃이 피었거나 꽃이 피기 직전에 채집하여 부분 건조시킨 후,
단순한 증류기 또는 고성능의 공장 증류 설비를 이용한 수증기 증류로
에센셜 오일을 주출한다. 민트를 하이드로디스틸레이션(hydrodistil-
lation)으로 2~6시간 동안 추출하면 1.3~1.6%의 수율로 에센셜 오일이
나온다. 또한 저온에서 결정화 하여, 원심 분리기에 넣어서 멘톨(men-
thol)을 추출하는 방법도 자주 행해진다. (수율은 약 40~50%) 페퍼민트
의 추출에는 발전기를 갖춘 증류기를 사용하는 게 일반적이다. 추출된
에센셜 오일은 과자나 초콜릿, 청량음료, 담배, 시럽, 리큐어, 츄잉 껌 등
에 향신료 향으로 쓰이며 구강 관리 제품에도 사용되고 있다. 스피아민
트를 반가동식 케이슨(caisson, 잠함, 하부 구조물)에 넣고 35~50분간
추출하면 0.7%의 수율로 에센셜 오일이 나온다. 이 에센셜 오일도 껌
(Gum)이나 치약에 들어가는 향신료로 사용된다. 페니로얄 에센셜 오
일은 천연 성분인 풀레곤(pulegone)을 분리하기 위해 정제하는 경우가
많다. 풀레곤은 멘토퓨란(menthofuran)과 같이 여러 종류의 향신료나
향료 성분의 반합성원료 중간물질로 사용된다.

그리스 신화에는 민트라는 식물의 이름에 얽힌 요정 멘테(menthe)의 이야기가 있
다. 멘테는 지옥에 있는 다섯 개 강 가운데 하나인 코키토스 강 신의 딸이다. 죽음의 신
인 하데스는 페르세포네를 사랑하게 되었는데 올림푸스라는 좁은 사회에서는 가십
거리가 되었다. 사실은 하데스가 장차 아내가 될 페르세포네를 만나기 전 멘테와 불륜
관계였는데 페르세포네와 결혼하고자 그녀를 차버렸다. 멘테는 비탄에 잠겨 괴로워
하면서 연적을 거세게 몰아세웠고, 그것을 보다 못한 페르세포네, 아니면 페르세포네
의 엄마인 데메테르가 멘테를 풀로 변하게 했다는 것이다. 당사자인 하데스는 멘테의
괴로운 마음을 풀어주기 위해 풀로 변해버린 그녀에게 향기를 주었다.

페르세포네와 하데스 신의 구원,
코키토스 강 신의 딸인 멘테와
불륜을 저지른 하데스신

향수 제품에 사용되는 민트 품종은 단 몇 종류이다. 민트는 꿀풀과의 다년초로, 흙에 뿌리와 뿌리 줄기를 튼튼하게 내린다. 잎은 난형으로 진한 초록색이며 3~5cm의 크기이다. 잎의 표면은 원형 섬모로 덮여 있는데 여기에 향기 성분이 들어있다.

주키니 호박을 곁들인 민트 풍미의 양고기

두껍게 썬 어린 양고기 1kg, 마늘 1쪽, 고수씨앗, 주키니 호박 3개, 양파 2개, 민트, 올리브유 60ml, 타임, 월계수잎, 소금, 후추

주키니 호박을 약 5mm 두께로 둥글게 썰고, 마늘의 얇은 껍질을 벗긴다. 뜨겁게 달군 후라이팬에 올리브유 30ml를 두른 후, 얇게 썬 양파를 넣어 색이 변하지 않을 정도로 볶아 수분을 제거한 다음 따로 담아 놓는다. 양수 냄비에 양고기를 놓고 고기가 잠길 정도의 물을 부은 다음 소금, 후추로 간을 하고, 타임, 월계수잎, 고수씨앗, 마늘을 넣는다. 약한 불로 40~50분간 조리한다. 주키니 호박을 후라이팬에 넣고 올리브유에 볶는다. 아삭한 정도까지 볶아지면 소금으로 간을 한다. 고기가 다 익으면 볶은 양파와 주키니 호박, 민트를 넣고 그대로 더 끓이다가 육즙이 배어 나오면 불을 끄고, 뚜껑을 덮은 채로 20분간 재운 다음 식탁에 낸다.

조향사
MATHILDE LAURENT

코를 이용해 누군가를 즐겁게 하는 일에 희열을 느꼈던 나는 향기를 공부해 직업으로 삼을 수 있는 학교가 있다는 걸 알게 되었다. 온갖 기회를 가져본 다음에야 조향사가 되고 싶다는 희망을 갖게 되었지만 적당한 때에 소원이 이루어졌고, 생각과 다른 현실에 부딪혔지만 고민하지 않았다. 처음엔 아버지처럼 건축가가 되고 싶었고, 그 다음엔 사진이냐 조향이냐로 한동안 망설이기도 했다. ISIPCA에 입학하려면 화학을 전공해 DEUG(대학 일반교육증명서)가 있어야 했다. 화학 수업은 너무나 지루했지만 논리적 사고를 기를 수 있었다. 이제 와 보니 조향사로 일하는 데 꼭 필요한 경험이 되었다.

더할 나위 없는 남성의 향

내가 창작한 '로드스터(Roadster, 2008)'에서 민트는 전체의 주인공으로 사용된 원료 중 하나이다. 새로운 타입의 남성 향수라는 테마가 주어졌을 때, 이제까지 연구된 적이 없는 새로운 타입의 상쾌한 노트로 브리핑 해달라는 요청을 받았다. 로드스터는 '데클라라시옹(Declaration, 1998)' 장르에 추가되었다. 장 끌로드 엘레나(Jean - Claude El-lena)의 데클라라시옹은 우리 시대 상쾌한 스파이시 노트를 개척한 향수이며 향료 조성이 훌륭했다. 브리핑 도중 순간적으로 번뜩였던 것은 민트 특유의 개운한 남자다움이었다. 상쾌한 느낌이란 남성의 영역에 속하는 것으로, 많은 남성들이 이런 상쾌함을 가지면서 동시에 개개인의 매력을 충분히 발산하는 특징을 갖는다는 컨셉이었다. 민트와 패츌리, 바닐라 어코드를 사용한 것은, 배의 갑판에 서있을 때나 오픈카를 타고서 맞는 바람과 같은 신선한 공기를 표현하는 게 목적이었나. 사끄 패스(Jacques Fath, 1912~1954, 패션 디자이너)의 대표작인 '그린 워터(Green water, 1950)'에서의 상쾌한 느낌이 등장하고 난 다음, 민트에 대적할만한 어코드는 별로 만들어지지 않은 듯하다.

전속 조향사

오랜 기간 동안 전속 조향사 한 명에게 향수 창작을 맡겨온 회사와 그 조향사로는 겔랑(Guerlain)의 장 폴 겔랑(Jean Paul Guer-lain), 장 파투(Jean Patou)의 장 케를레오(Jean Kerleo), 샤넬(Chanel)의 자크 폴주(Jacques Polge)이다. 요즘에 이런 전통을 이어받은 회사는 에르메스(Hermes)의 장 끌로드 엘레나(Jean Claude Ellena), 루이비똥(Louis Vuitton)의 프랑소와 드마쉬(Francois Demachy), 까르띠에(Cartier)의 마틸드 로랑(Mathilde Laurent) 뿐이다. 최근에는 단 한 명의 조향사 서명이 들어간 향수로 회귀하려는 경향이 생겨났다고 볼 수 있다. 니치 향수도 그렇지만, 향수 시장이 단조로움에 안주하고 있는 상황에서 생겨난 당연한 결과라는 생각이 든다. 메종의 전속 조향사는 자기가 창작하는 제품이 브랜드에 자신의 스타일을 각인한다고 생각하는 경우도 있지만, 나는 그 반대로, 브랜드 측에서 조향하는 우리에게 브랜드의 개성, 브랜드 내에서 이어져온 암묵적인 양해, 브랜드의 역사를 알려주고 있다고 생각한다. 브랜드 측에 시점이나 작품을 제공하는 건 나라고 해도, 내 취향대로 제품을 창작하지는 않는다. 더욱이 내가 뿌리고 싶은 향수를 만드는 일은 있을 수 없다. 까르띠에의 역사와 분위기 안에 나를 두고, 나 자신은 지울 뿐이다.

직감과 추론

에드몽 루드니츠카(Edmond Roudnitska)는 '자꾸 향을 맡는 것보다는 꾸준하게 추리하는 것이 중요하다'라고 했다. 가끔씩 어렵게 생각되는 부분은, 어떤 새로운 성분이 조합에 가져다주는 결과를 추리하기 보다는 처방 중에 나타난 버그(bug, 처방의 실수나 결함)의 출처를 밝혀 내고 그것이 어떻게 발생하게 되었는가를 알아내는 것이다. 이미지를 이끌어 내려고 할 때, 향수는 당구(billiard)와 비슷한 모습을 보여준다. 구슬을 하나 치면, 모든 구슬의 배치가 바뀐다. 그러고 나면 어떤 한 가지의 교차 편집(flash back)이 이루어지게 되면서 처방을 조성할 때로 거슬러 올라가 우리가 원하지 않았던 방향으로 보내진 구슬이 어떤 것인가를 알아내려고 한다. 이것이야 말로 추론이지, 직감이 아니다. 창의적인 직감이라는 것은, 브리핑에 기초하여 향수를 이미지화한 다음 가장 적절하게 표현되는 어코드로 번역해 종이에 쓰는 것이다. 다음으로는 작업대 위에서 추리해 가면서, 이 성분들이 어떻게 작용하는지, 그 향을 어떻게 얻을 수 있는지, 그리고 무엇보다도 원하는 방향으로 향을 발전시켜 나갈 방법을 찾기 위해 연구를 거듭하는 것이다.

민트가 주인공인 까르띠에, 로드스터

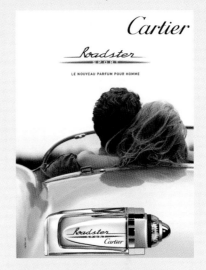

MATHILDE LAURENT의 향수

Pamplelune, Guerlain, 1998
Herba fresca, Guerlain, 1998
Rosa magnifica, Guerlain, 1998
Ylang et Vanille, Guerlain, 1998
Lilia Bella, Guerlain, 1999
Guet Apens, Guerlain, 1999
Quand vient l'été, Guerlain, 2003
L' Eau Légère de Shalimar, Guerlain, 2003
Roadster, Cartier, 2008
Les Heures de Parfums, Cartier, 2009

민트가 들어간 향수

Le Male, Jean Paul Gaultier, 1995
CK ONE, Calvin Klein, 1995
Cedrat, Roger & Gallet, 2007
Roadster, Cartier, 2008
L' Eau des Hesperides, diptyque, 2008

바닐라(Vanilla)

Vanilla planifolia Andrews, Vanilla tiarei Const. et Boiss, Vanilla pompona Schiede 난초과
L'instant Magic, Guerlain, 2007

생산지는 마다가스카르, 레위니옹, 모리셔스, 코모로 제도, 타히티 섬, 멕시코, 자바 섬. 타히티에는 다른 품종도 있다. 바닐린(vanillin, 굵은 바닐라)으로 불리는 Vanilla pompona Schneider는 과들루프 산이다.

> 향기성분: 레지노이드에 들어있는 향기 성분: 바닐린(vanillin)(2~3.5%)과 기타 페놀화합물(구아이아콜(guaiacol), 크레졸(cresol), 바닐릴 알코올(vanillyl alcohol), 아세토바닐론(acetovanillone), 메틸살리실레이트(methyl salicylate), 비티스피란(vitispiane))이다.

바닐라빈을 천 위에 펼쳐 놓고 건조시킨다.

바닐라에는 식욕 항진, 소화, 강장 작용이 알려져 있다. 그러나 성분 중에 최음작용을 가진 성분도 있다 하니, 파리의 출퇴근 시간대에 대중교통에서 바닐라향이 강하게 나는 것은 어떨까 하는 걱정이 든다.

콜럼버스가 아메리카 대륙을 발견하기 이전에 아즈텍인들은 코코아 향을 더하기 위해 바닐라를 사용했다. 확인된 품종만도 110종 이상으로, 향을 갖는 바닐라 빈의 품종은 북미 대륙과 남반구 쪽이 원산지이다. 꽃가루 받이는 19세기에 레위니옹섬에서 개발된 기술에 따라 수작업으로 이루어진다. 그런 다음 6~14개월 후에 바닐라빈을 수확할 수 있다. 바닐라의 수명은 약 10년이며, 3~7년차에 향기 없는 녹색의 바닐라가 1ha당 약 65~200kg 정도 열매 맺는다. 수확한 바닐라빈을 전통적인 방법으로 가공하며, 성분 중 글루코바닐린(glucovanillin)이 바닐린(vanillin)으로 변한다. 첫 번째 단계에서는 바닐라빈의 숙성을 막기 위해 바닐라빈 조직을 열가공하거나(멕시코와 과들루프, 자바, 타히티에서의 방식), 60~65도의 뜨거운 물에 20초 동안 담가둔다(인도양 제도의 방식). 두 번째 단계에서는 습열에 해당하는 큐어링(curing) 기술로 바닐라빈을 가볍게 재발효시킨다. 마지막으로 습도를 약 25~36% 정도로 유지하면서 바닐라빈을 부분 건조시킨다. 이런 방법을 사용하면 바닐라 특유의 향이 생기며, 바닐라빈이 검게 변하면서 부드러워지는 것을 보게 된다. 바닐라빈 껍질의 주름에 의해 껍질 표면에 바닐린이 결정화되기도 한다. 규격 외의 것은 미리 골라낸다. 외관, 품질, 크기, 향기에 따라 구분된 것을 분쇄 가공한 다음 유기 용제로 추출한다. 에탄올과 물을 혼합한 희석 알코올을 사용하면 알코올 추출액과 팅쳐(tincture), 침제가 제조된다. 반고형 추출액은 복잡한 공정으로 농축하는데, 수율은 약 10~12%이다. 반고형 추출액은 대체로 미끌거리며 색이 진하다.

바닐라의 꽃가루 받이는 수작업으로 한다. 바닐라의 수분 방법을 발견한 사람은 레위니옹 섬의 노예소년, 에드먼드 알비우스(Edmond Albius, 1829~1880)였다. 식물의 수분이란 암술에 수술의 꽃가루가 붙는 것인데, 바람 등을 매개로 이루어지지만 바닐라의 경우에는 곤충이 매개체가 된다. 재배 지역에 이 곤충이 없다면 수분은 이루질 수 없다. 그래서 페롤(Ferrol, 인공수분개발)이 호박꽃에 사용했던 수분 방법을 응용해 힌트를 얻은 에드먼드는 바닐라에도 이를 시도해보았다. 그 결과, 네위니옹 섬의 농장주에게 많은 수익을 가져다주게 되었다. 후일담: 에드먼드는 1848년 노예제 폐지 후, 극심하게 가난한 상태로 세상을 떠났다.

바닐라의 수분

향수에 쓰이는 것은 Vanilla planifolia Andrews
이다. 바닐라는 난초과의 덩굴식물로 긴 꼬투리가
달린다. 정아(꼭지눈)를 뻗으며 성장하는데 10m까
지 자라기도 한다.

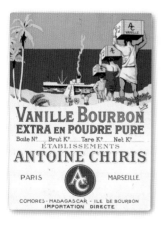

생대구 호일 구이 - 바닐라향 (4인분)

대구살 토막 4개 (각 130g), 고수 1/2다발, 바닐라빈 1개 반,
진한 생크림 200ml, 레몬 1개, 샬롯 2개, 올리브유 30ml,
라임 1개, 아스파라거스 12개, 소금, 후추

오븐을 180°C로 예열한다. 대구살을 바닐라빈으로 문질러 주고 소
금을 뿌린 다음 레몬즙과 올리브유를 전체적으로 뿌려준다. 냉장고
에서 2시간 동안 마리네이드한다. 아스파라거스는 뿌리 부분을 잘라
내고 끓는 물에 4분 간 데친 후 찬물에 헹구어 식힌다. 라임 껍질을 벗
겨 놓고, 고수는 작게 썰어 생크림과 섞은 후 소금, 후추로 간을 한다.
호일에 대구살을 얹고 샬롯과 아스파라거스, 마리네이드용 향신액,
라임 껍질을 올린 후 구울 수 있게 호일을 접어 올리고 15분간 오븐에
굽는다. 충분히 구워지면 고수를 섞은 생크림을 조금씩 얹으면 된다.

CHRISTOPHE RAYNAUD

사춘기에 들어서자 조향사가 되고 싶다는 목표가 생겼고 빨리 이루고 싶어 마음이 조급해졌다. 언젠가 반드시 이 일에 종사하게 되리라는 확신이 있었던 것이다. 1990년 ISIPCA에 입학하고 조향사 공부를 하면서 동시에 크레아시옹 아로마틱(Creations Aromatiques) 사에 인턴으로 일하며, 향수의 달인 미셸 알메락(Michel Almeirac)으로 부터 많은 가르침을 받았다. 이 회사는 2006년에 퀘스트(Quest) 사가 되었고, 2007년 자연의 섭리처럼 나도 지보당(Givaudan) 사의 사원이 되었다.

자주 등장하는 바닐라

미셸 알메락에게서 바닐라에 대해 배웠던 기존 내용뿐 아니라 창작에 자주 사용되는 바닐라 노트의 센스도 전수받았다. 많은 조향사들이 그러하듯, 메종 겔랑이 창작한 향수 800종의 제품은 나에게도 영양과 영감의 원천이며 꿈을 꾸게 해주는 존재이다. '겔리나드(Guerlinard)'는 겔랑 향수에 대대로 전해 내려오는 특유의 정신과 포뮬러로, 베르가모트, 자스민, 로즈, 아이리스, 통카빈, 그리고 자주 사용하는 바닐라 등이 함유된 페티시한 원료 구성을 가지고 있다. 겔랑의 향수 개발 부문 디렉터인 실벤 들라꾸트(Sylvain Delacourte)는 겔리나드를 '겔랑 크리에이션의 관능적 특징'이라고 표현한다. '랭스땅 매직 엘릭시르(L'instant Magic Elixir)' 준비를 진행하고 있었을 때, 우리는 함께 바닐라를 연구했다. 바닐라빈은 난초의 한 품종이 상당히 성적인 실루엣으로 맺는 열매인데, 꽃가루받이가 성공하고 나서 몇 개월 간의 숙성기간이 지나면 향을 내게 된다. 요리에 사용하는 바닐라의 맛은 잘 알려져 있지만 품종이 여러 가지이며, 품종에 따라 각각의 풍부한 향기가 있음을 알아두는 게 좋다. 애니멀계 노트는 몇 가지 품종에 들어있는데, 그 밖에도 우디, 레더, 그루망 노트가 들어있으며 심지어 럼 향이 나는 품종도 있다. Vanilla Tahitenis를 랭스땅 매직 엘릭시르에 사용했는데, 이는 주로 타히티에서 재배되는 품종이다. 고급 향 제품에 바닐라가 사용된 것은 이 향수가 처음이다. 이런 양질의 바닐라빈에서는 헬리오트로프(heliotrope, 페루향 수초) 같은 향기가 난다. 향기는 더욱 달콤하고 한층 더 플로럴하지만, 다른 바닐라에서 느껴지는 애니멀계 노트는 감소한다. 그래서 헬리오트로프라고 하면, 프랑스가 자랑하는 위대한 향수인 겔랑의 '뢰르 블루(L'heure Bleue)'로 연결된다. 현대 향수에는 바닐라가 들어있는 게 많다. 그러나 실제로는 어떤 제품이나 바닐린과 같은 합성 성분이 사용되고 있다. 이러한 합성 성분은 저렴한 가격으로도 향수의 향기에 강도와 확산력을 준다. 천연 바닐라빈이 확실히 비싸긴 하지만, 향기가 상당히 강해서 약 0.1~0.2%의 비율로만 사용해도 충분히 개성을 드러낼 수 있다.

Vanilla

환희

'원 밀리언(One million)'을 파코라반 팀과 함께 작업하며 미셸 지라드(Michel Girad), 올리비에 페슈(Olivier Pesheux)와 그것을 공동으로 창작했을 때 나는 너무나 즐거웠다. 또한 이 향수의 브리핑이 꽤나 도발적이고 기획 역시 참신했기 때문에 거기서 크게 자극받았다. 그래서 향수에도 똑같은 특징을 줄 필요가 있다고 생각했다. 이 향수의 대상은 향수를 좋아하면서 자신의 욕구를 정확히 알고 있는 사람들이다. 물론 여러 제한사항과 함께 일이 진행되었지만, 이런 제한이 있어 오히려 찾아낸 내용에 두려움을 갖지 않은 채 아직까지 찾지 못한 영역을 탐험할 수 있었다. 향수 창작은 여러 가지의 바닐라 노트를 이용해 온화함을 준 레더와 애니멀 어코드를 출발점으로 하여 발전시켜 나갔다. 또한 전체를 관능적으로 하고 싶을 때 이러한 바닐라 노트를 이용하면, 거친 들판의 자유분방함이나 선명하고 강렬한 인상을 가진 조향을 부드럽게 만들어 줄 수도 있다. 일도 많이 하고 친구도 많이 얻게 된 작업이었는데, 파코라반이 최종적으로 우리의 향수를 선택해 주었다. 우리에게 가장 큰 보답은, 거리에서 매일 원 밀리언의 잔향을 맡을 수 있게 되었다는 것이다.

햇볕에 말리기 전, 녹색의 바닐라빈을 선별한다.

CHRISTOPHE RAYNAUD의 향수

Belong, Céline Dion, 2005
My Insolence, Guerlain, 2007
Chrome Legend, Azzaro - (Olivier Pescheux와 공동작업), 2008
One Million, Paco Rabanne - (Michel Girard, Olivier Pescheux와 공동작업), 2008
L'instant Magic Elixir, Guerlain, 2009
Joop Thrill Man, Joop!, 2009
Vivara Variazioni Acqua 330, Emilio Pucci, 2009

바닐라가 들어간 향수

Gautier 2, Jean Paul Gautier, 2005
L'instant Magic, Guerlain, 2007
Habanita, Molinard, 1921
Vivara Variazioni Acqua 330, Emilio Pucci, 2009
Vanilla intense, Patricia de Nicolai, 2008

075

바이올렛(Violet)

Viola odorata L. 제비꽃과
Insolence, Guerlain, 2005

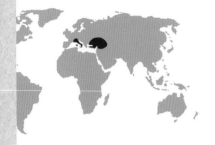

향수에는 파르마(Parma) 종과 빅토리아(Victoria) 종이 사용된다. 모두 소아시아가 원산이지만 프랑스와 이탈리아에서도 재배된다. 프랑스의 툴루즈 산 바이올렛이 유명하다.

> 향기성분: 주3- 펜타데케날(3- pentadecenal), (E.Z)-2,6- 노다디에날알((E.Z)-2,6- nodadienal), (E.Z)-2,6-노다디에놀((E.Z)-2,6- nodadienol)

향료 산업에서는 잎과 줄기만을 추출에 사용한다.

허브 전문가(Herbalist)는 옛날부터 자주 쓰는 원료로 방향성을 가진 바이올렛을 사용하고 있다.

바이올렛 꽃은 거담 작용을 하기 때문에 만성 기관지염과 마른 기침, 비염, 백일해와 같은 호흡기 계통 질환의 치료에 효과적으로 사용해 왔다.

기원전 4세기 식물학의 시조인 철학자 테오프라스투스(Theophrastus)의 시대부터 바이올렛에 대한 내용이 나온다. 16세기 들어 바이올렛과 머스크의 혼합 분말이 헤어케어로 사용되었고, 향수로 사용되기 시작한 것은 빅토리아 왕조 시대였다. 프랑스 남동부(Vence, Tourrettes, Cabriz)에서는 파르마 종의 바이올렛 꽃과 잎 약 100톤을 원료로 하여 추출하고 있다. 빅토리아 종 바이올렛은 파르마 종보다 꽃이 큼직하고 색도 진하다. 남프랑스와 이탈리아에서 재배되고 있다. 성숙까지 4년이 걸리는 파르마 종과는 달리, 빅토리아 종은 2년째부터 수확할 수 있으며, 6~7년째가 되면 1ha당 1400~2500kg을 수확할 수 있다. 꽃은 1~4월에 수확하는데, 장식용으로 생화 시장에 보내거나 제과 공장용으로 출하된다. 그런 다음 향수 추출액의 원료로서 잎과 줄기만을 거둬들인다. 유기 용제를 써서 수율 0.13% 이하의 콘크리트를 추출할 수 있으며, 거기에서 진녹색 앱솔루트가 35~60%의 수율로 채취된다. 추출 후 향수 포뮬러에 사용되므로 증류해서 순화시키고 탈색할 필요가 있다. 바이올렛의 향기를 내는 합성 향료인 이오논(ionone)이 대량 생산되어 포뮬러에 쓰이고 있기 때문에, 파르마 종의 생산은 줄어들게 되었다. 조향사가 별로 선호하지 않는 빅토리아 종은 향이 오래 지속되는 장점이 있다. 꽃향기는 잎과 줄기에서 나오는 향과 달라서, 꽃향기가 필요한 향수에는 별도로 향을 만들어 재현하고 있다.

툴루즈 시 '바이올렛 협회'의 의상을 갖춰 입고 집합

오! 툴루즈!

콘스탄티노플에서 가져온 파르마 종 바이올렛은 1850년 툴루즈에 도착하여 시의 상징이 되었다. 1920년대에는 약 10톤의 바이올렛을 유럽 전역으로 수출하기 위해 오를레앙 철도에 특별 열차를 마련할 정도였다. 그러나 바이올렛 재배에 열심인 몇몇을 빼고는 더 이상 바이올렛 재배를 하지 않고 있기에, 툴루즈에서는 이제 그리운 옛날 이야기가 되고 있다. 그런데 1997년 크리스틴 카라스(Christine Calas)라는 거물 원예가의 지도하에 바이올렛 협회가 발족되었다. 이 협회는 앞으로 몬태쥬 드 쿠엘시(Montaigu-de-Quercy)의 '닭고기 말이' 협회와 가이악의 특산품 와인 조합과 함께 지역 공인 조합으로 성장하게 될 것이다.

바이올렛은 군체를 형성하면서 점차 퍼져 자라는 경향이 있다. 줄기는 땅 위로 기어서 뻗는다. (포복 줄기) 잎은 달걀 모양으로 길다란 잎자루 끝에 붙어있다. 꽃은 보라색이며 꽃잎은 5장, 꽃의 뒤쪽에는 꿀이 들어있는 꿀주머니가 있다.

차가운 크림 소스 닭가슴살 - 바이올렛 향 (4인분)

닭가슴살 4장, 올리브유, 레몬 1개,
바이올렛 꽃잎 적당량, 분말고수 3꼬집, 소금, 후추

닭가슴살을 결대로 자른다. 레몬즙과 소금, 후추, 분말 고수, 올리브유를 섞어 양념을 만든 다음, 양념에 닭가슴살을 담가 마리네하여 냉장고에 한 시간 동안 재운다. 바이올렛 꽃잎의 수분을 제거한 다음 닭가슴살 위에 적당히 뿌린 후 알루미늄 호일에 화이트 소스를 깔고 전체를 감싸 15분간 찐다. 익은 정도를 확인하고 호일에서 닭가슴살을 꺼내 얇게 썬다. 접시에 따뜻한 줄기콩을 곁들이고 올리브유를 살짝 뿌린다.

조향사
SOPHIE LABBÉ

태어난 곳은 샤랑트(Charente)이며, 8살 때부터 파리에서 살고 있다. 내 안에는 도시 생활과 시골 생활, 밀 베기, 포도 수확, 꼬냑 향기 등 두 가지 문화가 공존하고 있다. 중학교에서는 과학을 배웠고, 고등교육과정인 리체(Lyceé)의 최종 학년 때는 철학에 관심이 생겼지만 더그(DEUG, 대학의 일반교육 증명서)에서는 생물을 선택했다. 어느 날 ISIPCA에 대한 기사를 읽고 향수를 만드는 직업이 있다는 것을 알게 되었다. 그리고 장 파투(Jean Patou)의 사무실에서 장 케를레오(Jean Kerleo)와 만날 기회를 얻게 되었다. 유리 용기와 다양한 향기, 시향지인 무이예트(mouillette) 등이 놓여 있는 신기한 세상에서 몇 시간을 보냈다. 지금 내 사무실도 똑같다. 그 후에 장 케를레오가 ISIPCA의 심사위원이었기에 입시 면접 때 나는 그를 다시 만나게 되었다. ISIPCA, 행복한 2년이었다.

소극적인 꽃

바이올렛 향기는 아주 강해 뚜렷한 개성이 있음에도 불구하고 '조심스러움'을 상징한다. 그 대비가 너무 흥미롭다. 조향사에게는 약간 고리타분하게 느껴지는 성분이지만 언젠가 다시 바이올렛이 활약할 때가 올 것이라 확신한다. 잎에서는 오이를 떠올리게 하는 싱싱한 녹색 채소의 향기가 나고, 작은 잎임에도 범상치 않으며, 클로로필의 정화 효과에 끌리게 된다. 다면적인 향기를 갖는데다 탑 노트와 미들 노트에서 휘발성이 있는 바이올렛은 여성 향수 뿐 아니라 남성 향수에서도 사용할 수 있다. 꽃의 추출액은 향수용으로는 추출되지 않지만 합성 향료의 팔레트에 있는 이오논류를 이용하면 제대로 된 꽃향기를 재현할 수 있다.

파리지엔느의 탄생

조향사가 하는 일이란 사람들이 기대하는 것에 귀를 기울이는 것이며, 향기의 역사를 이야기하는 것이자, 브리핑의 언어를 향기로 바꾸는 것이다. 파리지엔느의 브리핑에는 테마로서 파리의 아침, 돌로 된 거리에서 하이힐 소리를 또각또각 울리며 걷는 젊은 여성의 이야기가 적혀 있다. 다른 이들이 깨어날 시간에 그녀는 귀가한다. 상당히 여성스러운 스타일로, 머리는 전혀 흐트러짐 없이 우아하고 손에는 장미 한 송이를 들고 있다. 향수의 여운에서 느낄 수 있는 건 이 여성이 뿌린 향수만으로 밤을 함께 보낸 남성의 흔적을 느낄 수 있다는 줄거리였다. 이런 식의 간단한 설명으로 아직 이름도 모르는 향수를 이미지화했다. 탑 노트에서는 하이힐의 굽이 연주하는 금속성의 불협화음을 표현했고 립글로스와 립스틱, 매니큐어를 표현하는 어코드를 사용했다. 거기에다 과육을 연상시키는 육감적인 검은 딸기 노트를 더했다. 살짝 쌈쌀한 크랜베리도 사용했는데, 아무리 여성스러운 계통이라 해도 자립적이고 의사가 분명한 여성이며, 덧붙여 사회의 틀에 얽매이지 않는 개성을 다소간 느끼게 하기 위해서였다. 미들 노트에서는 그녀의 여성적인 특징을 장미로 이미지화했는데, 플로럴하면서 가볍게 레더리한 특징을 주기 위해 바이올렛을 사용했다. 이 여자가 방금 헤어진 남자를 떠올리는 향으로는 남성적 향조 그 자체인 베티버를 선택했는데 이런 특징은 장미와 대비함으로써 생겨난다. 남성성을 느낄 수 있는 베티버는 입생로랑의 여성용 향수에 늘 사용되고 있다.

Violet

우연성과 일관성에 대하여

철학을 좋아해서인지 모든 것이 그냥 우연히
존재하는 것은 아니라고 생각한다. 장 케를레
오를 만난 적이 있었는데, 그에게 지방시 향수
에 대한 이야기를 듣고 싶다고 간절히 청했다.
그 후 1996년, 나의 첫 번째 고급 향수인 '오르
간자(Organza)'가 발매되었고, 이어서 지방시
브랜드의 약 12종 제품을 창작하게 되었는데,
그 중 하나를 도미니크 로피옹(Dominique
Ropion), 카를로 베나잉(Carlos Benaïm)과
함께 작업했다. 이어진 우연은, 1985년에 프랑
수와 코티(François Coty)의 테마로 만든 과제
를 해내 ISIPCA의 수료증을 받았고, 그 후 25
년 뒤 여성 조향사로서는 처음으로 프랑수와
코티상을 수상했다는 것이다. 겔랑의 코롱 뒤
68(Cologne du 68)의 일을 하고 있던 때, 아직
만나보지는 못했으나 겔랑 향수 개발 부문 디
렉터인 실벤으로부터, 이 포뮬러 안에 몇 종류
의 성분이 들어있느냐는 질문을 받은 적이 있
었다. 68이나 69종류인 것 같다고 했더니, '그
럼 68종류로 시작합시다!' 라는 답변을 들었다.
이 숫자는 샹젤리제 거리에 있는 겔랑 본점의
번지수이자 향수의 이름이 되었다. 이와 같이
모든 일이 쉽게쉽게 느껴지는 '기회'라는 인생
의 시기에 나는 상당히 예민했던 것 같다.

그라스에서의 바이올렛 수확, 20세기 초

SOPHIE LABBÉ의 향수

Organza, Givenchy, 1996
Emporio Lui, Emporio Armani, 1998
Premier jour, Nina Ricci (C. Benaïm과 공동 작업), 2003
Very Irresistible, Givenchy (D. Ropion, C. Benaïm과 공동 작업), 2003
Jump, Joop!, 2005
Amor pour Homme, Cacharel (P. Wargnye와 공동 작업), 2006
Cologne du 68, Guelain, 2006
Joop! Go, Joop!, 2007
Essenza del Tempo, Trussardi (B. Piquet과 공동 작업), 2008
Jasmin Noir, Bulgari (C. Benaïm과 공동 작업), 2008
Eau par Kenzo Homme, Kenzo, 2009
Parisienne, Yves Saint Laurent (S. Grojsman과 공동 작업), 2009
Freigeist, Wolfgang Joop (A. Massenet와 공동 작업), 2010
Incanto Bloom, Salvatore Ferragamo, 2010

바이올렛이 들어간 향수

Gucci pour Homme, Gucci, 2007
Guerlain Insolence, Guerlain, 2005
Vera Violetta, Roger & Gallet, 1982
For him, Narciso Rodriguez, 2007
Parisienne, Yves Saint Laurent, 2009

079

바질 (Basil)

Ocimum basilicum L. 꿀풀과
Aqua Allegoria

바질이 향수에 쓰일 때는 Ocimum basilicum L.의 케모타입(Chemotype) 2 종이 사용된다. 베트남, 라 레위니옹, 코모로, 마요트, 마다가스카르에서는 바질 에스트라골이, 이집트에서는 바질 리날롤타입과 바질 그랑베르가 재배된다.

> 향기성분: 리날롤이 함유된 바질 에센스 오일은 수증기 증류 방식으로 얻어내는데, 상대적으로 추출량이 적다. 주요 성분은 리날롤(45-62%), 1.8-시네올(45-62%), 유게놀, 에스트라골이다.

시나몬 바질은 보라색의 꽃과 줄기가 특징

바질과 바질의 에센스 오일에 대해서는 명확한 설명이 별로 없다. 소화기관을 진정시키고 경련을 치유하므로 소화작용을 도와줄 것이라고 추측할 뿐이다. Coeur-de-Boeuf(소의 심장)이라 불리는 하트 모양의 토마토와 레몬즙과 올리브유를 두른 샐러드에는 바질만큼 좋은 것이 없다!

바질(또는 스위트 바질)은 '왕의 식물'이라는 뜻의 그리스어 'basilikon'에서 비롯된 이름의 아로마 식물이다. 또한 basilikon은 고대 그리스어 'basileús'에서 파생되었는데, 원래 어느 중요한 인물을 지칭하다가 일상어로 넘어가면서는 왕의 이름이 되었다. 고대 사람들이 바질에 부여한 뜻은 '중요하다'는 그 자체였다. 바질은 이란 또는 인도에서 중동을 거쳐 유럽으로 들어왔을 것이다. 바질은 지중해, 열대 유형의 뜨겁고 쨍쨍한 햇볕에서도 잘 자라지만, 사실 바질은 적응력이 뛰어나 어디에서나 잘 자란다. 향료에 사용할 수 있는 바질은 개화한 지상부분으로, 일년에 두차례 수확한다. 에스트라골이 함유된 바질 에센셜 오일은 막 수확한 바질을 2,000리터 증류기에서 수증기 증류를 통해 얻어진다. 헥타르 당 30kg 정도의 에센셜 오일을 얻어낼 수 있다. 노란색이 은은하게 감도는 투명한 에센셜 오일에서는 풀, 향신료, 아니스 향이 감도는 신선한 향기가 특징적이다. 바질은 프랑스-이탈리아 국경 양쪽에서 맛볼 수 있는 두 가지 전통적인 조리법에 빠질 수 없는 기본 재료이다. 바질을 으깨서 풍미가 한껏 살아나는 프로방스 요리 피스투 수프와 이탈리아의 리구리아 주의 페스토가 바로 그것이다. 페스토에서 바질은 진한 소스의 기본재료이며, 마늘 그리고 파르마 산 치즈와 함께 파스타 요리를 호화롭게 장식한다.

그리스도의 십자가는
바질 덕분에 발견되었을까?

비잔틴의 전설

콘스탄티누스 황제(272-337)의 개종과 함께 로마 제국의 국교는 기독교가 되었다. 황제의 어머니 성 헬레나는 그리스도의 십자가를 찾기 위해 예루살렘에 갔다. 골고타 언덕 주변을 둘러봐도 아무 소용이 없던 터에 꿈을 꿨는데, 처형장 주변의 신성한 향기를 따라가라는 지시를 받았다. 놀라 서둘러 가보니 처형장에서는 이제껏 맡아본 적 없는 알 수 없는 냄새가 풍겼다. 바로 바질이었다. 그리고 그 바질 밑에서 십자가가 발견되었다. 여러 종교에서 바질에게 신성한 의미를 부여하는 것도 이 전설 때문일 것이다.

쌍떡잎식물 통화식물목 꿀풀과의 한해살이 초본식물. 향이 좋고 크기는 30~60cm이다. 단엽은 호생하며 하트 모양의 잎이 향의 근원조직이다. 작은 꽃은 흰색, 분홍색, 가끔 보라색이다. 바질은 생각보다 다양해서 스위트, 홀리, 마르세유, 오팔, 레몬, 제노비스, 맘모스, 시나몬, 퍼플러플, 아니스 등이 있다.

가오리 테린(Terrine), 바질즙과 램슨

가오리 500g, 케이퍼 10g, 오이절임 15g, 램슨 잎사귀 5장, 바질 한 다발, 샐러리 한 줄기, 당근 2개, 빨강 피망 반 개, 올리브유 3스푼, 레몬 반 개, 소금, 후추

가오리를 쪄서 물기를 뺀다. 물렁뼈를 발라낸다. 케이크 틀을 비닐랩으로 싼다. 소금과 후추로 살짝 간을 한 가오리를 케이퍼, 오이 절임, 잘게 썬 마늘 등과 가오리를 번갈아 여러 층으로 케이크 틀에 겹쳐 놓는다. 랩을 잘 덮어주고 무거운 것으로 눌러 냉장고에 12시간 넣어 둔다. 바질 잎들과 물 한 티스푼, 올리브유 한 티스푼, 약간의 레몬즙을 뒤섞는다. 샐러리, 당근, 피망을 깍둑 썰기한다. 뒤섞으며 소금 간을 하고, 레몬즙과 올리브유를 두른다. 바질 즙 그리고 생채소들과 함께 가오리 테린을 내놓는다.

조향사
MAURICE ROUCEL

나는 화학을 공부한 후 샤넬에 기술자로 들어가 앙리 로베르(Henri Robert) 곁에서 일했다. 앙리는 나를 믿어주었는데, 당시 나는 향수에 관해서는 아무것도 모르던 때였다. 6년 동안 향에 관련된 서적을 많이 읽었고, 다양한 원료들의 향을 수없이 맡아 보았다. 그렇게 해서 나는 서서히 조향사의 자질을 갖추게 되었고, 마침내 IFF(International Flavors & Fragrances Inc.)가 나를 채용해 주었다. 이어 PPF 베르트랑 페레르(PPF Bertrand Frères)로 회사를 옮겼는데, 이 회사는 1987년 퀘스트(Quest)로 이름이 바뀐다. 나는 여기서 12년간 일했다. 그 뒤 1996년 드라고코(Dragoco, 독일 홀츠민덴에 기반한 향료 및 향수 제조 회사)로 옮겼고, 로제 슈미트와 함께 1999년 맨해튼에 고급 향수 스튜디오를 만들었고, 나는 여전히 맨해튼에 있다. 마케팅 담당의 베로니크 가베와 함께 몇 가지 성공적인 작품을 만들었는데, 겔랑의 'L'Instant', DKNY의 'Be Delicious', 롤리타 렘피카의 'L' 등이다. 인수 합병을 통해 우리는 심라이즈(Symrise, 2003년 드라고코와 같은 도시 기반의 향료 및 향수 제조 회사인 하만&라이머와의 합병을 통해 만들어진 독일 최대 규모 향료 및 향수 제조 회사) 소속 회사가 되었다.

토마토와 모짜렐라 치즈의 샐러드

나에게 있어 바질은 토마토와 모짜렐라 치즈와 언제나 함께이다. 바질은 먹지 않더라도 잎에서 추출한 에센셜 오일의 향도 매우 훌륭하다. 향수를 제작하는 사람들에겐 중요한 원료이다. 피라진(Pyrazine)과 에스트라골(Estragol) 성분이 있어 잎을 문지르면 상쾌한 초록색을 연상시키는 향이 난다. 품종은 다양하지만 두 종류의 바질이 사용된다. 코모로제도의 에스트라골 타입은 스파이시한 향이 매우 강하다. 가격이 상대적으로 더 비싼 리날롤 타입의 바질도 사용한다. 이 두 종류의 바질은 놀라울 만큼 향이 다르다. 바질은 남성용 신선한 느낌의 향수에 사용된다. 'L'Eau Sauvage'의 성공을 모두 헤디온(Hedion) 덕분이라 말하지만, 사실은 그렇지 않다. 헤디온을 좀 더 첨가하거나 줄인다 한들 아무 변화도 없을 것이다. 왜냐하면 로 소바주는 기본적으로 바질 향이기 때문이다. 'Eau de Rochas', 'Aramis'나 'Polo'도 마찬가지다. 앙리 로베르가 'Cristalle', 'Channel, 1974'을 제조해냈을 적에 그는 이 향수를 오 드 프레쉬 라고 하지 않고, '오 드 바질'이라 했다.

미국인들과 유럽인들

미국 소비자들의 취향은 유럽과는 다르다. 프랑스인과의 공통적인 특징이 있으면서도 미국만의 독자적인 특징이 보이기 시작한다. 1970년대를 대표하는 'Lauder', 1996년 'Pleasure'에 이르기까지 미국의 향수들은 그린 노트가 대세이다. 프랑스인들의 전형적인 취향과는 거리가 멀다는 것을 알게 된다. 'CK One'을 선두로 하여, 투명함, 가벼움, 탑 노트의 상쾌함이라는 키워드는 세계의 향장품의 트렌드를 변화시켰다. Pleasure와 CK One 이전과 이후로 향수 시장의 세기를 구분할 수 있을 정도이다. 미국에서는 현재 플로랄 프루티 노트(Floral Fruity note)가 대세이다. 유럽인들에게는 'too much'라고 느껴지는 취향 때문에 또다시 상반된 유행을 타고 있지만 미국의 취향이 전 세계의 오피니언 리더이자 기준이 된다는 것은 부정할 수 없다.

본질적인 가까움

향수는 그 향수를 뿌리는 사람이 다른 사람에게 보내는 메시지라고 할 수 있다. 그 메시지는 간단하고 명료해야 한다. 일종의 슬로건이고, 슬로건의 힘은 단순함이다. 향수, 그것은 음악과도 같고, 서서히 사라져가며, 언어로 표현하기 힘들다. 우리에게 향수를 묘사하기 위한 언어는 없고, 우리 고유의 어휘도 없다. 우리의 모든 어휘는 다른 분야에서 빌려온 것들이다. 음악에서 '노트=음색'을 가져오고, 건축에서 '구축=제조'를 가져오고, 그림에서 '색조=향조'를 가져온다. 조향사들끼리는 물론 다 이해할 수 있지만, 다른 사람들과 소통할 때는 여전히 매우 어렵다. 나에게 향수는 사업이자 유행이 전부가 아니라, 근본적으로 내가 함께 일하는 사람과 맺는 관계라는 것을 말하고 싶다. 진정한 행복을 느낄 때는 함께 일하는 사람과 취향과 정열에 대해 이야기하고, 의견이 합의되어가는 과정이다. 그 상대가 여성이라면 더 행복하다는 것은 여기서만 이야기하는 비밀이다.

디올의 L'Eau Sauvage,
바질 향이 기본이다

MAURICE ROUCEL의 향수

K, Krizia, 1981
Ispahan, Yves Rocher, 1982
Tocade, Rochas, 1994
24 Faubourg, Hermès, 1995
Envy, Gucci, 1997
Lalique pour Homme,
Lalique, 1997
Pleasures Intense for Men,
Estée Lauder, 1998
Rochas Man, Rochas, 1999
Musc Ravageur, Éd. de Parfums
Frederic Malle, 2000
Castelbajac, Castelbajac, 2001
Kenzo Air, Kenzo, 2003
L'Instant, Guerlain, 2004
Be Delicious, Donna Karan, 2004
Insolence, Guerlain, 2005
L, Lolita Lempicka, 2006
Labdanum 18, Le Labo, 2006
L'Instant Magic, Guerlain, 2007

바질이 들어간 향수

Visit Bright, Azzaro, 2006
Lalique pour Homme, Lalique,1997
Aqua allegoria Mandarine Basilic, Guerlain, 2007
Mirea, Molinard, 2005
Diorella, Dior, 1972

베르가못 (Bergamot)

**Citrus auranthium L. ssp. Bergamia
(Risso et Poit.) Engl. 귤과
Zen, Shiseido, 2009**

브라질, 코트디부아르, 모로코, 포르투갈, 기니 등지에서 재배된다. 주 산지는 이탈리아 남부의 칼라브리아 지방이다. 세계 총 생산량의 90%를 점유하고 있다.

> 향기성분: 베르가못 에센셜 오일의 주성분은 리모넨, 리날릴 아세테이트, 프로쿠마린류도 포함되어 있다.

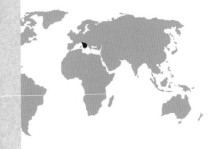

이탈리아의 수확풍경

에센셜 오일의 베르갑텐 성분은 빛의 과민성 작용을 유발한다. 피부과에서는 색소탈실증의 치료에 이 특징을 이용해서 치료하지만, 미용에서는 이 성분을 제거한 에센셜 오일을 사용한다. 그러나 제거한다고 해서 베르가못의 에센셜 오일의 효능이 변화하는 것은 아니다.

베르가못은 지름이 10cm 정도 되는 서양 자두의 일종이다. 과육의 산성과 쓴 맛 때문에 식용으로는 인기가 없는 편이다. 원산지에는 다양한 추측이 있지만 오리엔트에서 유럽으로 돌아간 십자군에 의해 전해졌다는 설, 크리스토퍼 콜럼버스가 카나리아제도에서 가지고 돌아왔다는 설이 유력하다. 베르가못은 처음에 재배를 시작한 바르셀로나 북부의 베르가 시에서 이름을 따왔다고 전해진다. 하얗고 향이 좋은 꽃이 피지만 열매를 맺는 확률이 낮은 편이다. 연간기온이 10~12도 이하로 내려가지 않는 온화한 기후에서 잘 자란다. 이탈리아의 칼라브리아 주와 코트디부아르가 대표적이다. 베르가못의 껍질은 녹색이거나 노란색인데, 여기에 에센셜 오일을 분비하는 세포가 다수 존재한다. 또한 꽃과 잎, 과실에서 에센셜 오일을 추출할 수 있는데, 향수 산업 뿐 아니라 농산물 가공업 분야에서도 사용된다. 신선하고 강렬하며 마치 꽃밭에 있는 듯한 느낌을 주는 이 오일은 재료의 0.5% 수준으로 추출할 수 있다. 이 과정을 거치고 남은 베르가못 껍질로 추출한 짙은 색상의 에센셜 오일 수율은 4% 정도다. 많은 향수에 사용된다. 네롤리, 라벤더 향이 주를 이루는 오 드 코롱의 주 재료이다. 얼그레이 홍차, 사탕인 베르가못 드 낭시, 잼 형태로 넣은 모로코식 스튜 등에 향기를 내는데도 사용된다.

베르가못은 오랫동안 왕가에서만 쓰였다. 스타니슬라스 왕(1677-1766)의 요리사였던 질리에는 베르가못을 가미한 보리 설탕 졸임을 생각해냈고, 왕은 이 디저트를 엄청나게 좋아하게 되었다. 1857년에는 베르가못 과자 제조업자인 고드프루아 릴리그 덕분에 낭시 시민의 대다수가 좋아하는 특산품이 되는데, 그 과자를 정사각형으로 만든 사람이 바로 그 릴리그이다. 그리고 낭시의 성체성사 수녀원의 두 수녀 덕분에 낭시의 다른 특산품이 명성을 얻게 된다. 그것은 바로 마카롱이었다. 메종 데 쇠르 마카롱(Maison des Soeurs Macarons)은 오늘날 '낭시의 베르가못'이라는 품목으로 유명한 전문제과점이다.

낭시 시의 마카롱과 베르가못

베르가못은 운향과 귤속에 속하는 작은 크기의 나무이다. 열매는 초록색에서 노란색으로 변하는 작은 오렌지와 비슷하며, 무게는 80-200g이다. 베르가못은 쌉쌀한 오렌지와 초록 레몬의 교배에서 생겨났을 것으로 추측한다. 매끄럽고 두꺼운 껍질 역시 다양하게 활용한다.

새콤한 복숭아와 베르가못 사탕 20개

설탕 250g, 백도의 농축과즙 100ml, 포도당 100g, 베르가못 에센셜 오일 4방울

편수냄비에 설탕, 포도당, 백도의 농축과즙을 넣고 147도가 될 때까지 끓인다. 여기에 베르가못 에센셜 오일을 넣고 섞은 뒤 불을 끈다. 실리콘 쟁반에 약 10cm 간격으로 조금씩 붓는다. 이 동그란 시럽마다 막대기를 하나씩 꼽고 식힌다. 사탕이 굳고 식으면 밀폐된 상자에 넣어 건조한 상태로 보관한다.

조향사
OLIVER PESCHEUX

나는 열 살 때 'Le Sauvage(국내 개봉명 '낙원의 침입자')'라는 영화를 보았는데, 이 영화에서 조향사 역할을 맡은 이브 몽탕이 작은 안경을 코에 걸친 모습으로 제조법을 구상하는 장면이 나왔고 나 또한 그렇게 하고 싶었다. 그리하여 나는 대학의 화학과에서 잠깐 공부한 뒤 ISIPCA에 들어갔다. 나는 'Payan & Bertrand' 사에 들어가 방콕에서 향수 개발, 평가, 제조를 담당했다. 1990년에는 '아닉 구딸(Parfums Annick Goutal)'에서 품질 조정 책임을 맡았다. 그 뒤 일본의 '카오 코퍼레이션(Kao Corporation)'으로 옮겨 앙리 소르사나 곁에서 5년을 보냈다. 1998년부터 지금까지는 지보당에 있다. 나는 여행을 자주 하는데, 흔히 알고 있듯 그것은 호기심을 유발하고, 자유롭게 어슬렁거리며, 풍요로움을 가져다줄 수 있는 다른 곳을 보러 가면서 머리를 식히는 일이다. 주위의 공기를 흡수하고, 스펀지처럼 되는 것이 바로 우리 조향사의 일이다.

어느 사랑 이야기

베르가못은 프레시한, 톡 쏘는 청량감이 특징이다. 꽃의 향기도 풍부해 향수에 많이 쓰인다. 초창기에는 코롱과 사이프러스 향 베이스에서 많이 사용했다. 표면이 전형적인 감귤류와 같아서 껍질도 사용하게 되었는데, 꽃향기와 리날릴 아세테이트도 많이 들어가 있다. 수확 초기와 끝 무렵의 베르가못 에센스 사이에는 큰 차이가 있다. 초기 수확된 에센스는 풀 향이 강하지만, 수확 끝 무렵의 에센스는 짙은 꽃 향기를 가지고 있다. 일반적으로 제품의 품질 균일화를 위해 두 가지를 섞어서 쓴다.

각자 자기에게 어울리는 향수를!

한 프로젝트를 위해 일할 때면, 브랜드와 역사에 따라 조건이 정해지고, 설명하기가 늘 힘든 '코드'들이 있다. 디올은 휴고 보스와 다른데, 왜 그런지 분명하게 말하기 어렵고 그저 비슷하지 않다는 것을 느낄 뿐... 하지만 각각을 위해 향수 제조법을 구상할 때면 반사적으로 떠오르는 것들이 있다. 두 가지 예를 들어보겠다. 대량으로 유통되는 '스콜피오(Scorpio)' 같은 향수를 뿌리고 싶어 하는 사람들은 상품 진열대 앞에서 아마도 충동 구매를 할 것이다. 그러므로 제품은 분명한 메시지와 더불어 즉각적인 임팩트를 주고 강렬해야만 한다. 반면, 우리는 틈새 브랜드의 향수를 제조할 때는 앞서의 경우와 소비자가 다르고, 그들은 다른 사람들과 같은 향기를 풍기고 싶어 하지는 않는다는 것을 잘 알고 있다. 그러한 관계로 우리는 다른 사람들과 똑같은 방식으로 자신을 드러내지는 않는 그 무엇인가와 더불어 좀 더 지적인 느낌을 줄 만한 제조법을 머리속으로 그려본다. 프로젝트마다 조향사는 제조법의 조건을 본능적으로 정하는데, 그 사실을 스스로 깨닫지 못하는 경우가 흔하다. 어떻게 그런 것인지 설명하기 힘들지만, 우리는 10년 전의 제조법과 오늘날의 제조법이 다르다는 것을 알고 있다. 사회의 변화에 그 자신도 대처해야 하는 직업이니까. 몇 년 전 장 케를레오가 향기박물관의 문화 유산인 예전 향수들 40여 점을 우리에게 소개해주었다. 훌륭한 역작들은 시간이 흘러도 그 명성을 잃지 않는다. 예전의 조향사는 제한된 제조 방식이나 배합을 할 수밖에 없었다면, 오늘날 향수들은 한층 더 세련되고 섬세해졌다.

Bergamot

감귤류의 압착 추출

베르가못은 이탈리아 칼라브리아 주를 중심으로 수 세기 전부터 경작되어 왔다. 경작 기구들은 자연스레 발달했지만, 과일 껍질의 압착 추출 원리는 그대로다. 서로 따로 돌고 있는 곡괭이들과 평행 굴림대들이 달린 기계 위로 열매들이 지나가는 방식이다. 이동 과정에 과일이 긁히면서 껍질에 함유된 에센스가 나온다. 물 한줄기가 에센셜 오일을 실어나르고, 이어서 이 물을 따라내며 물로부터 분리한다. 더 최근의 방식도 물론 존재한다. 농산물 가공품이 될 레몬들의 경우 예전에는 양동이에서 물기 없는 스펀지로 문질렀는데, 이제는 선별하여 과일 압착기에서 통째로 으깨어 즙을 짜내고 천천히 부어 껍질과 분리한다.

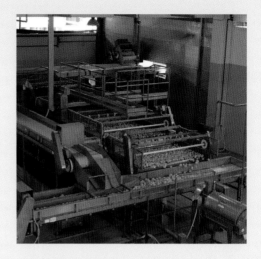

에센셜 오일을 추출하기 위해
베르가못을 처리하고 있는 이탈리아 공방

OLIVER PESCHEUX의 향수

Higher, Christian Dior(Olivier Gillotin과 공동작업), 2001
Arpège pour Homme, Lanvin, 2005
Voile d'Ambre, Yves Rocher, 2005
Boss Selection, Hugo Boss, 2006
Iris Noir, Yves Rocher, 2007
Chrome Legend, Azzaro
(Christophe Raynaud와 공동작업), 2007
L'Eau de L'Eau, L'Eau de Néroli, L'Eau Hespérides,
dyptique, 2008
One Million, Paco Rabanne
(Michel Girard, Christophe Raynaud와 공동작업), 2008

베르가못이 들어간 향수

L'Eau de Néroli, dyptique, 2008
Belong, Céline Dion, 2005
Jette Dark Sapphire, Joop!, 2008
Eden, Cacharel, 1994
Zen for Men, Shiseido, 2009

베티버 (Vetiver)

Vetiveria zizanioides (L.) 벼과 / 모아풀과
L'inspiratrice, Divine, 2006

인도 원산이며, 열대 지방의 여러나라에서 자란다. 현재는 브라질, 중국, 과테말라, 마다가스카르에서도 볼 수 있다. 주산지는 인도네시아와 아이티.

향기성분: 150종 이상의 성분을 가진 복잡한 추출물로서 쿠시몰(khusi-mol)과 이소발렌세놀(isovalencenol) 같은 세스퀴테르펜알코올(ses-quiterpene alcohol)이 주를 이루고 있다. 게다가 베티버 에센셜 오일은 향수제품의 원료로 자주 쓰이는 베티베릴아세테이트(vetiveryle acetate)를 만들 때 대사중간체로 사용되고 있다.

베티버의 줄기는 수작업으로 베어낸다.

베티버 에센셜 오일에는 생체 보호 기능을 높여주는 면역 강장 작용이 있다. 스트레스와 불면증에 좋다. (www.aromatherapiehuiles-essentielles.com)

베티버는 남성, 여성용 향수 모두에 라스트 노트로 사용된다. 그 중에서도 시프레 계열의 향수에 특히 많이 사용된다. 에센셜 오일을 추출하는 부분은 뿌리, 정확히는 뿌리 줄기로, 2~3년 정도 자란 식물의 뿌리를 건조한 후 추출한다. 뿌리는 둥글게 썰고 잘게 쪼갠 후 추출한다. 주로 수증기 증류로 추출하는데 현대적인 설비(유럽, 미국, 마다가스카르, 레위니옹)나 소박한 증류 장치(인도가 재배지일 경우)로 이루어지고 있다. 수율은 수확되는 곳과 뿌리 줄기의 나이, 추출법(상압증류 또는 감압증류)에 따라 차이가 있다. 에센셜 오일의 수율은 자바 섬(1.5~2%), 레위니옹 섬(0.6~1.2%), 아이티(1~1.5%)이다. 점성이 있는 액체이며, 밤색이나 붉은 빛이 도는 밤색이고, 흙 묻은 뿌리와 비슷한 향기가 난다. 뿌리 줄기는 용제를 이용해 레지노이드를 추출할 수도 있다. 수율은 추출에 사용하는 용제의 타입에 따라 달라지며, 뿌리의 나이와 생산지에 따라 차이가 난다. 석유 에테르를 이용해 레지노이드를 추출하고, 거기에서 다시 75~90%의 앱솔루트를 얻게 된다.

귀한 베티버
레위니옹 섬에서는 옛날부터
지붕덮개로 베티버를 사용하고 있다.

1770년 조셉 프랑수아즈 드 코시니(1736~1809)는 베티버와 리치를 부르봉(Bourbon) 섬으로 들여왔다. 부르봉 종의 생산자는 현재 여섯 명 정도로 줄었지만, 가격이 비싸더라도 조향사들이 지금까지도 지정해 사용하는 제품이다. 향수용 제품으로 유명해지기 전인 1950년경까지, 베티버는 오두막의 지붕을 엮거나 다발로 묶어 빗자루를 만드는 재료였다. 베티버는 소규모 수요에 맞춰 생산되고 있다. 레위니옹 섬의 수드 쏘바주(Sud sauvage)는 옛 풍경 그대로 오늘날까지 이어지고 있다. (www.sudsauvage.com)

12종 정도의 품종이 알려져 있는데, 향수에는 일반적으로 Vetiveria zizanoides L. 품종이 쓰인다. 열대 지방에서 자라는 벼과의 초본 식물로 다 자라면 1~2m까지 자란다. 크게 풀숲을 만드는데, 뿌리가 아래쪽으로 곧게 뻗어 2~3m 깊이까지 이른다.

무지개 송어의 마리네(Mariner)
- 레몬과 베티버 향 (4인분)

민물 무지개 송어 2마리, 양파 1개, 소금, 후추, 라임 1/2개, 펜넬 30g, 레몬 1/2개, 고수 3개(가닥), 베티버에센셜 오일 1g, 올리브유

무지개 송어는 양쪽 살과 가시를 저민 다음 껍질을 벗긴다. 생선살은 5등분으로 얇고 어슷하게 썰어 소금, 후추로 간을 한다. 라임 껍질은 벗겨 놓고, 라임과 레몬의 즙을 짠 후 베티버 에센셜 오일을 첨가한다. 펜넬과 고수는 잘게 썰고, 햇양파는 다진다. 모든 재료를 가볍게 섞으면서 올리브유를 조금씩 넣어준다. 1시간 동안 냉장고에 재우는 마리네를 한다. 차게 해서 먹는다.

조향사
FRANCIS KURKDJIAN

발레의 에뚜왈(etoile)이 되는 것을 목표로 피아노와 클래식 발레를 배웠다. 하지만 파리 오페라 발레 학교에 입학하지 못하게 되었고, 데셍도 안해봤지만 의상 디자인 학교의 문을 두드렸다. 15세 때 의상(couture)과 함께 호화로운 상자에 들어있는 아름다운 향수를 만드는 사람이 조향사라는 것을 알게 되었다. 퀘스트 인터내셔널에서 일하면서 1993년 ISIPCA에 입학했다. 퀘스트에 2005년까지 재직한 후, 다카사고(高砂) 인터내셔널의 조향사로 들어갔다. 2001년에는 맞춤 향수를 창작하는 나의 아틀리에, 메종 프랑시스 커정을 열었다.

뿌리에 매료되어

베티버의 뿌리는 아주 오래전부터 향수의 원료로 쓰였으며, 타무르어인 'vettiveru'에서 유래한다. 시프레 노트와 플로럴 노트의 느낌을 주며, 파우더와 비누 등 다양한 향장품에도 사용되고 있다. 1957년 발매된 '까르벵(carven)'에서 베티버는 얼시(earthy)한 향과 축축히 젖은 나무 밑을 연상시키는 우디그린(Woody green)의 인상으로 젊은 여성들을 매료시켰다. 지금은 남성용 향수의 메인 테마가 되었다.

장 폴 고티에의 향수

퀘스트사에서의 첫 번째 프로젝트는 장 폴 고띠에(Jean Paul Gaultier)의 남성용 향수 창작이었다. '르 말(Le Male)'의 발매는 1995년. 내가 24살 때다. 향수에 대한 브리핑은 알기 쉽고 아주 간결했다. 단정한 차림새를 한 남자가 이발소에서 나올 때 피부에서 풍기는 관능적인 향을 구현해 보기로 했다. 산뜻하고 깔끔한 느낌을 주기 위해 항신료와 라벤더를 중심으로, 부드럽고 관능적인 머스키 이미지를 주기 위해 시나몬, 쿠민, 바닐라빈, 통카빈을 배합했다. 고티에의 서명이 들어간 작품으로는 'Fragile', 'Puissance2', 'Fleur de male', 'D'amour', 'Ma Dame'이 있다.

베르사이유의 멋진 여성에 관한 이야기

2004년, 엘리자베스 드 페도(Elisabeth de Feydeau)는 마리 앙투아네트의 조향사 장 루이 파르종(Jean Lois Fargeon)의 전기를 쓸 준비를 하고 있었다. (L' Herbier de Marie – Antoinette, 1750) 당시의 포뮬러 몇 가지를 찾아 장 루이 파르종의 향수를 분석해보고 싶었다. 처음엔 그의 작품을 배우는 일종의 연습으로 연구를 시작했으나, Ma Sillage de la reine라는 향수를 만들고 말았다. 이 향수는 2005년 베르사이유 궁전에서 한정 판매되어, 그 총수익금으로 왕비의 소풍용 카프렛(coffret, 보석이나 화장품 상자)을 구입할 수 있었다. 앙투아네트 시대의 제품처럼 향의 구성에는 천연 향료만을 사용했고 로즈, 아이리스, 튜베로즈, 네롤리로 태양의 작품을 표현했다. 이 부케를 시더와 샌달우드로 섬세하게 조정했고, 통킨머스크와 용연향으로 화려한 부드러움을 가진 잔향을 주었다. 베르사이유 궁전의 야간 분수쇼(2007, 2008)에는 후각과 시각 효과를 주는 장치를 만들었다. 라톤(Laton, 아폴론의 어머니)의 분수에는 향기 거품을, 세 개의 숲 속 샘물에는 세 개의 분수대를 무대로 메탈릭 로즈향을 냈고, 무도회가 열리는 동안에서는 홀을 화려하게 연출, 파우더리 노트가 감도는 향초를 800개나 사용했다.

Vetiver

메종 프랑시스 커정
(Maison Francis Kurkdjian)

2009년 파리에 부티크와 메종 개설. 감정(emotion)을 테마로 한 7종- Qua Unicersalis, Lumiere Noire pour Femme, Lumiere Noire pour Homme, APOM (A piece of me) pour Femme, APOM pour Homme, Pour le Matin, Pour le Soir을 창안했다. 향은 감정을 불러일으킨다. 그래서 창작할 때는 개개인의 라이프 스타일도 중요하게 생각하여 향초와 향이 나는 가죽 팔찌, 페이퍼 인센스 등도 상품으로 제작하고 있다. 나의 메종 프랑시스 커정은 2001년 특별 주문 향수를 창작하는 부서를 만들어 특별 주문을 받고 있다. 여기는 향에 대한 뜨거운 열정이 있다면 무엇이든 자유롭게 표현할 수 있는 곳이고, 그런 애정을 열심히 들어주는 열린 귀가 있는 곳이다.

페누그릭(fenugrec) : 호로파

언젠가 한 번 써보고 싶은 원료는, 아직은 널리 보급되지 않은 페누그릭이다. 꽃은 크림색에, 씨가 들어있는 꼬투리가 열리는데, 이 씨앗에는 호두나 샐러리, 오포파낙스(opopanax)를 연상시키는 독특한 향기가 있다. 같은 향을 Maggi 수프에서도 찾을 수 있다. 내가 만든 겔랑의 'Rose Barbare(2005)'에는 페누그렉이 미들 노트에 들어 있는데, 향수 성분으로 페누그릭을 사용한 제품은 아직까지는 아주 드물다.

장 폴 고티에 향수 포스터

FRANCIS KURKDJIAN의 향수

Jean-Paul Gautier: Le Mâle, 1995; Fragile, 1999; Puissance 2, 2005; Fleur de Mâle, 2007; L'eau d'Amour, 2008; Ma Dame, 2008
Miracle Homme, Lancôme, 2001
Kouros Eau d'été, Yves Saint Laurent, 2002
Armani Mania, Giorgio Armani, 2002
Kenzoki Lotus blanc, Kenzo, 2002
Jeans Couture Glam, Van Cleef & Arpels, 2004
Aquazur, Lancaster, 2004
Silver shadow, Davidoff, 2005
Rose Barbare, Guerlain, 2005
Aquasan, Lanchester, 2005
F by Ferragamo, Ferragamo, 2006
Rumeur, Lanvin, 2006
Le Parfum, Emanueal Ungaro, 2007
For Him, Narciso Rodriguez, 2007
Isvaraya, Manakara, Tihota, Indult, 2007
L'Eau de fleur de Magnolia, Kenzo, 2008
Indult pour Colette, Indult, 2008

베티버가 들어간 향수

O, Lancôme, 1969
Rose Dome, Les Parfums de Rosine, 2005
L'inspiratrice, Divine, 2006
Chrome, Azzaro, 2007
Vetiver, Guerlain, 1959
Drakkar Noir, Guy Laroche, 1982

091

벤조인 (Benzoin)

Styrax tonkinensis L., Styrax benzoin L., Styrax paralleloneurum L. 때죽나무과
Lily & spice, Penhaligon's, 2005

화장품에는 라오스의 'Styrax tonkinensis'(시암 벤조인)와 인도네시아의 'Styrax benzoin' 및 'Styrax paralleloneurum'(수마트라 벤조인)이 사용된다.

> 향기성분: 벤조인의 향은 신남산과 벤조인산의 유생물. 바닐린의 유래가 된다.

벤조인나무 진액은 땅바닥으로부터 수 미터 높이에서 채취한다.

벤조인은 유럽 전통 의학뿐만 아니라, 약전(藥典)에도 들어가 있다. 역사적으로 다양한 처방을 해 왔다. 살균 작용을 하는 속성이 있어 폐질환, 기관지염, 기침 등에 처방한다. 호흡과 관련해서는 천식으로 인한 증상들도 진정시켜주고, 가래 제거를 돕기도 한다.

EXTRAIT
de Benjoin.

벤조인은 향수에 있어 역사적인 원료이다. 벤조인의 교역은 13세기 중동에서 시작되었다. 유럽에는 15세기에 들어와 의료 부문에서 호흡기 질환을 치료하는 데 사용되었다. 시암 벤조인은 Styrax tonkinensis에서 추출되는데, 이 나무는 몸통 둘레가 30cm에 높이가 25m 이상에 달하기도 하는 낙엽수이다. 가지들은 나무 꼭대기에 위치하고 무성하지는 않는다. 라오스 북부 지방과 베트남의 고도 800-1600m 지대에서 재배한다. 벤조인 나무를 심은지 7-8년이 지나고 나면 진액이 생기기 시작한다. 10-12월, 나무가 열매를 맺고 잎이 떨어질 때 나무 몸통에서 진액을 채취하며, 껍질은 수액 주머니로 쓰인다. 1-3주 후 진액이 생산되기 시작하고, 그렇게 해서 형성된 수액들을 긁어서 채취하는데, 나무 한 그루당 400-600g 정도 얻어낼 수 있다. 이어서 이 진액들을 체에 걸러 등급별로 나누어 놓는다. 큰 진액들은 딱딱하고, 내부는 크림색, 옅은 오렌지색, 흰색이다. 그런 것이 가장 비싼 품종이다. 수마트라 벤조인은 경작 주기가 더 길어서 25년 정도 되지만 수확 방식은 비슷하다. 이 벤조인은 시암 벤조인보다 향신료 냄새가 더 짙고 보다 강렬해서 향신료 향이 더 강한 향수나 화장품, 세제용으로 사용된다. 두 가지 벤조인 모두 유기 용매로 추출하여 레지노이드를 얻어낸다. 고대로부터 로즈마리, 몰약, 소합향 같은 다른 진액들과 섞어 종교적인 행사나 제식 때 태우곤 했다.

벤조인은 때죽나무과의 나무들에서 나오는 진액이다. 때
죽나무과에는 약 130종이 있는데, 주로 동남아시아와 아
메리카에서 볼 수 있다. 말레이시아에는 두 가지 품종의
벤조인 나무가 벤조인의 원료로 이용되지만, 오로지 지역
내 소비를 위해서이다. 중국에서는 Styrax tonkinensis,
Styrax hypoglauca, Styrax cascarifolia가 마찬가지로
그 지역 내 소비에 쓰이고 있다.

아르메니아 종이

19세기 말 오귀스트 퐁소는 아르메니아 주민들이 벤조인 나무를 태워 집
을 소독하고 향기롭게 만들기도 한다는 것을 발견했다. 프랑스로 돌아온
그는 '앙리 리비에'라는 약사와 함께 이 풍습을 상업화하기로 한다. 그들
은 벤조인을 90도짜리 알코올에 용해하여 오래 유지되는 향기를 얻을 수
있고, 여기에 향료를 첨가하면 보다 오래 가는 기분 좋은 향기가 난다는 것
을 발견하게 된다. 압지에 스며들게 하고 천천히 태우면 불타오르지 않고
서라도 벤조인 본래의 향기를 뿜어내게 할 수 있다.

조향사
CAROLINE MALLEJAC

나는 어렸을 때부터 화장품, 향수 등에 정열을 느껴 플레이버리스트(Flavorist)와 조향사라는 두 직업 사이에서 고민했다. 이과 쪽 공부를 한 후 나는 17세에 ISIPCA를 알게 되었다. 그라스에 있는 로베르테 사에서 직업연수를 하고, 2001년에는 소지오(Sozio)에 채용된다. 나는 프랑스 요리를 좋아해서 직접 요리도 하지만 맛보는 편을 더 좋아한다. 나는 유행하는 것들을 좋아해서, 어떤 영화가 개봉되었는지, 어떤 책이 출간되었는지, 어떤 콘서트나 어떤 패션쇼가 열리는지, 어떤 부티크가 새로 여는지, 어떤 박람회가 열리는지 등을 알아보기 좋아한다. 말하자면 나는 호기심이 많고, 쓸데없는 관심이 많다.

캐러멜 색

나는 캐러멜 색깔에 가까운 벤조인의 밝은 밤색을 무척 좋아한다. 그것은 천천히 녹여야 하는 사탕과 비슷한 경질의 수지이다. 벤조인 수액은 파라고무나무나 인도고무나무처럼 벤조인 나무를 칼로 절개해야 얻을 수 있다. 매우 소량으로 사용하는데 향이 꽤 강하고, 성격이 뚜렷하며, 먹는 것을 좋아하는 나에게조차 매우 튀는 맛으로 느껴지기 때문이다. 그래서 내가 특별히 애정을 가진 우디한 남성용 노트들과 잘 어울린다. 바닐라의 향, 럼주의 향, 굽기 전의 과자생지, 향수와 막의 배합 등 여러가지 것을 연상하게 한다. 나는 벤조인을 화장수, 크림, 때로는 심지어 아로마 램프인 '랑프 베르제(Lampes Berger)'에까지 넣어 보았다.

작은 회사에서는 뭐든지 다 해보는데...

유연제, 샤워젤, 데오도란트, 면도용품, 화장수, 세제.... 어디에든 향기를 첨가한다. 유통회사 제품 중에도 내가 조향한 제품들이 많다. Guinot 사의 크림, 화장수들과 다양한 화장품, 방향 램프인 '랑프 베르제' 등... 물론, 언론에서 우리 직업에 관해 묘사하는 이미지보다는 덜 매력적인 것은 사실이지만, 내가 만들어낸 자식과도 같은 제품들을 타인의 집안 곳곳에서 본다는 것은 매우 만족스러운 일이긴 하다. 새로운 향기를 개발하는 즐거움에는 법적 제약들이 더해진다. 예를 들어, 이제는 흔히 쓰여서 거의 고전적인 제품이 되버린 아이들용 물티슈가 그런 경우로 지켜야 할 사항들이 상당히 많다. 아이들이 좋아할 만한 과일 향에, 현행법상 기준 준수, 저(低)알레르기성 물질, 환경에 흔적을 최소한으로 남기는 재료들, 섬유유연제와 세제에서는 '깨끗한' 느낌의 향기가 나야 한다. 주관적인 생각이긴 하겠지만 어쨌든 머스크가 함유된 꽃향기에 알데하이드 같은 조합이 불가피하다. 게다가 제품에 함유된 향료가 생활용수와 함께 배출되므로 환경보호 문제도 향기 제조시 고려되어야 한다. 어디에든 정해진 규칙은 없다. 늘 테스트해봐야 한다.

알레르기를 유발하는가, 아닌가?

까다로운 현행법은 물론 불편하고 까다롭지만, 금지된 것들을 피해서 어쩌면 생각지도 못했을 재료들을 사용하도록 의무 사항으로 규정하기도 한다. 천연원료들의 성분은 분자들의 혼합이므로, 어떤 것을 금지하거나 사용을 제한하기 위해서는 현행법에 명시하기만 하면 된다. IFRA(The International Fragrance Association)의 권장 사항 외에 일상에서 통용되는 법령은 유럽연합의 '화장품 관련 지침'으로서, 특정 원료들의 사용을 금지하거나 제한한다. 이 지침은 26가지 알레르기 유발 물질의 목록을 정해 놓고, 화장품을 두 카테고리로 나누어 놓았다. 물로 씻어내는 제품(샤워젤, 비누)과 물로 씻어내지 않는 제품(크림, 데오도란트 등). 그리고 화장품에 알레르기 유발 물질이 들어가 있는 경우에는 제품 출시 타이밍에 함께 고지해야 한다. 이는 소비자를 위해 안내 역할만 할 뿐이고, 다음 개발 제품들에 그 알레르기성 원료가 계속 들어가기를 바라는지 아닌지는 고객들이 결정한다. 그러면 우리는 그들이 선택한 방향에 따라 최종적인 적용 여부를 결정하며 작업한다.

향이 나는 제품들은 일상적으로 사용된다

CAROLINE MALLEJAC의 향수

Gel Douche Surgras Extra Doux, Neutrapharm, 2003
Bougie Bois de Cashmere, Hervé Gambs, 2006
Miel de Lavande, Collection Extra Pure,
La Compagnie de Provence, 2009
EdT Encens Lavande, La Compagnie de Provence, 2009
Musc Blanc, Lampe Berger, 2009
Soin Antirides Immortelle, Floressance, 2009
Orchidée Sauvage, Lampe Berger, 2010
Soin de jour Sensitiv, Via, 2010
Soin de jour Fresh, Via, 2010
Oceanspa Gel Fermeté, Carrefour, 2010
Oceanspa Gel Gommage Visage, Carrefour, 2010
Crème Aqua Fraîcheur, Auchan, 2010

벤조인이 들어간 향수

Cologne pour le Soir, F. Kurkdjian, 2009
Lily & spice, Penhaligon's, 2005
L'Instant, Guerlain, 2004
La Môme, Balmain, 2007
Onde Mystère, Giorgio Armani, 2008
Eau d'été, Nicolaï, 1997

블랙커런트 (Black Current)

Ribes nigrum L. - Grossulariaceae
Chamade, Guerlain, 1969

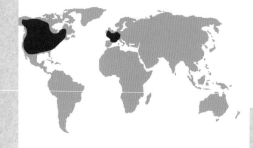

블랙커런트, 카시스라고도 알려져 있는 이 나무는 1-2m 높이의 관목으로, 원산지는 아시아인데, 아마도 티베트와 카슈미르 지방에서 도래한 것으로 추측한다. 현재는 미국, 캐나다, 네덜란드에서 재배되고 있다. 프랑스에서 블랙커런트는 부르고뉴 지방과 디종이 주산지이다.

> 향기성분: 블랙커런트 순수 향료는 약 80%가 주로 '하드위크산(酸)'인 비휘발성 산들로 구성되어 있다. 휘발성 부분에는 테르펜 시리즈가 함유되어 있다. 모노테르펜(Δ3-카렌, 리모넨, β-펠란드렌, p-시멘)과 세스퀴테르펜(β-카리오필렌)이 그것이다. 그런데 이 추출물은 4-메톡시-2-메틸-2-부탄에티올처럼 극소량 들어있지만, 유황의 냄새가 나는 작용을 한다.

블랙커런트에서 향수 제조에 쓰이는 것은 오로지 새싹뿐이다.

열매는 설사, 인후통, 호흡기 질환 치료에 효과가 있어 오랫동안 사용되어 왔다. 씨의 기름에는 오메가-6뿐만 아니라 오메가-3 지방산인 감마리놀렌산(AGL)이 있다는 것이 발견되며 산업적으로도 이용되었다.

스칸디나비아처럼 차갑고 습한 기후를 가진 지역이 원산지인 블랙커런트는 프랑스 여러 지방에서도 재배한다. 거의 모든 부분을 사용할 수 있지만, 향수에 쓰이는 것은 오로지 새싹뿐이다. 블랙커런트는 그리스인들과 로마인들에게는 잘 알려지지 않았던 것 같다. 블랙커런트에 관한 자료는 16세기에 처음 등장했다. 1712년에 바이이 드 몽타랑 신부의 여러 질병을 치료하는 '블랙커런트의 놀라운 효능'이라는 개론서가 출간된 이후 이 식물을 재배하는 곳이 많이 늘어났다. 그 후 이 저서는 큰 성공을 거둔다. 몽타랑 신부는 '집에 정원이 있다면 가족을 위해 블랙커런트를 많이 심을 것'이라고 했다. 블랙커런트의 순은 유기 용매의 도움으로 추출한다. 그렇게 얻어지는 응고물은 2%에서 4% 사이다. 강하고 투과력이 있으며, 나무 향과 동물성 향이 특징인 향기의 순수 향료를 약 80% 정도 추출할 수 있는데, 짙은 초록색 반죽 형태의 이 향료는 원가가 높다. 1킬로그램의 향료를 얻으려면 약 200 시간의 수작업이 필요하기 때문이다. 18세기에는 블랙커런트 열매가 장수의 비결이라 믿었다. 18세기 말부터 부르고뉴 지방은 이 나무 열매로부터 전통적인 리큐르인 '크렘 드 카시스'를 생산한다. 크렘 드 카시스와 백포도주를 혼합하여 식전주로 차갑게 해서 마시는 '키르(kir)'는 프랑스 부르고뉴 지방 디종시에서 시장을 지낸 캐농 패릭스 키르가 고안한 칵테일이다.

블랙커런트의 길

콩쾨르 시에서는 수년 동안 블랙커런트 축제를 대규모로 열었고, 최근에는 뉘-생-조르주(Nuits-St.-Georges)시의 관광 사무소에서 '블랙커런트의 길'이라는 전통 축제를 그 지역의 생산업자들과 함께 다시 열었다. 이들의 '프뤼루즈(Fruitrouge)' 농장을 방문할 수 있다. (www.fruirouge.fr) 강연, 블랙커런트 과수원에서의 마차 산책, 시음, 소풍, 아이들을 위한 구연 동화, 블랙커런트가 들어간 요리 시식 등의 프로그램이 있다.

콩쾨르에 있는 농장 '프뤼루즈(Fruitrouge)'에서 블랙커런트를 처리하고 있다.

학명이 Ribes nigrum L.인 블랙커런트는 향이 매우 짙은 잎이 매력적이다. 매년 3월, 매운 큰 가지들에서 따내는 잎 순이나 더 늙은 가지들(5-6월)에서 따내는 잎 순들이 향수에서 쓰이기 위해 추출된다. 이 순들에는 강하고 매우 투과력 있는 향기가 있는 에센스 샘(腺)이 있으며, 고양이 오줌 같은 특징의 향조(香調)를 띤다. 열매는 식품에 쓰인다.

블랙커런트 열매의 순을 우려낸
시원한 차(4인분)

블랙커런트 싹 3스푼, 레몬 반 개의 껍질,
꽃이 핀 신선한 타임(Thyme) 가지 5개,
물 750ml, 꿀(취향에 따라)

물을 끓여 모든 재료를 15분간 우려낸다. 걸러내고 식힌 다음 냉장 보관하여 아주 시원하게 해서 마신다.

조향사
DANIEL MOLIERE

내가 법학 대학을 졸업할 무렵 루르 향수 학교에 다니던 매형 파트릭 드 지방시는 작은 향수병들을 집에 가져와 나를 매혹시켰다. 스물 네 살, 미국에 있는 지보당 사에서의 짧은 체류를 위해 나는 다른 모든 것을 포기했다. 이어 제네바에 있는 지보당 향수 학교에 들어갔고, 조향사의 세계에 입문하게 되었다. 조향사가 되지 않았더라면 아마 포도주에 관심을 가졌을 것 같다. 향수처럼 포도주도 산업인 동시에 장인(匠人)의 길이다. 이런 산업에 동반되는 과학이 기본 바탕을 이루는 조향 세계에서도 향수는 경험적 방식과 창작이 조화를 이뤄야하는 연금술의 한 분야로 남아있다. 우리는 항상 만들지만, 그 결과에 대해서는 결코 확신할 수 없다.

단 하나의, 유니크한 제품을

오렌지, 레몬, 만다린을 빼고 블랙커런트의 싹은 프루티 노트의 카테고리에서 유일하게 천연원료이다. 일반적으로 유행하는 딸기, 사과, 산딸기, 서양자두, 과라나 등은 모두 합성품이다. 이들은 레드베리노트, 블랙베리노트 등으로 불리는 체리, 산딸기, 앵두, 딸기, 자두 등의 향조이다. 조향사의 팔레트에 있는 얼마 안되는 천연향료 중 블랙커런트가 있다. 과일의 열매를 사용하는 것이 아니라 새싹 단계의 잎을 사용해 앱솔루트나 콘크리트를 유출하는 것이 재미있는 부분이다. 이 앱솔루트는 카시스라고 불리는 나무의 특색이 풍부한 향이 난다. 블랙베리의 향조가 아주 강렬하며, 약간 산미도 느껴진다. 특히 탑 노트에 잘 어울린다. 그린플로럴 노트, 은방울꽃(muguet), 수선화, 히아신스의 플로럴 노트와도 잘 어우러진다.

파인 프래그런스(Fine Fragrance)와 트렌디(Trendy)

2004년 나의 경력은 큰 전환점을 맞았다. 프랑스 향수 제조 회사 '아주르 프래그런스(Azur Fragrances)'에 연구 개발 부장으로 들어가서 나는 향수가 아닌 바디 케어, 즉 샴푸나 샤워젤 등의 제품 개발로 전향한 것이다. 고급 향수 분야에서 유일하게 사용되는 매개체는 에틸 알코올이다. 하지만 바디 케어 분야에서는 이 알코올의 향을 가려야 한다. 그리고 바디케어 제품에서는 성능과 안정성 두 가지를 만족시켜야 한다. 그래서 향수와는 다른 기술적인 측면이 많이 요구되는 일이고, 특히 규제와 가격에 많은 제한이 있다. 예술적인 터치는 향수와 비교하면 덜 중요하다고 여겨지는 만큼, 개발자들은 음지에 머물러 있다. 오늘날 많은 향수 브랜드들은 향수 개발자 인물 자체가 그 브랜드를 대표한다고 볼 수 있는데 말이다.

Black Current

캡티브 마켓(Captive Market)

나는 지보당에서 새로운 향기 분자들을 찾아내기 위해 후 각 스크리닝(Screening) 프로그램에 참여했다. 실험실에 서는 작은 플라스크 더미에 코를 대고 자연 속에 존재하지 않을 새로운 분자를 발견해내기를 기대하며 계속해서 향을 맡았다. 혁신적인 제품, 고객을 사로잡을 만한 것, 독점적으 로 팔 수 있으면서도 특허의 보호를 받는 향료들을 제안하 는 것이 일상적인 관행이다. 물론 경쟁사에서 그 분자를 인 식하기 전까지의 일이다. 몇몇 성공하는 케이스 이후 회사 는 조향사들의 공동체에 그 분자를 제안한다. 관심을 끌지 않기 위해 특허를 내지 않는 것이 때로는 더 적절하다고 생 각할지도 모르지만. 이렇게 해서 등장한 칼론은 해안가를 연상시키는 프레쉬한 마린노트를 재현할 수 있게 되었다.

향수업계의 다른 얼굴인 '바디 케어'

DANIEL MOLIERE의 향수

Eau de Givenchy, Givenchy, 1981
Insensé, Givenchy, 1993
Evelyn, Crabtree & Evelyn, 1993
Fleur d'Interdit, Givenchy, 1994
Paradox pour elle, Jacomo, 1998
Femme, Jean Luc Amsler, 2000
Tam dao, dyptique, 2003
Jardin clos, dyptique, 2004
Révélation, Pierre Cardin, 2004
Night Fever, Chupa Chups, 2004

블랙커런트가 들어간 향수

Jean-Louis Scherrer, Jean-Louis Scherrer, 1979
Armani Mania, Giorgio Armani, 2002
Cabotine, Grés, 1990
Quartz, Molyneux, 1978
Insensé, Givenchy, 1993
Chamade, Guerlain, 1969

099

비터오렌지 (Bitter Orange)

Citrus bigaradia Risso, C. aurantium L. ssp. amara L. et C. bigaradia Dun. 운향과(芸香科)
L'eau chic, Astier de Villate, 2008

프랑스 남부지방, 이탈리아(메시나, 칼라브리아, 카타니아), 스페인(안달루시아), 튀니지, 알제리, 모로코, 아이티, 미국(플로리다), 브라질, 자메이카, 푸에르토리코 등지에서 재배된다.

> **향기성분:** 오렌지 꽃 기름 성분 중 30% 이상은 리날롤, 리날릴 아세테이트, 네릴 아세테이트, 제라닐 아세테이트이다. 메틸과 인돌의 안트라닐산염 같은 질소화합물도 소량(1% 미만) 들어있는데, 향기에 끼치는 영향은 크다. 쌉쌀한 오렌지 에센스에는 리모넨, 증류 오일에는 리날롤이 아주 풍부하다.

모로코에서 오렌지 나무의 꽃을 따는 모습

네롤리(Neroli) 에센셜 오일에는 항우울, 진통 및 진정, 소화 촉진, 살균 작용 등의 효능이 있다.

비터 오렌지는 향수에는 물론 너무나 많은 제품에 사용되고 있다. 소아시아가 원산지인 이 나무는 9세기 아랍인들에 의해 지중해 유럽 전역에 소개되었다. 오늘날 스페인, 이탈리아, 모로코 거리의 풍경이 되는 나무로서 곳곳에서 쉽게 볼 수 있다. 이 나무는 '오렌지꽃'을 베이스로 하는 제품의 원료로 사용되며 꽃, 줄기 껍질의 에센스, 잎(증류물의 에센셜 오일)을 채취하기 위해 활발한 재배가 이루어진다. 그라스 시역, 스페인 남부에서 대규모로 재배되고, 알제리와 마다가스카르섬 북쪽의 코모로 제도에서도 잘 자란다. 쓴맛이 나는 오렌지 나무는 아주 쉽게 찾아볼 수 있다. 프랑스 르썽에 기반한 작물 및 제조 회사인 '비올랑드(Biolandes)'는 2003년부터 모로코 180ha의 농장에서 대규모로 유기농 오렌지 나무를 재배하기 시작했다. 수증기 증류 방식으로 꽃을 처리하면 옅은 노랑에서 호박색의 노란빛을 띠는 네롤리 에센셜 오일이 약간 파란 형광 빛을 보이며 추출된다. 오렌지꽃의 꽃물을 회수하면 리터당 1g의 에센스가 함유되어 있는데, 농산물 산업에 이용한다. 유기용매를 사용하여 오렌지꽃 꽃물에서 액상 응축물과 순수 향료를 얻는다. 베르가못과 비슷하게, 오렌지 열매 껍질이나 과피(果皮)는 기계장치를 통해 냉각 압축하여 리모넨이 풍부한(90-95%) 쓴 맛의 오렌지 에센스를 추출할 수 있다. 가지들을 증류한 물에서 에센셜 오일을 얻기도 한다.

공작부인의 향수

루이 14세가 오렌지 나무 에센스를 사용하게 된 것은 안느 마리 드 라 트레무알(1642-1722) 덕분이다. 공작 부인은 로마의 대공인 플라비오 오르시니 데 네롤라와 재혼했는데, 남편의 영지인 작은 마을 네롤라의 매력을 높이 사면서 이 마을을 오마주하는 마음을 담아 오렌지꽃 에센스를 '네롤리'라고 명명했다. 회고록 저자인 생시몽(Saint Simon)은 그녀를 '키가 큰 편이고 갈색 머리에, 자기 마음에 드는 것은 끊임없이 얘기하는 푸른 눈동자, 잘록한 허리, 아름다운 가슴, 예쁘다기보다 매력적인 얼굴을 한 여인'이라고 묘사했다.

네롤라 공작의 아내인 데 위르생 공작 부인의 초상. 네롤리 오일의 홍보대사 역할을 자처했다.

쌉쌀한 열매의 오렌지 나무(Citrus bigaradia Risso, 학명은 C. aurantium L. ssp. amara L.과 C. bigaradia Dun.)는 운향과이다. 아시아가 원산지인데, 히말라야로 추정된다. 5-10미터까지 자라는 나무이다. 잎사귀는 타원형이고, 반짝거리면서 질기고, 속잎에는 가시가 있다. 꽃은 흰색 또는 분홍색이며, 달콤한 오렌지 나무의 꽃보다 더 크다.

오렌지꽃 기름을 두른 오렌지와 딸기 샐러드(4인분)

오렌지 6개, 설탕80g, 네롤리 에센셜 오일 2방울, 딸기250g, 물 100ml, 프람브와즈 100g, 바닐라빈 1개

물, 설탕, 바닐라를 끓인다. 오렌지꽃 기름을 첨가하고 식힌다. 생오렌지의 껍질을 벗기고 네 조각으로 나눈다. 딸기와 산딸기를 씻어 꼭지를 딴다. 딸기를 둘 또는 세 개로 적절한 크기로 자른다. 과일위에 시럽을 끼얹는다. 차게 보관했다가 먹는다.

조향사
FRANCOISE CARON

나는 그라스에서 향수업에 종사하는 집 안에서 태어났다. 나의 증조부는 꽃을 재배했고, 할아버지는 천연 원료 중개상이었으며, 아버지도 가업을 이어받았다. 향수에 대한 애정을 물려 받은 나는 조향사가 되라고 말씀하신 아버지의 뜻에 따라, 이 분야에서 일하게 되었다. 나는 그라스에 있는 루르 향수 학교를 다녔다. 그런 다음 파리로 올라가 지보당에서 23년간 일했다. 당시에는 여성 조향사들이 많지 않아 일하기는 쉽지 않았다. 그 뒤 14년간 퀘스트(Quest)에서 일했고, 2007년부터는 일본의 향료회사인 타카사고(Takasago)에서 일하고 있다.

내가 가장 좋아하는 꽃

나는 흰 꽃은 다 좋아하지만, 그 중에서 가장 좋아하는 꽃은 사람들이 끊임없이 향을 맡고 싶어하는 부드럽고 관능적이며 멋스러운 오렌지꽃이다. 꼭 직접 꽃을 따서 향을 맡아 보는 것을 추천한다. 나의 어린 시절, 우리집에는 귤나무, 레몬 나무, 감귤나무, 금귤나무, 자몽나무, 오렌지 나무 등 다양한 감귤류의 나무들이 있었다. 나는 늘 코를 박고 향기를 맡았다. 모든 꽃의 향기를 맡고 비교해보는 것은 당연하고 신나는 일이라 생각했다. 나는 여전히 오렌지, 귤, 꽃향기 등 코롱의 신선함을 좋아해서 이 향이 들어간 향수를 늘 뿌리고 있다. 향수 제조를 할 때 만드는 제품마다 늘 이 꽃향기를 넣는다. 이 향기들은 여성적인 터치를 가미하고 최적의 제품을 만들게 해주었다. 세 가지 코롱 그룹에 속하는 아스띠에 드 빌라트(Astier de Villatte)의 '로시크(L'eau Chic)'나, 에르메스(Hermes)의 '오 드 오랑쥬 베르트(Eau d'Orange Verte)'가 대표적 제품이다.

조향사와 고객

새로운 향수를 출시하기 전, 브랜드의 마케팅 부서는 '브리프(brief)'라고 부르는 업무 지침서에 신제품에 대해 자세한 설명을 써둔다. 우리 회사뿐 아니라 다른 경쟁 제조 회사도 이 업무 지침서를 참고한다. 초기에는 경합이 붙은 회사들이 꽤 많지만 그 브랜드가 제안한 조건에 맞는 경쟁 업체는 점차 줄어든다. 해당 브랜드의 컨셉과 특징에 맞는 업체만이 살아남는다. 제안이 거절된 해당 경쟁자는 당연히 시장에서 사라진다. 대중을 상대로 한 테스트에서 좋은 반응을 얻은 향수여야만 출시 후 성공하게 된다. 우리의 아이디어 및 컨셉과 브랜드의 이념이 맞아야만 서로 상생할 수 있다. 일반적으로 향수 회사는 고객이 원하는 바를 상당히 잘 알고 있다. 방향이 확실하지 않을 때는, 고객의 의견을 더욱 경청하고, 고객의 요구에 부합하는 방향으로 바뀌기도 한다. 우리 회사의 제품이 선택되면 이미 그 향수는 시장에 나갈 준비가 되어 있다고 본다.

Bitter Orange

둘이서 함께 만드는 것

향수 제조 작업은 때론 다른 조향사와 듀오로 행해지는 일도 있는데, 나는 개인적으로 그렇게 하는 것을 매우 좋아한다. 충고와 논의를 하다 보면 시너지 효과가 생긴다. 엠마누엘 웅가로의 '애퍼리션(Apparition)'은 프랑시스 퀴르크지앙과 함께 그렇게 해서 만들어낸 향수다. 우리는 서로 비슷한 취향과 작업 방식을 가지고 있었고, 좋아하는 제품들이 같았다. 무엇보다 진정한 프로 의식에 자부심을 갖고 있다. 서로에게 도움이 되는 관계지만 물론 그렇다고 해서 늘 의견의 일치를 볼 순 없었다. 그렇지만 서로 화내는 일은 결코 없었다. 협업을 할 때는 상대방을 존중해야 한다. 우리 제품의 완성도를 위해서는 끊임없이 의견을 교환해야 한다.

FRANCOISE CARON의 향수

Eau d'Orange Verte, Hermès, 1978
Ombre Rose, Jean Charles Brosseau, 1981
Choc, Cardin, 1981
Ça sent beau, Kenzo, 1988
Rose de Cardin, Cardin, 1990
Armani Gio, Armani, 1992
Acqua Di Gio pour Femme, Armani, 1995
So you, Giorgio Beverly Hills, 2002
Iris Nobile, Acqua Di Parma, 2004 (F.Kurkdjian과 공동작업)
Apparition, Emanuel Ungaro, 2004 (F.Kurkdjian과 공동작업)
Echo Woman, Davidoff, 2004
Silver Black, Azzaro, 2005
Rock'Rose, Valentino, 2006
Tumulte, Christian Lacroix, 2006
Le B., Agnès b., 2007
Apparition Facets, Emanuel Ungaro, 2007
Fleur d'Oranger 27, Le Labo, 2007
L'Eau Chic, Astier de Villate, 2008
L'Eau Fugace, Astier de Villate, 2008
Zen for Men, Shiseido, 2009

흰 꽃 중 가장 달콤한 향기가 난다

비터 오렌지가 들어간 향수

Eau d'Orange Verte, Hermès, 1978
Origan, Coty, 1905
Love In Paris, Nina Ricci, 2004
Fleur du Mâle, Jean-Paul Gaultier, 2007
L'Eau Chic, Astier de Villate, 2008

Eau d'orange verte

샌달우드 (Sandalwood)

Santalum album L., Santalum spicatum (R. Br.),
Santalum australedonicum L. 산탈라세아과
Paloma Picasso, Paloma Picasso, 1984

샌달우드는 백단나무의 줄기와 뿌리에서 추출한다. 나무 종자 중 Santalum album L. 은 인도(마이소르), 말레이시아, 인도네시아 등에서 자라고 있다. 오스트리아산 S. spicatum R.Br.과 뉴칼레도니아산 S. australedonicum Vieill.의 두 품종도 있다.

> 향기성분: 샌달우드 에센셜 오일은 알파와 베타 산타롤(santalol) 성분을 가지고 있으며 알파 베르가모톨과 에삐-베타-베르가모톨 또한 함유하고 있다.

수가 줄어든 샌달우드

샌달우드는 상당히 오래전부터 활용되어 왔지만, 향수에 사용되기 시작한 것은 20세기부터이다. 반기생식물로 뿌리부터 토양의 영양분을 흡수하지 못해서 근처 식물의 뿌리에 자신의 뿌리를 고정시켜 수액을 공급받는다. 나무 줄기와 뿌리 껍질의 대팻밥에서 수증기 증류 방식으로 추출하는데, 원산지에서 가내 수공업 방식으로 추출한다. 유럽에서는 고성능기구를 사용한 수증기 증류법이 보편적이다. 수증기 증류 작업은 40-70 시간정도 소요되며 이때의 수율은 5-6% 정도다. 약간 점성이 있는 투명한 액체 타입의 에센셜 오일은 무취의 연한 노랑색으로, 부드러운 나무향이 난다. 오리엔탈 향수를 만들 때는 특히 샌달우드가 중요하다. 잘 휘발되지 않는 특성을 가지고 있어 주로 베이스 노트에 쓰이며, 휘발성이 강한 미들 노트와 탑 노트를 지속시켜주는 역할을 한다. 화장품 제조와 기능성 제품의 향 첨가물에도 많이 쓰인다. 오스트레일리아산 샌달우드 에센셜 오일은 일반적으로 석유 에테르를 용제로 레지노이드로 가공한 증류물인 경우가 많다. 특별한 유출법으로는 원료의 톱밥에 알코올을 첨가하는 온침법으로, 갈색의 레지노이드를 만든다.

한의학에서는 백단향이라고 한다. 위장에 관련된 질병이나 피부염증 등의 치료에 사용해왔다. 힌두교에서는 백단향 나무가 연소되며 나오는 연기가 영혼을 정화하고 명상에 도움을 준다 믿었다.

신성한 나무

400년전부터 샌달우드는 힌두교의 제례의식에서 아주 중요한 역할을 했다. 인도인들은 '틸라카(Tilaka)'라는 이마에 붙이는 종교적 의식은 물론 시체의 방부처리에도 샌달우드를 사용했다. 베나레스 지방에서 200여 구의 시체를 화장할 때 400kg의 나무가 사용되었다고 한다. 시체를 화장하고 남은 재는 성스럽다고 여기는 갠지스 강에 뿌리기도 했다. 현재는 인도 정부에서 시체 화장 시 샌달우드 사용을 강하게 통제하고 있다.

길이가 10m 정도 되는 나무로 상당히 다양한 종자가 있다. 그 중에서 향수 제조에 쓰이는 샌달우드는 Santal album L., Santalum spicatum(R.Br)과 Santalum australedonicum L. 이렇게 3가지에 불과하다. 타원형의 이파리는 항상 녹색 빛을 띄고 있으며 옅은 노란색의 작은 꽃을 피운다. 처음에 노란색이었던 꽃은 개화하면서 붉은 빛으로 변한다. 갈색에서 붉은 빛이 도는 껍질은 옅은 녹색의 속잎을 보호한다.

꿀과 백단향을 곁들인 빵

밀가루 250g, 녹인 버터 250g, 설탕 100g, 밤꿀 100g, 아니스 오일 1 ts, 레몬 즙 1개 반, 계란 4개, 백단향 에센셜 오일 3방울, 효모 한 봉지

180도로 오븐을 예열한다. 설탕과 계란을 풀어 백색이 될 때까지 섞는다. 버터, 밀가루, 효모, 아니스, 레몬, 그리고 샌달우드 오일을 넣는다. 버터와 밀가루를 뿌린 빵 틀에 믹스 반죽을 넣는다. 40분 동안 오븐에서 굽는다. 상온에서 식힌 후 서빙한다.

JACQUES HUCLIER

나는 장미나 자스민 밭과는 전혀 관계가 없는 곳에서 태어났다. 내가 조향사가 될 수도 있다고는 생각지도 못했다. 또 대학에서 화학을 전공하고 평생 한 가지 직업만을 가지게 되리라고는 상상조차 못해봤다. 영국인 들이 말하는 틀에서 벗어난 사람(out of the box)이라 느꼈기 때문이다. 미식, 요리, 대자연에 있는 나무나 풀에 관심이 많았고 그 호기심은 자연스레 나를 향수로 이끌었다. 나는 ISIPCA에 입학을 하게 되었다. 심라이즈(Symrise)로 이름을 변경한 하르만&레이머에서 일을 시작했고, 1990년에는 퀘스트 사에서 그 유명한 올리비에 크레스프 그리고 피에르 부르동과 일했다. 뉴욕에서 5년 간 일하다 현재는 지보당 소속이다.

인도 마이소르산 샌달우드

조향사에게 있어 샌달우드는 마이소르의 Santalum album을 떠올린다. 그라스의 자스민, 오베르뉴의 수선화처럼 향의 일급품이기 때문이다. 지나친 벌목으로 인도에서는 샌달우드가 매우 귀한 원료가 되었고, 과도한 채집을 못하게 하는 국가 차원의 강한 규제가 걸려 있다. 게다가 한번 나무를 벌목하면 다시 자라나기까지 기다려야 하는 시간이 20년이 넘게 걸리다 보니 샌달우드의 공급은 점점 어려워지고 있다. 인도를 방문했을 때 나는 그곳에서 샌달우드가 가구나 보석함을 만들거나 장례식 후 고인을 화장하는데도 쓰인다는 사실을 알았다. 샌달우드 나무 자체의 가격은 인도 현지에서 1kg에 2유로에 불과한데 에센셜 오일은 1,500유로나 한다. 샌달우드 오일을 접하면 우리 조향사는 색상과 밀도를 조심스럽게 관찰한다. 산타롤(Santalol) 알파와 베타를 적어도 90% 이상 함유해야 제대로 된 원료로 쓸 수 있다. 물론 향도 고려해야 한다. 샌달우드는 우디향 계열로 향이 부드럽고 발삼의 느낌과 더불어 미묘한 우유향이 나는데, 호주의 샌달우드와 비교해보면 마이소르의 백단향이 특히 이런 특징이 강하게 나타난다. 다른 우디향 계열과 마찬가지로 휘발되는 시간이 상당히 길기 때문에 오랫동안 지속되는 베이스 노트로 적합하다. 샌달우드를 베이스 노트로 쓰면 피부에 뿌리거나 발랐을 때 탑 노트와 미들 노트를 고정하는 역할을 해준다. 따라서 향이 은은하게 오래 지속된다. 크리미한 벨벳처럼 부드럽고, 향이 오래 지속되며 밀키한 향과 더불어 다른 향의 부케를 보다 화려하게 해준다. 니나 리치의 아우렐리앙 귀샤르와 함께 일하면서 그라스의 장미향, 인도의 튜베로즈를 샌달우드와 섞어 멋진 향을 만들어 냈다. 장 폴 겔랑의 야심작이자 겔랑의 대표 향수 '샴사라(Samsara)'에서도 자스민과 샌달우드를 적절하게 섞어 향을 조합했다. 베르가못, 제라늄, 벤조인 또한 잘 어울리는 향이다. 호주와 뉴 칼레도니아의 샌달우드는 식물학적으로는 마이소르의 샌달우드와 다르지만, 에센셜 오일만 두고 보면 크게 다르지 않다. 그러나 마이소르산에 비해 밀키함이 적고, 덜 부드럽고 덜 화려하다. 마이소르 산에 비하면 만족스럽지는 않지만 그래도 제조 원가를 많이 절감할 수 있어서 2003년부터 대체재로 많이 쓰이고 있다.

Sandalwood

A*Men

1992년 여성 향수 엔젤의 놀라운 성공을 바탕으로 남성용 향수를 만들었다. 엔젤은 솜사탕과 꽃이 가득한 축제 분위기를 연상시켜 유명해진 제품으로, 티에리 뮈글러는 그 엔젤에 오리엔탈 향과 구르망 향을 섞어서 남성용 엔젤을 만들겠다는 생각을 한 것이다. 나는 오랫동안 심사숙고한 후에 유기농 커피향과의 조화를 생각해 냈는데 아마 향수 업계에서는 최초의 시도였을 것이다. 'A*Men(1996)'에서는 샌달우드를 패츌리와 배합했다. 사실 패츌리 비율이 20%라 오히려 패츌리 향이 강하게 느껴져야 하는데도 샌달우드의 향이 더 강하게 느껴졌다. 샌달우드는 일반적으로 1%를 넘지 않는다. 처음에는 샌달우드가 없는 A*Men을 만들었는데 바닐라향이 강하고 은은한 초콜릿향이 살짝 나지만 밀키하고 벨벳 같은 부드러움이 부족했다. 역시 샌달우드가 필요했다. 엔젤과 A*Men은 신비스러움을 상징한다. 초창기 광고 사진에서 볼 수 있었던 우주와 별 등이 바로 그 신비한 이미지들이다. 우주 비행사가 손에 향수병을 들고 물에서 나오는 그런 이미지를 상상하면 된다. 티에리 뮈글러와 함께 구상한 것 바로 그것처럼.

JACQUES HUCLIER의 향수

Vanilla Musk, Coty, 1994
A*Men, Thierry Mugler, 1996
Anna Sui, Anna Sui, 1998
Asphalt Flower, MAC, 1999
B*Men, Thierry Mugler, 2004
Reflets d'Eau pour Hommes, Rochas, 2006
Victory League, Adidas, 2006
Ice*Men, Thierry Mugler, 2007
Jette Dark Sapphire, Jette Joop, 2008
Silver Shadow Private, Davidoff,
(Calice Becker와 공동작업), 2008
Ricci Ricci, Nina Ricci
(Aurelien Guichard와 공동작업), 2009
A*Men Pure Coffee, Thierry Mugler, 2008
Starlight, Etienne Aigner, 2008
A*Men Pure Malt, Thierry Mugler, 2009

샌달우드가 들어간 향수

Envy Me, Gucci, 2004
Paloma Picasso, Paloma Picasso, 1984
Just 4 U, Lulu Castagnette, 2007
Black For Her, Kenneth Cole, 2004
Samsara, Guerlain, 1989

수선화(Narcissus)

Narcissus tazetta L., Narcissus poeticus L. 수선화과
Magie Noire, Lancóme, 1978

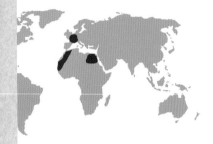

주요 생산국은 스위스, 네덜란드, 모로코, 이집트. 스위스에서는 특히 오트 잘프(Hautes Alpes)와 오베르뉴(Auvergne)에서 많이 재배된다.

> **향기성분:** 20여년 전 연구자들이 수선화 앱솔루트의 성분인 190종의 화합물을 밝혀냈다. 그 중에는 테르피네올(terpineol) (23.7%), (E)-메틸이소오이게놀((E)-methylisoeugenol)(20%), 벤질벤조에이트(benzylbenzoate) (19.4%), 쿠마린(coumarin) (6.9%)이 들어있다.

들판 어느 곳에서나
자생하고 꽃을 피우는 수선화

수선화꽃의 침출액은 백일해를 멈추게 하는 효과가 있다고 전해지며 변비에도 좋은 성분이 미량 들어있다.

수선화에는 22가지 품종이 있다. 예전에는 Narcissus tazetta L.(N. multiflorus Lam.)이 주로 쓰였다. 오늘날 향수용 원료로 특히 가치 있는 것은 Narcissus poeticus L.로 '시인의 수선화'라고 불리는 품종이다. 지중해 연안 지방의 산에서 자생하는데, 오베르뉴 지방에서 대규모 재배가 이루어지고 있다. 수선화의 꽃을 수확할 때는 커다란 갈퀴처럼 생긴, 참빗같이 생긴 특수 도구를 사용해서 꽃봉오리만을 수확한다. Narcissus tazetta의 수확은 3월. 재배는 3~4년간 계속되며, 1년차에는 1ha당 300~400kg, 3년차가 되면 수확량은 900~1200kg까지 올라간다. 앱솔루트의 수율은 25~35%이며 다갈색 시럽 상태이다. Narcissus poeticus는 해발 700~1000m이상에서도 자라고, 꽃은 4~5월에 수확한다. 꽃에서 채취되는 콘크리트 비율은 매우 낮아서 최고 0.2~0.3% 정도지만, 여기서 앱솔루트를 30~37% 얻을 수 있다. 수선화도 다른 원료처럼 극히 미량의 화합물이 앱솔루트의 향을 특징짓는다. 이들 향기 성분은 튜베로즈와 로즈, 네롤리, 일랑일랑, 자스민, 바이올렛, 아이리스, 스티락스, 오크모스 향조에도 들어있다. 파인 프래그런스에서는 수선화 앱솔루트를 플로럴 노트와 시프레 노트를 가진 향수에 쓴다. 그 향조는 꽃이 가지고 있는 그대로의 향에 가깝고 꽃과 함께 줄기도 추출하기 때문에 더욱 더 그린 향조가 더해진다.

나르시즘의 에코

에코가 지켜보는 가운데 물에 비친 자신을 넋을 잃고 바라보는 나르시스. 그리스 신화에서 케피소스(Kephissos) 강의 아들 나르시스는 미모로 유명했지만 자기밖에 모르는 자만심에 가득 차 아가씨들의 유혹에도 관심이 없었다. 한편 에코는 제우스에게 벌을 받아 소리를 잃게 된 요정. 말을 걸어도 상대방의 마지막 말을 따라하는 것만이 허락되었다. 에코는 숲에서 길을 잃은 나르시스를 만나 사랑에 빠졌다. 그런데 그가 전혀 관심을 보이지 않자 실의에 빠져 에코의 몸은 시들어 사라지고 목소리만 남게 되었다.

수선화는 수선화과의 외떡잎 식물. 향수용 품종은 두 가지. N. tazzetta는 30~40cm로 뻗는 축의 끝에 노랑이 섞인 오렌지색 소관이 있다. 4~12장의 크림색이 도는 흰 꽃잎이 빙 둘러 붙어있다. N. poeticus의 꽃은 흰색인데, 빨강에 초록이 도는 노란색의 부화관이 가운데 있다.

툴루즈(Toulouse)시 유희 아카데미의 은상의 수선화

꽃 유희의 아카데미는 툴루즈시의 부르주아 시인들, 통칭 '7인의 트루바두르(troubadour)', 12~13세기 남프랑스의 음유시인들에 의해 오크어(lenga d'òc)로 쓰여진 문학 작품을 장려하고자 하는 목적으로 1323년 설립되었다. 트루바두르에서는 카스텔노다리(Castelnaudary)에 사는 아르노 뷔달(Arnault Vidal)에게 금상과 함께 바이올렛을 첫 번째 꽃으로 수여했다. 1324년 5월 3일의 일이었다. 차차 바이올렛 이외의 꽃도 창작 정신의 상징으로 칭송받게 되었다. 금잔화(목가, 사랑의 목가, 애수곡, 발라드), 앵초(우화, 교훈적인 이야기), 헬리크리섬(역사) 등이 있었고, 1959년에는 오크어 서적 부문의 은상에 수선화가 부상으로 주어졌다.

조향사
FRANÇOIS ROBERT

14살 때 로샤스(Rochas)에서 처음으로 연수를 받았는데, 이미 장차 조향사가 될 거라는 것을 알고 있었다. (할아버지, 아버지가 조향사) 교육을 받는 중에도 아버지의 일을 도왔다. 2년간 여러 기업에서 연수를 받으며, 이 직업이 갖는 색다른 요소에 익숙해졌다. 신예 조향사로 데뷔한 것은, 1981년 영국의 향수제조회사인 퀸테센스(Quintessence) 에서였다. 현재는 디렉터인데, 회사 이름은 내가 처음 근무했던 회사와 같은 이름이다. 30년 가까운 세월동안 5개의 회사에서 근무했고, 프랑스를 떠나 국외에서 일한 적도 많았다. 현재 프랑스 조향사 협회의 기술위원회 회장을 맡고 있으며, ISIPCA에서 향수 창작을 가르치고 있다.

탁월한 풍부함

향수를 화려하게 만들고 싶을 때는 수선화야말로 아주 뛰어난 재료이다. 장-끌로드 엘레나(Jean-Claude Ellena는 반 클리프 & 아펠(Van cleef & Arpels)의 'First, 1976'에 향수의 모든 것을 바꿀 정도로 뛰어난 플로럴 노트가 있다는 것을 알게 되었다. 그 이유는 바로 수선화의 앱솔루트. 호메오파시(homeopathie, 동종유사요법)적 용량으로 사용하면 된다. 제네(금작화)의 앱솔루트처럼, 수선화는 아주 미량을 사용해도 이처럼 강력한 힘을 가진 희귀한 원료이다. 재미있는 것은, 약 0.1:1000 정도의 미세한 분량을 사용해도 향의 조성에 새로운 특징이 더해져 깊이와 풍부함이 더해진다는 사실이다. 수선화는 역시 기품이 느껴지는 재료이기도 하지만, 애니멀 노트와 함께 사용하면 약간 복잡해진다. 안타깝게도 가격이 많이 올라버렸지만, 쓸 수 있는 기회가 온다면 그 좋은 기회를 놓치지 않겠다.

인도의 다른 시선

1999년 파키스탄의 향수 제조사인 시나롬(Synarom)의 향수 부문 디렉터로 있었을 때, 인도에서 들어오는 화학 성분의 일부를 가공하는 일을 하게 되었다. 덕분에 뭄바이에서도 2년간 근무하게 되었다. 인도에서는 기존에 알고 있던 향수와는 전혀 다른, 일반적 인식에서 벗어났다고도 볼 수 있는 향을 만든다. 인도인의 취향과 향수 문화를 배경으로 하는, 그들 전통에 뿌리를 둔 다양한 향수 제품을 만나볼 수 있었다. 인도인은 언제든 향수를 선물하고, 늘 향수를 뿌린다. 매우 놀라운 것은 인도에서는 향수에 성별이 없다. 마음에 드는 향수라면, 남자라도 'Poison'을 쓰며 딱히 이상하게 여기는 사람이 없다. 인도인은 유럽 향수에 진심으로 열정을 느끼고 있다. 인도에는 특별한 고급품인 사프란과 침향 등 귀중한 전통원료가 있고, 나에게 있어 미지의 재료였다. 썩은 나무에서도 값비싼 에센셜 오일을 추출할 수 있다. 서양인이라면 흠칫할 정도의 강렬한 향이지만, 인도인들에게는 매우 익숙한 향이다. 최근에는 샌달우드와 조개에서 나오는 나쿨이라는 유성추출액을 사용하기도 한다. 인도 문화에 깊숙하게 뿌리내린 향기와, 유럽에 대한 동경을 담아 많은 현지 회사들이 우리 향수와 비슷한 제품을 개발한다. 그리고 그들이 집착하고 있는 그 무언가의 성분을 더해 향을 더 깊게 만들어 낸다. 2008년에 우리는 로힛 발(Rohit Bal)이라고 하는 인도 패션계의 아주 인기있는 패션 디자이너와 함께 향수를 만들었다.

Les Parfums de Rosine

마리-엘레네 로건(Marie-Helene Rogeon)이 약 20년 전 설립한 이 작은 회사에서, 거의 모든 향수의 창작에 참여한 것은 1991년부터이다. 이 로진느라는 회사명은 그녀가 사들인 것인데, 1910년 향수 모험에 나섰던 최초의 쿠튀리에(couturier, 디자이너), 폴 푸아레(Paul Poiret)의 딸 중 한 명의 이름을 따서 붙인 것이다. 그녀와는 서로 마음이 통하고 있었으므로, 꽃이나 정원, 식물에 대한 이야기를 하며 이곳 저곳에서 맡아본 향기를 바탕으로 향수를 만들었다. 특히 그녀가 갖고 있는 풍부한 품종의 장미를 재료로 해서 만든 것이 많다. 내게 여러가지 향기를 맡게 하고 나중에 그 어떤 향기를 향수로 만들어 달라고 부탁한 적도 있었다. 계속해서 장미에 관한 이야기를 나누고, 새로운 요소를 습득하는 일, 역사와 지방의 풍습을 접목하는 일, 느낀 매력에서부터 향수 구상을 넓혀가는 일은 향수를 만들다보면 자주 있는 일이다. 나 역시 이렇게 향수를 만들어 가는 것이 참 매력적이다. 몇 년 전에 그녀가 민트 향기가 나는 장미를 소개해 준 적이 있었다. 그 후, 우리는 '디아볼로 로즈(Diabolo Rose)'를 만들어냈다.

반 클리프(Van Cleef)의 퍼스트(First)와 나르시스의 플로럴 노트

FRANÇOIS ROBERT의 향수

Lord, Molyneux, 1989
Millenium, Missoni, 1996
Vision, Robert Beaulieu, 1998
Double click, Kesling, 2000
Eau de Frâicheur, Weil, 2002
Eau de Turbulences, Revillon, 2002
Vetyver, Lanvin, 2003
Eau Intense Homme, Rodier, 2003
Garraud pour Homme, René Garraud, 2004
Weil pour Homme, Weil, 2004
Melinda, Messenger, 2008
Rohit Dahl, 2008
Plum Mary, Greenwell, 2010
Les Parfums de Rosine:
Rose de Rosine, 1991; Rose d'été, 1995; Un zeste de Rose(Delphine Collignon과 공동작업), 2002; Rose de Homme, 2005; Écume des Roses, 2003; Rossisimo, 2010; Secrets de Rose, 2010

수선화가 들어간 향수

Silence, Jacomo, 1978
Magie Noire, Lancóme, 1978
Narcissus Noire, Caron, 1911
Lumière Noire, Francis Kurkdjian, 2009
Must, Cartier, 1981

스타아니스 (Star Anise)

Illicum verum Hooker 붓순나무과
Hypnose Homme, Lancôme, 2007

스타아니스는 주로 중국 동남부(광시와 윈난 지방), 베트남(현 랑손 지방) 캄보디아, 라오스, 일본, 필리핀 등 넓은 범위의 온대지방에서 재배된다.

> 향기성분: 에센스 오일의 아로마는 주로 아네톨 덕분이다.
> 기본적으로 펜촌의 양에 따라 아니스 에센스 오일과 구분된다.

아시아에서만 자라는 식물, 스타아니스.
팔각회향이라고도 한다.

중국의 스타아니스는 시킴산(Shikimic acid) 제조에 사용된다. 시킴산은 오셀타미비르 인산으로 변형되어 조류인플루엔자나 돼지인플루엔자 치료제인 타미플루의 활성 분자가 된다. 스타아니스는 건위, 가스 배출에 좋다. 우려서 마시면 복부 팽만을 낫게 하고, 가스를 줄여준다. 로마의 백부장들이 그 알갱이를 석 줌 정도 베개 밑에 넣으면 잠을 잘 잤다고 한다.

스타아니스는 기원전 1,500년경부터 이집트 사람들이 향신료로 사용하거나 음료로 만들기 위해 대량으로 재배했다. 유럽에 전해진 것은 16세기 말이다. 다 익은 생 열매 약 100kg에서 말린 열매 25-30kg을 얻을 수 있다. 스타아니스의 에센스 오일은 수증기 증류법으로 얻을 수 있다. 중국에서는 이 열매를 '망차오(亡草)'라고 부르는데, 일반적으로 불에 직접 올려놓은 증류기에 생 열매를 넣고 증류시킨다. 베트남에서는 산업용 기계설비를 이용한다. 생 열매로부터 추출하는 과정은 대략 48시간 정도 걸리며, 추출되는 에센스 오일은 처음에 넣었던 열매 분량의 2-4% 정도이다. 말린 열매를 넣으면 60시간까지 걸리고, 생산량은 8-9%까지 이를 수 있다. 수확은 일 년에 두 차례, 4월과 10월에 한다. 얻어낸 에센스 오일은 옅은 노랑, 호박색 등 다양한 노란색 액체이며, 미나리 과 아니스 향의 아로마 향기를 띤다. 이 액체가 식으면 결정체가 된다. 유럽에서는 스타아니스를 파스티스(Pastis)라는 리큐르 제조에 사용해 왔다. 프랑스 서부지방의 전통과자인 갈레트의 풍미를 살리기 위해 우유에 넣어 향을 낸다. 허브티로도 즐겨 마신다. '다섯가지 향신료'(스타 아니스, 중국 쓰촨의 후추, 계피, 정향, 회향)의 하나이기도 하다. 향수에서는 푸제르, 아로마틱, 시프레 노트에 사용된다.

플라비니 수도원의 아니스
아니스 향이 들어간 유명한 사탕류를 파는 상인

기원전 52년, 아니스는 알레지아 공격 당시 카이사르에 의해 부르고뉴 지방에 들어왔다. 고대 로마 군대의 의사들은 아니스의 많은 효능 때문에 군인들에게 주둔지 인근에 아니스를 재배하자고 권했다. 그리고 아니스를 베개 밑에 넣어 잠을 깊게 자기 위해 노력했고, 악몽을 방지했다. 17세기에는 플라비니 수도원을 위르쉴린 수녀들이 차지했는데, 이 수녀들이 아니스 잼을 만들어낸다. 대혁명 후에는 다섯 개의 공장에서 서로 다른 브랜드로 아니스 향의 작은 구슬 사탕을 대량으로 생산하게 된다. 이 브랜드들은 1920년대에는 '우 갈랑 베르제(Au Galant Berger)'라는 브랜드로 합쳐지는데, 오늘날에도 '플라비니의 아니스(Les Anis De Flavigny)' 상자에서 볼 수 있는 라벨이다. 공장은 여전히 옛 수도원의 중심에 위치한다.

스타아니스 또는 팔각회향은 붓순나무과에 속하며 일년
내내 잎을 볼 수 있는 늘 푸른 열대식물의 열매로서, 중국
남부지방에서 볼 수 있다. 중국의 팔각회향은 여덟 개의
심피로 구성된 목질의 협과이고, 각 심피에는 반짝이는
알갱이가 들어있다. 여덟 개의 심피가 별 모양을 형성하고
있어서 팔각회향이란 이름을 갖게 된 것이며, 과명(科名)
에 포함된 'illicium'이라는 라틴어의 뜻은 '매력' 또는 '미
끼'이다. (사진은 'Illicium anisatum'이라는 품종)

유럽 원산지인 아니스는,
사촌격인 아시아 원산지의 아니스에게
스타 자리를 서서히 빼앗겼다.

스타아니스와 레몬을 가미한
양고기 스튜(4인분)

기름에 튀길 양고기 800g, 당근 5개, 순무 2개, 버섯 5개, 샐러리 한 줄기,
대파 한 줄기, 양파 1개, 버터 50g, 밀가루 40g, 크림 100ml, 레몬 1개,
여러 종류의 허브, 스타아니스 4개, 클로브 2개, 소금, 후추

고기를 조각조각 썰어 냄비에 넣고, 찬물을 붓고, 소금 간을 한 뒤 끓
인다. 뜬 거품을 걷어내고, 허브들, 당근 2개, 정향을 박아 넣은 양파,
샐러리, 대파, 후추, 스타아니스를 넣는다. 30분간 익힌 후 남은 당근
을 둥근 모양으로 썰어서 넣고, 무도 조각내어 넣는다. 버터 40그램
과 밀가루로 흰색 '루'를 만든다. 불에서 꺼내 식게 놔둔다. 레몬 반 개
를 즙을 내서 넣은 물에다 버섯을 익히고, 소금과 후추로 간을 한다.
고기가 익으면, 이 고기 국물 600ml를 서서히 흔들어가면서 루 위에
붓는다. 고기를 불에서 꺼내고 물을 뺀 버섯, 레몬 반쪽 껍질, 크림을
넣는다. 고기, 당근, 무를 국물 없이 냄비에서 꺼내 대접할 접시에 가
지런히 놓는다. 소스를 끼얹는다. 뜨거울 때 내놓는다.

조향사
ALEXANDRA MONET

열세 살이었던 나의 관심사는 향수의 세계로 집중되었다. ISIPCA의 존재를 알고 나서는 해마다 공개 강의 행사에 참여했으며, 몇 년 후에는 그 학교에 입학했다. 3학년 때 뮌헨에 소재한 '드롬'(Drom)에서 연수를 했는데, 독일어를 모르는 나로서는 정말이지 대단한 도전이었다. 나는 뮌헨에서 6년, 뉴욕에서 1년을 보내고 나서 2007년부터 파리에 있는 드롬 팀에 합류했다. 나는 멀리 떠나는 것을 좋아하는데, 그 여행 때마다 후각은 아직도 내 감정의 길잡이가 되어준다. 향기의 나라인 인도에도 갔었다. 라자스탄의 라낙푸르 사원 문 앞에서 장미를 팔던 남자가 종종 생각난다. 도톰하고 활짝 핀 아름다운 장미들이었다. 한 번도 맡아본 적 없던 그런 향기를 가진!

아니시드와 스타아니스

아니스에는 아니시드와 스타아니스 두종류가 있다. 스파이스의 세계에서는 청량감이 있는 스파이스와 따뜻하다고 표현하는 타입으로 구별하고 있다. 스타아니스는 신선하고 상쾌한 느낌이 들며, 배합했을 때 풍부한 자연감을 느끼게 해준다. 내추럴하고 프레쉬한 뉘앙스에 더 가깝다. 합성성분이 전해줄 수 없는 그린노트를 구현하는데 최적의 원료이기도 하다. 그러나 향수에 다량으로 넣으면 향이 왜곡될 수 있어 1% 정도만 사용하기를 권장한다. 향수의 세계에서 스타아니스는 입생로랑(Yves Saint Laurent)의 남성용 향수 '오피움(Opium, 1995)'에서처럼, 무거운 향신료의 느낌으로 사용된다. 또는 리코리스와 함께 우디 노트, 그린 노트에 배합한다. '롤리타 렘피카(Lolita Lempicka)'의 중후한 분위기를 연출하는 것과 같은 느낌이다. 개인적으로는 플로럴 노트를 장식하는 듯한 느낌으로 스타아니스를 배합하는 것을 좋아한다. 아직까지는 화장품에서의 사용은 적은 편이지만, 귀족적인 향을 지닌만큼 앞으로가 기대된다. 어둡고, 무겁고, 검고, 박력있고, 섹시한 특징을 가진 스타아니스는, 시프레 노트와 함께 어우러지는 주성분이 되어도 좋다고 생각하고 있다.

언어로 표현하기 어려운 향

우리가 종종 사용하는 형용사 두 가지의 의미를 명확히 해 보자. '감미로운 노트(Note Gourmandes)'라 하면 미각에서 오는, 단 맛이 있는 음식, 비스켓이나 바닐라 맛의 캐러멜의 이미지의 향조이다. '어두운(Sombre)'이라는 형용사는 용연향이 섞인 우디, 앰버노트의 분위기를 말하지만, 검다는 뜻도 있다. 향수 세계는 이 분야에 고유한 어휘를 진정으로 갖고 있지는 못하다. '알데하이드 계열'처럼 화학 계열의 단어이거나, 더 정확한 느낌을 표현할 수 있게 해주는 몇몇 예외를 제외하고는 그렇다. 그래서 우리는 다른 부문에서 단어들을 빌려온다. 시각에서 그린 노트들을 빌려오고, 요리에서 맛에 관련된 단어들을 빌려오는 등... 향의 표현은 기존의 언어로는 다 표현하기가 어렵다.

Star Anise

향에 마음이 움직이는 것

드롬의 자유로운 사풍과 다양한 창조의 시도 덕분에 상반된 향의 세계를 조합하는 일이 가능했다는 것은 내게 행운이었다. 덕분에 나는 화장품에 대한 개념을 확실하게 잡을 수 있었다. 나라에 따라 지각은 모두 다르기 때문에 같은 테마라고 하더라도 파악하는 방법이 크게 다르다. 개인적인 경험으로는 독일은 시나몬, 정향 등의 스파이스를 바닐라 노트에 배합한 뉘앙스를 좋아하는 듯하다. 미국에서는 달콤한 멜론, 딸기의 프루트 노트, 유럽에서는 낙산염(Butyrate)을 과하게 배합하여 대성공 했다. 프랑스에서는 초콜렛, 커피, 아몬드 등 다양한 제품에 그루만 노트를 배합하여 특징을 만들어 내는데, 바닐라 향에 대한 사랑은 변하지 않는다. 각국의 시장의 특징을 이용해서 향을 조합하는 것은 큰 기쁨이다. 조향사는 그런 미묘한 뉘앙스를 자유자재로 이용하면서 국제적으로 활동할 수 있는 능력을 키워야 한다.

스타니스는 상쾌한 스파이스

ALEXANDRA MONET의 향수

Wish of peace, Avon, 2007
True glow, Avon, 2008
Bois secret, Evody, 2008
Note de Luxe, Evody, 2008
In case of love, Pupa, 2009
artum glacé, Baldinini, 2009
Gin Tonic Happy Hour, Gin Tonic, 2009
Fleur de Noël, Yves Rocher, 2009

스타아니스가 들어간 향수

Jazz, YSL, 1988
Hypnose Homme, Lancôme, 2007
Jaguar Classic, Jaguar, 2001
Miyabi Man, Annayake, 2009

스티락스 (Styrax)

Liquidambar orientalis Mill., Liquidambar styraciflua L. 만작과 / 때죽나무과
Cuir Ottoman, Parfum D' Empire, 2008

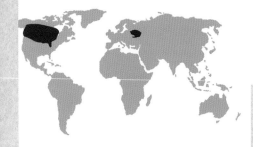

향료용으로는 두 종류가 있다. 터키 아나톨리아 산인 아시안 스티락스(L. Orientalis Mill.)와 온두라스, 과테말라, 미국에서 채집되는 아메리칸 스티락스(L. Styraciflua Mill.)이다.

> 향기성분: 스티렌(styren)과 알파와 베타 카리오필렌(caryophyllene), 시나몬 산 유도체 레지노이드로 특히 벤질신나메이트(benzyl cinnamate)와 페닐프로필신나메이트(phenylpropyl cinnamate)가 들어있다.

아메리칸 스티락스는 키가 30m에 이른다

스티락스 수지는 훈증해서 기도 감염 치료 등에 이용한다. 아시아 전통 의학에서는 거담 작용과 항균 작용을 가졌다고 본다.

스티락스 리퀴드앰버(styrax Liquidambar)가 유럽에 전해진 것은 15세기 말경이다. 어원은 라틴어 liquidus와 아랍어 amber에서 유래한 것으로, 고무가 스며 나오고 시나몬과 비슷한 향이 있다는 걸 나타내고 있다. 실제로 나무 껍질에 수액 채집용 상처를 내면 고무 수지가 분비된다. 수지의 수확은 4월에 시작해서 6개월 간 이어진다. 수액을 천에 흡수시키는 방법으로 얻으면 다 자란 나무 한 그루당 6~8kg을 수확할 수 있다. 이렇게 얻은 수액을 비등수로 처리하여 불순물을 제거한다. 향은 신선하고 벌꿀 같은 점성이 있으며 갈색이나 회색을 띤다. 스티렌, 발사믹, 스파이시, 허니의 향이 나며 프루티한 애니멀 노트의 뉘앙스도 동반한다. 이 고무 수지를 수증기 증류하면 에센셜 오일이 추출된다. 아나톨리아산 스티락스에서는 수율 10%, 아메리칸 스티락스에서는 수율 15~20%다. 에센셜 오일은 투명하고 황색이나 진갈색을 띠며, 발사믹하고 시나몬류의 상쾌한 향기를 갖고 있다. 유기 용제 추출법으로 레지노이드가 채취되는데 헥산을 사용하면 수율 약50%, 아세톤으로는 수율 65~70%, 에탄올로는 수율 60~75%이다. 가죽 노트와 오리엔탈 노트의 향수 조성에 쓰이며 비누 제조에도 사용된다. 고무는 시나몬 알코올과 시나몬 산의 원료이기도 하다.

스티락스는 시체 방부처리, 미라 의식에 사용되었다. 고대 이집트인은 기원전 3,000년경에 전통적인 시체 처리법을 실행했고, 스티락스를 떠올리게 하는 미량의 수지 성분류의 물질이 나왔다. (Officinals 종이라 여겨진다.) 파리 인류학 협회의 회보지(1915)에 의하면 이집트에서 15,000km 떨어진 14-15세기의 페루 잉카 문명의 무덤에서 발견된, 미라를 감은 천조각에서 고형 수지와 같은 것이 발견되었다. 시나몬 산과 스티롤이 발견된 것으로 보아 아메리카 대륙 문명에서도 스티락스가 사체 처리에 사용되었을 가능성이 있다.

갈색 액체라는 뜻의 리퀴드앰버(Liquidamber) 속의 나
무로 키가 3m에 이른다. 낙엽이 지는 잎에는 향기가 있
으며 만지면 발삼류의 향기를 뿜는다. 가을이 되면 잎은
아주 고운 자줏빛을 띤다. 꽃은 작은 포도송이를 닮았다.
(사진은 Liquidamber styraciflua)

아시안 스티락스는 요즘도
정원 장식용으로 많이 심는다.

조향사
OLIVIE POLGE

내가 조향사의 아들이기 때문에 지금 조향사를 하고 있는 것이라 생각한다. 향에 대한 추억이라면 샘플이 빼곡히 정리된 서랍장이 떠오른다. 의외로 부모님은 향수보다는 그림에 대한 이야기를 많이 하셨지만, 아버지에게 향에 대한 가르침을 받으면서 향수를 만드는 것이 가치 있는 일이라는 걸 알게 되었다. 향수를 만드는 일이란 현실적인 일이며, 장인 정신이 투철해야 하고, 많은 수작업을 해야 한다는 것에 매력을 느꼈었다. 현재 대부분 나는 사무실에서 작업하고 있다. 미술사 전공 후, 그라스 시의 샤라보에 입사해 1년간 연수를 받았다. 지금은 IFF의 조향사이다.

가죽의 향기

나는 스티락스와 비슷한 카테고리의 향을 아주 좋아한다. 레더 노트도 연상되며, 발삼의 느낌도 있다. 내게 스티락스는 겔랑의 '아비 루즈(Habit rouge)'나 에르메스의 '벨-아미(Bel-Ami)'와 같이 몇몇 위대한 향수와 관련된 원료이다. 스티락스는 리퀴드 앰버 나무의 나무 껍질에서 스며 나오는 고무로, 조향사는 에센셜 오일뿐 아니라 레지노이드도 사용한다. 아주 드물지만 스티락스의 레더 노트에서 피로겐(Phyrogen)의 매우 스모키한 조향이 느껴질 때도 있다. 예를 들어 역사에 남을 만한 레더 노트라 하면 1924년 빈에서 창작된 남성용 향수 '크나이즈 텐(Knize Ten)'이 있다. 레더 노트의 향수를 만들려고 할 때 스티락스를 떠올리는 경우가 많다. 시프레 노트와 오리엔탈 노트의 포뮬러에 깊이를 주기 때문이다. 탑 노트에 스티락스의 향을 내고 싶을 때는 에센스를 이용해 시나몬의 효과를 좀 더 부각하게 되는데, 이 때 스틸렌 성분이 만들어진다. 매력적인 분위기의 탑 노트에 레더 노트를 입힌다고 생각하면 쉽다. 시나몬 향과 오리엔탈 향이 더 느껴지는 휘발성이 낮은 레지노이드를 우선해서 사용하면 된다.

예술과 기법

어떤 원료를 좋아하냐는 질문을 받을 때가 있다. 이런 질문은 화가에게 어떤 색을 쓸 거냐고 묻는 것과 조금 비슷하다. 중요한 것은 무엇을 선택하느냐가 아니라 어떻게 사용하느냐에 있다. 다소 부자연스러운 방법이지만, 창작을 할 때는 조성 성분에서부터 발전시키도록 한다. 하지만 조향사는 배합을 우선적으로 생각하고 있다. 플로럴 부케가 주제라면 로즈, 일랑일랑, 자스민을 이야기하는 것은 그다지 의미 있는 일인 것 같지 않다. 추상 예술처럼, 향수는 사용하는 원료로만 평가하면 안되고, 전체적인 것을 받아들이고 평가해야 한다. 향수에 얽힌 에피소드는 언제나 화제로 삼고 싶어하는 것이지만 전문가인 나도 일반 소비자와 같은 입장이다. 즉, 어떤 향수를 좋아한다면 굳이 그것을 분석하려고 시도하지 않는다는 것이다. 왜냐면 내가 매료되어 있는 건 향이라는 독보적인 세계 그 자체니까.

디올 옴므(Dior Homme), 2005

당시 디올 옴므의 아트 디렉터인 에디 슬리먼(Hedi Slimane)과 운 좋게 만날 수 있었다. 그 당시 그는 향수 창작과 향의 세계를 탐구하는 일에 열정을 갖고 있었다. 나도 향기에 관한 이야기를 하며 함께 수많은 향수의 향을 맡아보게 되었고, 이 만남 이후로 향수 제품에서는 별로 사용되지 않던 아이리스를 중심으로 향을 조합해보고 싶다는 생각을 하게 되었다. 아이리스는 사실 생각보다 플로럴하지도 않고 파우더리 하거나 우디하지도 않지만, 실제로는 이 세 가지 노트가 가끔 조금씩만 나타난다. 그래서 이 세 가지 특징 을 위주로 개발하였고, 아이리스에 약간 남성적이고 아로마틱한 특징을 주면서, 탑 노트에는 라벤더와 세이지를, 라스트 노트에는 베티버와 레더 노트를 두기로 했다.

스티락스 리퀴드앰버의 레지노이드

OLIVIE POLGE의 향수

Emporio White for Men, Armani (Carlos Benaïm과 공동 작업), 2011
Pure Poison, Dior (C.Benaïm, D.Ropion)과 공동 작업), 2004
Visit for Women, Azzaro (D.Bertier와 공동 작업), 2004
Apparition pour Homme, Ungaro, 2005
Cuir Beluga, Guerlain, 2005
Dior Homme, Dior, 2005
FlowerBomb, Viktor & Rolf (C.Benaïm, D.Bertier, D.Ropion과 공동 작업), 2005
Code for Women, Armani (C.Benaïm, D.Ropion과 공동 작업), 2006
Miracle Forever, Lancôme (D.Ropion과 공동 작업), 2006
F by Ferragamo, Salvatore Ferragamo, 2007
The Kenzo power, Kenzo, 2008
Only the brave, Diesel (A.Massenet, C.Benaïm, P.Wargnye와 공동 작업), 2009
Eau Mega, Viktor & Rolf (C.Benaïm과 공동 작업), 2009
Jil, Jil Sander (B. Jovanovic와 공동 작업), 2009
Balenciaga Paris, Balenciaga, 2009

스티락스가 들어간 향수

CUIR OTTOMAN, Parfum D' Empire, 2008
A* Men, Thierry Mugler, 1996
Only the brave, Diesel, 2009
Arpège, Lanvin, 1927
Bel-Ami, Hermes, 1986

시나몬 (Cinnamon)

Cinnamomum zeylanicum Blum 또는
Cinnamomum cassia Nees ex Blume 독나무과
Note de Luxe), Évody, 2008

Cinnamomum zeylanicum은 스리랑카, 세이셸 제도, 마다가스카르에서 주로 생산된다. 육계(肉桂)나무(Cinnamomum cassia)는 주로 중국산이며, 일본과 베트남에서도 재배된다.

> 향기성분: 시나몬 에센셜 오일의 주요 성분은 70% 정도가 E-신남알데하이드(E-cinnamic aldehyde), 유게놀, 신나밀 아세테이트, 1,8-시네올, 리날룰이다.

시나몬은 덥고 습한 기후에서 잘 자란다.

임상실험을 통해 시나몬이 당뇨, 고혈당, 콜레스테롤 과다 등 심혈관 질환의 위험 인자를 10~30% 정도 줄여준다는 사실이 밝혀졌다. 인슐린의 분비를 돕는 효능은 물론 항산화 물질이 다량 함유되어 있어 항염, 심혈관 질환 완화, 관절염 완화 등에도 효능이 있다.

시나몬은 줄기의 껍질, 그 껍질의 부스러기, 잎사귀 등 각기 다른 부분에서 특징이 다른 에센셜 오일을 추출할 수 있다. 성장하면 20m나 되지만, 생산지에서는 채집이 용이하도록 관목 상태로 유지하며 재배하고 있다. 일년에 두 번 찾아오는 우기가 지나면 줄기를 잘라 껍질을 벗기는데, 그 시기의 껍질은 습기를 머금고 있어 건기보다 채집이 더 쉽다. 스리랑카에서는 이 작업을 살라가마 공동체가 담당한다. 나무를 심은지 3-4년이 지나면 농원의 1ha에서 약 70kg의 껍질을 얻을 수 있으며, 10년이 지나면 230kg까지 얻을 수 있다. 시니몬 에센셜 오일은 주로 껍질에서 추출한다. 원산지에서 간단한 설비를 통해 수증기 증류로 추출하거나, 유럽에서 진화한 기술을 통해 추출하는데 결과물은 들어간 재료의 0.5-1%의 수준이다. 스리랑카 시나몬 에센셜 오일은 투명하고 붉은 빛을 띄는 짙은 갈색이다. 잎사귀도 수증기로 증류하는데, 이로써 얻어지는 것은 밝거나 진한 호박색의 월계수, 정향 등에 함유된 페놀 화합물인 유게놀의 향이 난다. 동양의 향신료 향과 비슷하다고 표현되어 왔다. 동양적 분위기를 띠는 향수들이나, 당과류와 음료 및 소스를 위한 다양한 아로마 제조에 사용한다. 실론 시나몬 껍질을 유기 용매로 압착 추출하면 전체의 10-12% 정도 되는 레지노이드를 얻을 수 있다. 중국의 육계 시나몬 에센셜 오일은 Cinnamomum aromaticum Nees이라는 품종의 늙은 가지와 어린 가지 그리고 잎사귀를 수증기로 증류시켜 얻을 수 있다. 이 오일은 시나몬 특유의 향이 두드러지며, 노란색에서부터 붉은 밤색에 이르는 색깔을 가지고 있다.

ÉCORCEUR DE CANNELLE (Ceylan)

잘 지켜진 비밀!

실론에서는 13세기 이후 남인도 이주민의 후손으로 여겼던 살라가마(Salagama) 공동체가 시나몬 나무의 줄기 껍질을 벗기는 일을 맡는다. 기원전 5세기 헤로도토스는 아랍 상인들의 시나몬 원정에 대해서 기록해 두었다. 그들이 아주 먼 곳까지 가서 발견한 호수는 인근지대가 사람에 개척되지 않은 땅으로, 그 곳에는 시나몬롤로 둥지를 만든 날개가 달린 기묘한 짐승이 있었다. 그 짐승이 지키고 있는 시나몬을 얻어내기 위해 아랍 상인들은 눈만 빼고 온몸을 가죽으로 보호해야만 했으며, 둥지들 근처에 소고기 조각들을 던져 시나몬에서 눈길이 멀어지게 해야만 했다고 한다. 이것은 그냥 지어낸 이야기일까, 아니면 자신들의 상업적 비밀을 보호하기 위한 상인들의 전략인걸까?

녹나무 과의 부드러운 껍질이 특징이다. 향수제조업에 사용하는 품종은 두가지로, 평가가 좋은 C. zeylanicum Blum은 고급(Fine), 진실(Vraie) 시나몬이라는 별명도 가지고 있다. 또 하나는, 중국에서 자라는 C.aromaticum Nees가 있다. 편의상 중국 시나몬이라고 불린다.

치커리, 오렌지, 시나몬이 든 크림

계란노른자 5개, 설탕 100g, 우유 500ml, 치커리파우더 3스푼, 오렌지 껍질 반개, 시나몬파우더 조금

오븐을 150도로 예열하고, 우유를 끓인다. 그러는 동안 달걀 노른자에 설탕을 넣고 그 혼합물이 하얗게 될 때까지 휘저은 다음 여기에 치커리, 오렌지 껍질, 계피를 첨가한다. 쉬지 않고 저으면서 달걀 위에 뜨거운 우유를 천천히 붓는다. 이 혼합물을 틀에 붓는다. 오븐에서 20분 정도 중탕으로 익힌다. 익었는지 확인한다. 차갑게 두었다가 먹는다.

조향사
DOMINIQUE PREYSSAS

나는 이과 공부를 한 뒤 프라고나르(Frag-onard)사에서 향수의 세계를 발견했다. 나는 조향사로서 전형적인 이력을 밟게 되었다. ISIP에서 3년의 공부를 마치고 나서는 루르(Roure)에서 교육받았다. 몇몇 회사를 거친 후 나는 영국 굴지의 향수 제조회사 중 하나인 CPL Aromas에 들어갔다. 규모가 크지 않은 회사에서는 모든 것에 다 관심을 가져야만 한다. 고급 향수뿐만 아니라 소위 퍼스널 케어라고 하는 샴푸, 비누, 심지어 향초까지 다 다루어야 한다. 나는 다양한 주제들과 기술들을 차근차근 하나씩 접근하는 것을 훨씬 높게 평가한다.

그 어디에나 있다!

시나몬은 향료, 식품 향료, 의약품, 가공식품 등 정말 놀라울 정도로 곳곳에 쓰인다. 잎과 나무껍질에는 비율은 조금 다르지만 거의 같은 구성성분이 들어있다. 껍질에서 추출하는 에센셜 오일에는 향기를 내는 주요 성분인 시나믹 알데하이드가 30-40% 들어있고, 약간의 유게놀이 함유되어 있다. 잎에서는 클로브 향과 비슷한 유게놀이 더 많이 들어있다. 잎과 줄기 껍질의 향은 구별할 수 있을 만큼이나 다르다. 시나몬 향기에는 두 가지 명확한 특징이 있다. 스파이시(Spicy)하다는 것은 뜨겁고 강렬한 이미지를, 우디(Woody)하다는 것은 건조한 이미지를 준다. 이렇게 상반되는 두 가지 특징 때문인지 향수는 물론 디퓨저, 비누, 캔들 등 활용처가 다양하다. 잎은 천연 유게놀의 가치 때문에 껍질보다 훨씬 더 사랑받는다. 남자 향수에도 많이 사용되고 있다. 현재는 법적인 규제가 있어 몇 가지 특정성분을 제거하는 것이 의무화되어 있다. 중국에서 온 육계는 후추를 연상하게 하는 더 강한 향이 나고, 비교적 저렴하다는 장점이 있다. 그러므로 어느 시나몬을 선택하느냐는 전적으로 예산에 따라 결정할 문제다.

향료로의 시나몬

시나몬의 향은 강렬한 개성을 가진다. 그래서 소량으로 사용한다. 오리엔탈, 스파이시한 느낌을 주기 위해 사용하는데, 에스티로더의 'Youth Dew(1953)'에는 카다멈, 펜넬, 시나몬이 모두 들어가 매우 강렬한 향을 낸다. 남성용 뿐만 아니라 여성용 향수에도 들어있다. 0.5% 수준의 극소량으로 사용한다. 파코 라반의 'One Million'은 탑 노트에서 시나몬과 카다멈을 강하게 느낄 수 있다. 내가 만드는 향수에도 물론 시나몬은 단골로 들어간다. 스파이시한 입욕제를 만들 때는 적당량을 배합하고, 원료 간의 대조가 필요하다 싶으면 미묘하게 양을 줄인다. 1992년 쟈크 보가르(Jacques Bogart)가 출시한 'Witness'에는 오늘날의 나라면 아마도 감히 적용하지 못했을 비율이 대담하게 사용되었다.

Cinnamon

초임계 이산화탄소를 이용한 추출

시나몬 껍질은 오랫동안 수증기로 추출되었다. 그런데 오늘날에는 초임계 이산화탄소를 이용한 추출법으로 인해 질이 더 좋은 에센셜 오일을 추출할 수 있게 되었다. 탄산가스는 75bar, 온도는 31도까지 올라간다. 그렇게 되면 액체와 기체의 중간 형태가 된다. 이것을 시나몬 껍질에 섞으면 용해 작용이 일어나고, 그 과정에서 고체 찌꺼기를 제거하면 에센셜 오일을 얻을 수 있다. 이 기술의 이점은 압력이 다시 정상으로 내려가면 탄산가스가 증발하여 제거된다는 점이다. 통의 바닥에는 불순물이 없는 순수한 에센셜 오일만 남는다. 실제로 오늘날 이 기술은 원료의 향기를 완벽히 지켜내는 모든 향신료 제조에 널리 사용되고 있다. 시나몬의 경우 특히 더 이 기술을 사용하면 실제 나무 껍질의 향과 매우 유사하게 얻어낼 수 있다.

DOMINIQUE PREYSSAS의 향수

Witness, Jacques Bogart, 1992
Fluid Iceberg Man, Eurocosmesi, 2000
Jaguar Classic, Jaguar, 2001
Jaguar Prestige, Jaguar, 2007
Bougie Anti Tabac Épice d'Orient, ED Denis et Fils Miyabi Man, Annayake, 2009
Miyabi Woman, Annayake, 2009
Win CPL, Vanilla Bourbon Bougie Parfumée, System U Denis et Fils, 2009

시나몬이 들어간 향수

Just Cavalli for Her, Roberto Cavalli, 2004
Le parfum royal, Jean Patou, 1996
Musc Ravageur, Éditions de Parfums Frederic Malle, 2000
Perry Ellis for men, Perry Ellis, 2008
Note de Luxe, Evody, 2008
One Million, Paco Rabanne, 2008

시더(Cedar)

Cedrus atlantica Manetti et Cedrus deodora G. Don.
Juniperus mexicana Schiede et Juniperus virginiana L. (genevriers), Cupressus
funebris Endlicher (cyprès)Cèdre Olympe, Armani privé, 2009

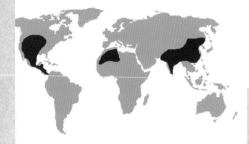

텍사스 시더는 미국, 멕시코산. 버지니아 시더는 미국산. 아틀라스 시더는 모로코산. 히말라야 시더는 히말라야, 아프가니스탄, 인도, 파키스탄에서 자란다. 챤친 시더는 중국에서 자란다.

향기성분: 시더의 레지노이드 성분은 복잡하며 품종에 따라 달라지지만, 보통 α-와 β-세드린, 투욥센, 세드로르 세드레놀의 원료로 사용된다. 이 원료들은 세드릴 아세테이트, 세드람버, 베르토픽스 와 함께 향수 제조에 중요한 화합물을 합성할 때 쓰인다.

50m까지 자란다. 2,000년 이상 살 수 있다.

시더 에센셜 오일은 심신 이완, 이뇨, 피하 지방 분해, 비듬 치료, 방충에도 폭넓게 사용된다.

시더는 17세기 중반 무렵 유럽에 들어왔는데, 오늘날에는 어디서나 흔히 볼 수 있는 나무가 되었다. 시더 나무의 둘레는 상당히 커서 7-8m가 훌쩍 넘는다. 부드러운 우디 향의 특징을 가지고 있는 레바논 시더는 보석 상자, 작은 장식함, 가구 등을 만드는 고급 재료로 쓰인다. 잘 썩지 않아 선박 제조에도 많이 사용한다. 시더는 수납장이나 벽장에 벌레 퇴치용으로 넣기도 한다. 알레르기가 있는 사람들은 봄에 삼나무 꽃가루와 자동차 매연으로 인해 심한 홍조와 재채기로 고생할 수도 있다. 비누, 룸 스프레이, 헤어 케어 등 제조에 사용되는 시더 에센셜 오일은 나무의 껍질이나 톱밥에서 추출한다. 이때 사용하는 기술은 품종마다 다르지만, 일반적으로는 증기 증류 방식으로 얻는 점성이 있는 액체로 시더 특유의 은은한 우디향이 난다. 유기 용매, 에틸 알코올 또는 석유 에테르로 추출하면 더 색이 진해지고, 단단하며, 더 나아가 아주 딱딱한 점도를 가진 레지노이드가 만들어진다.

천년의 상징

종교와 깊은 관련이 있는 이 나무는 레바논의 상징이 되었다.

시더나무는 레바논 국기 한가운데, 두 개의 가로로 된 빨간 줄 사이 하얀 바탕의 중앙에 있다.프랑스 낭만주의 시인 알퐁스 드 라마르틴(Alphonce de Lamartine)은 시더에 대해 레바논에서 가장 유명한 천연 기념물이라 말했다. '하나님의 시더'라고도 부르는 Arz el-Rab은 성경에 따르면 하나님께서 손수 심으신 유일한 나무다. 중동의 3대 종교와도 깊은 관계가 있다. 유대인들은 이 나무를 예루살렘에 세워진 솔로몬 성전의 골조로도 사용했다. 기독교인들에게 시더는 신성한 나무이고, 이슬람인들에게는 더럽혀지지 않은 순수한 나무의 이미지이다.

시더, 즉 삼나무는 소나무과에 속한다. 중동과 히말라야가 원산지인 겉씨 식물로 약 250여 품종이 있으며, 11개 종류로 나누어진다. 삼나무는 일반적으로 원뿔 모양의 큰 나무로 성장한다. 히말라야 삼나무인 Cedrus deodora의 경우 50m에 이르며, 800년 넘게 장수하는 모로코의 Gouraud도 있다.

훈제 넙치 샐러드와 새싹 샐러드

엔디브(Endive) 1개, 훈제넙치 150g, 당근 1개,
삼나무 새싹채소 10개, 망고 1개, 고수,
사과식초 비네거(Vineger) 소스

훈제 넙치를 얇게 썰어, 따로 담아둔다. 싱싱한 고수를 한 큰 술 정도 다져 준비한다. 엔디브, 얇게 썬 당근에 비네거 소스를 뿌려 잘 섞는다. 접시에 담고, 새싹 샐러드, 훈제 넙치조각, 조각으로 썰어 놓은 망고, 고수를 추가한다.

MICHEL ALMAIRAC

어렸을 때 루르(Roure)에 있는 향수 연구소를 방문한 적이 있다. 이 짧은 방문은 내 인생을 바꾸는 마법과도 같은 계기가 되었다. 당시 나는 나의 미래가 왠지 향수와 관련이 있을 것이라는 영감을 강하게 받았고 그 길로 루르 조향사 학교에 입학하게 되었다. 처음에는 인턴 조향사로 일하다가, 그라스에서 잠시 일한 뒤 파리로 전근을 가게 되었다. 파리로의 이직은 승진이자 둘도 없는 행운이었다. 멋진 프로젝트에 참여하게 되었기 때문이다. 현재는 그라스에 있는 로베르테(Robertet) 사에서 근무하고 있다.

그냥 지나칠 수 없는 향기

시더는 나의 어린 시절을 떠올리게 한다. 어릴 때 잘근잘근 씹던 연필의 향이다. 시더는 우디향 중에서도 특이하리만큼 흥미로운 향을 가지고 있다. 생각보다 훨씬 신비롭고, 작업하기 쉽지만은 않은 개성있는 향이기 때문에 조향사들은 시더의 향을 취급하는데 어려움을 느낄 수 있다.

심플한 조향 포뮬러

초창기 향수 제조는 원료가 많지 않았기 때문에 아주 단순했다. 제조에 쓰이는 공식(포뮬러, Formula)은 짧고, 간단하며, 명료하고, 정확했다. 향수 산업이 발달하면서 천연 원료 이외의 많은 합성 원료들이 등장하고, 조향사들 또한 경쟁적으로 길고 복잡한 포뮬러를 만들게 되었다. 다양한 인공향을 사용한 향수 제품이 만들어지는 것은 조향사에게는 반가운 일이다. 자연에서 추출할 수 있는 성분은 지극히 제한적이기 때문이다. 예를 들어 은방울꽃을 향으로 재현하는 것은 쉬운 작업이 아니기 때문에 하이드로시씨트로넬(hydroxycitronellal)을 사용한다. 나의 조향사로서의 작업 스타일이 어느정도 체계를 갖추게 된 데에는 선행 연구자 두 분의 도움이 컸다. 당시 루르 사의 장 아믹(Jean Amic) 사장님은 과거에 만들어진 향수 제조 포뮬러를 단순화하자는 제안을 하며, 그 당시 유행하던 '많은 원료를 섞어 쓰는 방식'이 꼭 필요한 작업인가라는 근본적인 의문을 던졌다. 원료의 단순화 작업 도중 나는 생각보다 많은 원료들이 사실 그다지 쓸모 없고 향의 조합에 별다른 작용도 하지 않는다는 것을 깨달았다. 난 에드몽 루드니츠카(Edmond Roudnitska)의 이론을 떠올렸다. "점토 반죽이나 물감을 생각하면 금방 이해가 된다. 2-4개의 색을 섞었을 때는 아름답고 조화로운 색상이 나온다. 거기에 5개를 넘어 10가지 정도의 색상을 섞으면 그때 만들어지는 색은 흐리멍텅한 갈색의 반죽일 뿐이라는 사실을 확인하게 된다!" 이처럼 멘토 두 분이 나에게 향수 제조 메커니즘의 엄청난 비법을 전해주었다. 어떤 순간에 향의 조화가 생기는지, 화학 성분이 서로에게 어떤 영향을 미치는지 알 수 있도록 간단하고 명료한 향수 제조 포뮬러를 만들어야 한다는 것을 난 그때 알았다.

Cedar

모던한 노트, 클래식한 노트

현재 우리가 만드는 향수들은 대개 모던한 노트를 포함하고 있다. 이 모던한 노트는 새로운 원료의 발견과 더불어 향수 제조에 있어 꼭 필요한 재료가 된다. 바닐라를 넣은 자크 겔랑의 '샬리마(Shalimar)', 자스민을 넣은 루드니츠카의 '오 소바쥬(Eau Sauvage)', 머스크를 넣은 '플라워 바이 겐조(Flower by Kenzo)'가 바로 모던한 노트를 대표적으로 보여주는 향수들이다. 1993년, 캘빈 클라인의 '이스케이프(Escape)'는 새로운 합성 포뮬러가 등장하는 순간과도 같다. 예를 들어 쟝 마리 파리나의 오 드 코롱에 머스크를 섞으면, 완전히 새로운 향이 탄생한다. 비슷한 향수를 찾아볼 수 없기 때문에 향수 업계에서는 새로운 향을 만들어내는 순간부터 이 분야의 리더로 대접받고, 제조한 향은 프리미엄 급의 향수로 자리매김하게 된다. 아망딘 마리(Amandine Marie)와 협업으로 만든 '끌로에(Chloé)'처럼 나는 계속 이 분야의 리더가 되기를 바라고 있다.

MICHEL ALMAIRAC의 향수

Zino, Davidoff, 1986
JOOP!, Joop!, 1987
Escada Margareth Aley, Escada, 1990
Casmir, Chopard, 1991
Minotaure, Paloma Picasso, 1992
Burberry for men, Burberry for women, Burberry, 1995
Gucci Rush, Gucci, 1999
Rush 2, Gucci, 2001
Aquawoman, Rochas, 2002
Gucci for men, Gucci, 2003
Armani Private Collection, Armani, 2004
Dior Addict 2, Dior, 2005
Zen, Shiseido, 2007
Chloé, Chloé (Amandine Marie와 공동작업), 2008
Azzaro twin men, Azzaro (Richard Ibanez, Sidonie Lancesseur와 공동작업), 2009

시더가 들어간 향수

Ma Dame, Jean-Paul Gaultier, 2008
Fleur de Noël, Yves Rocher, 2009
Mexx Black, Mexx, 2009
Chloé, Chloé, 2008
Éclat d'Arpège, Lanvin, 2002
Cèdre Olympe, Armani privé, 2009

시스투스 (Cistus)

Cistus ladaniferus L. 시스타과
Le Parfum de Venise, Jean Patou, 1999

시스투스는 스페인, 주로 안달루시아에서 많이 서식한다. 포르투갈, 남프랑스, 이탈리아, 알바니아, 그리스, 마그레브 지역(리비아, 튀니지, 알제리, 모로코 등 아프리카 북서부 일대의 총칭)에서도 잘 자란다.

> 향기성분: 사람들은 아주 오래 전부터 시스투스 에센셜 오일을 사용해왔다. 수렴 및 지혈 작용을 하여 출혈, 베인 상처, 피부 균열, 외상, 여드름 치료에 사용된다. 기침, 기관지염, 비염과 같은 호흡기 질환에도 쓰인다.

지중해 태양 아래서, 끈적끈적한 시스투스의 수지를 채집하는 모습

캐러멜의 에센셜 오일에는 300개가 넘는 화합물이 있는데 그 중 약 10개만이 1%가 넘는 농도를 가지고 있다. 비리디플로롤(viridiflorol), 암브록스(ambrox), 코파보르네올(copabornéol), 큐베반-11-올(cubéban-11-ol), 보르네올(bornéol) 등이 대표적이다.

지중해 연안의 구릉지대에 넓게 자생하고 있는 시스투스는 바위에 피는 장미(Rockrose)라는 애칭이 있다. 프랑스의 유명한 원료 회사인 비올랑드(Biolandes)의 스페인 공장은 안달루시아 주 안데발로로에 있는 Puebla de Guzman이다. 스페인에 무더위가 찾아오면, 시스투스는 향이 강한 고무수지를 분비하여 잔혹한 기후로부터 자기를 보호한다. 수지는 독특한 앰버향을 내고, 잎은 여름의 더위로부터 보호할 수 있는 털이 있다. 수십명의 현지인들이 직접 시스투스를 수확한다. 마을 노동자들은 100% 순수 장인의 방식으로 인데발로 랍디넘 고무 수지를 만든다. 연속 추출을 통해 1년에 3,000톤이 넘는 시스투스 묶음을 생산하는데, 그걸로 1톤의 시스투스 에센스와 50톤의 고체를 얻을 수 있다. 그리고 자모라(Zamora)라고 불리는 전통 방식을 통해, 이미 며칠간 말려 놓은 시스투스 가지들을 끓는 물에 담그면 물보다 밀도가 낮은 수지가 삼출되어 표면에 뜬다. 이 안달루시아 공정을 거쳐 가지들은 뜨거운 중탄산염 수용액에 의해 처리되고, 이어서 황산으로 중화되어 고무 수지가 침전된다. 수율은 대략 3-3.5%. 물기가 아직 남아있는 고무 수지는 유기 용매 추출을 통해 레지노이드가 되기 전 진공 상태에서 탈수된다. 그 뒤 짙은 색을 가진, 발사믹 향과 용연향이 나는 고체 또는 앱솔루트가 된다. 수지는 비휘발성 화합물, 목랍, 탄화수소의 비율이 더 크다는 점에서 다른 증류 잔류물들과 구별된다.

랍다넘(Labdanum): 시스투스 잎에서 나오는 끈적끈적한 액체. 수지를 만들어 낸다. 고대 그리스인들은 이 랍다넘을 만들어내는 방법을 매우 귀하게 여겼다. 고대 그리스의 의사이자 식물학자였던 디오스코리데스와 그리스의 역사가 헤로도토스의 시대에도 시스투스의 랍다넘은 사용되었다. 염소가 시스투스를 먹고 난 후 그 수염과 넓적다리에 붙어 있는 랍다넘까지도 소중하게 모았다는 기록이 있다. (1777년 "과학체계백과사전" 인용)

과거에는 염소 털을 사용해 채집하는 가내 수공업 방식이었다.

시스투스는 세 개의 하위 분류를 가지고 있다. var. albi-
florus Dunal, var. maculatus Dunal, var. stenaphyl-
lus (Link) Grosser. 향수를 만들 때 유일하게 사용되는 것
은 Cistus landaniferus L. var. maculatus Dunal이다.
1-2m 높이의 관목으로, 갈라진 가지와 광택이 있는 잎이
특징이다. 초록 잎 안쪽은 흰색이고, 품종별로 핑크, 보라
등 붉은 꽃을 가진 품종과 흰 꽃을 가진 품종이 있다.

서양배의 푸알레
-꿀과 시스투스가 들어간 캐러멜소스

서양배 6개, 꿀 50g, 시스투트 에센셜 오일 2방울,
설탕 120g, 물 조금, 버터 20g

설탕 100g을 넣고 물 없이 졸인다. 시스투스 에센셜 오일과 꿀을 넣
는다. 캐러멜을 약간의 물, 꿀과 함께 녹인다. 껍질을 벗긴 배의 1/4
정도를 버터와 설탕이 있는 팬에 굽는다. 아몬드와 함께 즐기면 더
좋다.

조향사
PIERRE NUYENS

나는 브뤼셀 출신으로 네덜란드 나덴 향수 학교에서 공부했다. 다른 조향사 들이 하는 것처럼 처음에는 원료 팔레트에 있는 3천개 정도의 재료들을 무작정 외웠다. 그런데 향장품의 제조에는 파인 프래그런스 제조보다 기술적인 면에서 제약이 많다는 사실을 알게 되었다. 현재 나는 벨 플레이버 & 프래그런스(Bell France Fragrances) 사의 수석 조향사이고, 이 회사에서 생산하는 대부분의 향수를 만들고 있다. 나의 주요 업무는 프랑스 조향사 협회(la Société française des parfumeurs)에 적극적으로 참여하는 것이다. 이 협회에서 부회장직을 맡고 있으며 컨퍼런스 & 기술 위원회에서도 일하고 있다.

거친 숲의 향

나에게 시스투스는 코르시카 섬의 관목림인 마키(Maquis)나, 프로방스의 카랑크(Calanques) 지역을 연상할 수 있는 향이다. 끈적끈적한 잎을 손으로 마구 비비면 시스투스 특유의 향이 난다. 우리 조향사들에게 시스투스는 귀족적이고 사치스러운 향이고 매우 중요한 원료이다. 시프레, 발삼, 앰버와의 배합을 통해 새로운 향을 만들어 낼 수 있기 때문이다. 시스투스는 클래식 푸제르, 모던 푸제르와 같은 아로마틱한 향과 잘 어우러지며, 풍부하고 아름다운 노트를 가지고 있다.

향장품 (Cosmetic)

주로 샴푸, 세제, 생활용품, 화장품을 향장품이라고 한다. 무스 타입 화장품의 원료 주성분은 물과 '기타 다양한 성분'이다. 향이 잘 퍼지는 것을 고려해야 함은 물론, 구조적으로 성분들끼리 잘 섞이며 자연스레 어울리는 것들을 잘 배합해야 한다. 하지만 대부분의 원료들은 오일을 포함하고 있어 물과 잘 섞이지 않는다. 물론 어떤 성분들은 활성제 특성을 가진 세제들처럼 용해를 도울 수 있다. 사실 일부 성분들은 다루기가 상당히 까다롭기에 본연의 개성을 나타낼 수 없는 것도 있다. 또 다른 문제는 원료가 가지고 있는 고유의 냄새이다. 표백제, 화장실 청소용품 냄새, 탈모제의 유황 냄새나, 머리 염색약의 암모니아 냄새 같은 것을 떠올리면 된다. 향료를 첨가하지 않았다고 가정하면 이 냄새가 사실 좋다고 말할 수는 없다. 조향사는 제품을 매력적으로 만들기 위해 갖은 노력을 해야만 한다. '성공적인' 향을 가진, 소비자들의 기분이 좋아지는, 상큼한 제품으로 만들어내야 한다. 마침내 제품 승인이 나면 완제품이 어떻게 만들어졌는지는 물론, 조향사의 머리 속에는 향의 세세한 비율 등의 자료가 남아있어야 한다. 어떤 원료들을 제대로 된 비율로 섞었는지, 그 원료들이 균일하게 되었는지, 특히 소비자의 기억에 오래 남는 시그니쳐 향은 항상 일관되어야 하기에 더욱 중요하다. 아마 이런 것들이 조향사가 추구하는 완벽함이라 할 수 있을 것이다. 물론 나도 나 자신이 이런 완벽함에 도달했다고 자신할 수는 없다.

세제의 방정식

세제는 향뿐만 아니라 기능성도 매우 중요하다. 조향사들도 심혈을 기울여 작업한다. 세제 등의 제품을 만드는 데는 제한 요소들이 많다. 예를 들어 표백제가 들어있는 분말 세제는 산화하는 특징을 가지고 있어 향수만큼 멋진 향을 만들기가 어렵다. 또, 분말 구조 자체에도 문제가 있다. 분말의 표면에서 나오는 세제 냄새는 공기와 만나면 화학적인 반응을 하기 마련이다. 세제는 보통 종이 상자에 들어있는데 소비자들이 종이 상자에 배인 냄새를 맡고 세제를 선택하는 경우가 있기에, 이 부분도 신경을 써야만 한다. 또 나라별, 시장별 규모와 관련규제가 있다는 점도 세제에 자유롭게 향을 사용하는 것을 어렵게 하는 부분이다. 기능성 향수 제품 작업은 이런 물리적 및 화학적 제약을 가지고 있지만 조향사들의 호기심과 상상력을 발휘할 수 있는 다양한 도전이 가능한 세계임은 분명하다.

PIERRE NUYENS의 향수

Madeleine, parfumage du Métro
Amande douce Bien-être, antiperspirant et déodorant
Epsil, lessive Leclerc
Vigor, nettoyant ménager
Méli-mélo de melon, P'tit Dop, bain douche enfant
Le Chat, Bubble-gum party, gel douche enfant (Grèce)
Le savon du Cuisinier, Le Petit Marseillais,
Laboratoires Vendôme
Pink Sugar, Aquolina Parfum
Versus Time for pleasure, Versace, gamme complète
Huile d'Olives, Crème pour les mains, Yves Rocher
Fleur d'eau, Agir Carrefour, parfumd'ambiance Éco-planète…
Événementiel : Labyrinthe olfactif deSerge Lutens (Lille 2004)

시스투스가 들어간 향수

Héritage, Jean-Paul Guerlain, 1992
Lolita Lempicka au Masculin, Lolita Lempicka, 2000
Parfum de Venise, Jean Patou, 1999
Evora, Jardin d'Evora, 2009
Rosissimo, Les Parfums de Rosine, 2010
Azzaro 9, Azzaro, 1984

아이리스 (Iris)

Iris pallida Lam., Iris germanica L. ou Iris florentina L. 붓꽃과
L'heure bleue, Guerlain, 1912

북반구 전역에서 자라며 유럽은 물론 아시아, 북아프리카, 북아메리카에서 자란다. 향수 제조용 아이리스는 주로 이탈리아의 토스카나 지방에서 재배되며 Iris Palida의 생산지는 모로코의 아틀라스 계곡과 프랑스이다.

> 향기성분: 아이리스 버터의 주성분은 미리스트 산(Myristic acid)과 같은 지방산과 지방산 에스테르이다. 붓꽃과 아이리스속 식물에 공통으로 들어 있는 이론(Irone)류는 향을 풍부하게 한다.

향수 제조에 쓰이는 가장 고급 원료

아이리스의 말린 잎이나 뿌리 줄기 분말에 약리효과가 많다 하여 여러 연구가 진행되어 왔지만, 요즘에는 예전 명성만큼은 아닌 듯하다. 그리스에서는 뱀에 물린 상처, 위와 장의 통증, 기침, 부종 등에 사용했다. 아라비아의 약처방에도 등장하며, 프랑크 왕국의 샤를마뉴 대제는 이런 효능 때문에 아이리스를 나라 안 수도원에서 재배하도록 장려했다.

식물명은 그리스 신화에서 유래되었다. 화려하게 빛나는 날개를 가진 아이리스는 신들의 말을 인간에게 전하는 메신저로, 제우스를 섬겼다. 그가 날아오르면 무지개가 생겼기에 사람들은 아이리스가 대지와 하늘을 잇는 임무를 한다 여겼다. 향수에 사용하는 아이리스는 가장 비싼 원료 중 하나로, 에센셜 오일이나 아이리스 버터 가격은 1kg당 1만~1.5만 유로이다. 아이리스의 뿌리 줄기인 오리스 루트(Orris Root)는 수작업으로 채집되며 가공 전 약 3년 동안 돌멩이 사이에 묻어둔 후 껍질을 벗겨 씻고 말린다. 하지만 이 단계에서는 아무런 향도 나지 않는다. 향기 성분이 형성되는 것은 마로 짠 주머니나 나무상자에 넣고 다시 3년간 건조하는 일이 끝나고 나서이다. 모두 합쳐 6년 이상 걸친 숙성이라는 기나긴 과정의 결과이다. 2004년 연간 생산량은 195~210톤으로, 그 중 Iris Palladia가 45~60톤(이탈리아산, 프랑스산), Iris Germanica(모로코산)는 150톤이었다. 주요 제품은 에센셜 오일로, 뿌리 줄기를 분쇄한 분말을 0.5~1.5Bar의 압력 하에서 20~36시간 동안 수증기 증류로 추출한다. 에센셜 오일의 색은 흰색이나 노란색이며 바이올렛 노트의 향이 난다. 상온에서는 고체 상태이기 때문에 아이리스 버터로 불리는데, 수율은 약 0.02%로 미량이며 지방산과 지방산 에스테르로 구성된다. 또한 바이올렛향을 내는 이론 류가 다량 함유되어 있어 풍부한 향을 낸다. 에센셜 오일에서 지방산을 제거하면 노란 액상의 앱솔루트가 만들어진다. 그러나 원료에 대한 수율이 0.002~0.003을 넘지 않는다. 낮은 수율은 비싼 아이리스의 가격을 뒷받침해주며, 왜 고급 제품의 향수나 화장품, 비누에만 한정되어 사용되는지를 이해할 수 있게 된다. 뿌리 줄기의 분말은 에탄올 추출도 가능해서 약 15% 수율로 레지노이드를 만들어 낸다.

프랑스 왕조의 상징은 원래 아이리스 꽃

프랑크 왕국의 클로비스(Clovis, 451-511) 왕은 서고트인과의 전쟁에서 승리한 후, 구 지배자의 깃발을 장식했던 세 마리의 두꺼비 대신에 노란 아이리스 꽃을 왕가의 상징으로 택했다. 거기에 백합꽃이 도안화되어 등장한 것이 1147의 일로, 젊은 왕 루이 7세가 백합을 왕위와 그리스도교의 상징으로 정한 때였다. 플뢰르 드 루이(Fleur de Louis), 루이 왕조의 꽃으로 세례 받은 꽃은 그때부터 플뢰르 드 뤼스(Fleur de lys), 백합이라는 이름으로 개정되었고 다시금 플뢰르 드 리스(Fleur de Iis) 즉, 아이리스로 변해왔다. 과연 꽃이 백합이었을까, 아이리스였을까? 하지만 시민혁명의 주체였던 유산 계급이나 부유한 농민들이 백합 문장을 종종 사용했던 것만은 확실하다.

플뢰르 드 리스(프랑스 왕실문양)

다년생의 초본 식물이며 뿌리 줄기가 있다. 붓꽃속인 품종이 210종이며 원예종은 무수히 많다. 향수에 사용하는 것은 '토스카나의 아이리스'라는 애칭으로 불리는 Iris Palladia Lm 과, '베로나의 아이리스'인 Iris Germanica L. 그리고 Iris Florentina L.의 세가지이다. 자웅이주(dioecism)이며 유전자 변이가 큰 타식성 식물이므로 자연교배종이 많다. 대부분 뿌리 줄기로 번식하나 구근으로 번식하는 품종도 있다.

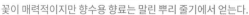
꽃이 매력적이지만 향수용 향료는 말린 뿌리 줄기에서 얻는다.

조향사
AMANDINE MARIE

어머니가 지보당(Givaudan)에 근무하셨기에, 나는 연구실의 어시스턴트들이 향료를 조합하는 걸 보면서 덩달아 신났었다. 지금도 그 때의 분위기를 추억하고 있을 정도이다. 대학에서는 2년간 심도 있게 의학을 공부한 다음, 첫 애인의 품으로 돌아가듯 결국 ISIPCA를 택했다. 직업 연수는 로베르테(Roberte) 사에서 어시스턴트로 일했고, 그 후 파리로 와서 미셀 알메락에게 사사받았다. 나의 천연 원료의 세계가 이렇게 펼쳐지게 되었다. 2003년부터 로베르테의 조향사로 일하고 있다.

첫눈에 반함

꽃밭에 피어 있는 아이리스는 매우 화려하지만 향기는 의외로 실망스럽다. 향에 다면적인 특징이 있어 우디 노트나 플로럴 노트에도 조합 가능하다. 바이올렛, 미모사, 우디 향이 아주 짙게 더해져 프루티한 라즈베리 향과 신선한 당근 향을 느낄 수 있다. 아이리스향을 진짜처럼 모방한 합성 향료는 아직까지 없다. 설사 다른 그리고 새로운 원료를 마음껏 사용할 수 있게 되어 향기가 가진 효과가 어느 정도 느껴지는 배합이 완성된다고 해도, 천연 아이리스가 가진 본래의 향을 재현할 수 있는 성분을 만들 수 있을 지는 미지수다. 록시땅의 '아이리스(Iris)'는 '지중해 연안의 정원을 거닐다'를 표현하고 싶다는 브랜드 측의 희망에 맞춰 창작했다. '아이리스 디탈리(Iris D'Italie)'는 미들 노트에 베르가못을 살짝 더하고, 은은한 그린 노트와 프루티 바이올렛을 더해 탑노트를 더욱 더 프레시한 느낌을 강조해서 만들었다. 라스트 노트에서는 베티버의 우디 노트와 달콤한 앰버 노트가 향기를 배가시킨다.

현대사양에 맞추다

ISIPCA의 최종 과정에서는 에르메스의 '벨 아미(Bel Ami)'를 현대적으로 재창작하는 과제가 있었다. 그때 레더노트의 구조에 대해 아주 확실하게 이해하게 되었다. 향수 하나를 현대적 취향에 맞춰 바꾸는 일은 치밀한 작업을 요구한다. 그 향수가 본래 지닌 향의 본질을 거스르지 않으면서, 상상력에 제한을 두지 말고 오히려 해방되어 작업해야만 한다. 프로젝트를 진행하다 보면 가장 일반적인 1차 계획과 더불어 법적 규제와 같은 또 다른 제재를 인지하고 따라야 한다는 현실에 직면한다. 예를 들면, 갑자기 니트로머스크(Nitromusk)가 사용금지 되었다. 그래서 몇몇 제품이 아예 시장에서 사라져 버리기도 한다. 그래서 현대의 조향사들은 위대한 향수의 최초 포뮬러를 따르면서도, 현대적 취향이 담긴 세대 교체 느낌의 제품을 규제 제한이 없는 한에서 계속해서 만들어 내야 할 필요가 있다. 벨 아미에는 이제는 제조되지 않는 복수의 메틸 이오논(Methyl Ionone)으로 만들어진 가죽 느낌이 강하다는 특징이 있다. 그래서 1986년에 발매된 벨 아미의 본질을 유지하면서 동시에 요즘 취향에 따르는 향을 만들기 위해 나는 스티락스(Styrax)와 자작나무(Birch), 베티버(Vetiver)를 시도해 보았다. 그리고 10년이 지난 지금도 역시 나는 말할 것도 없이 같은 일을 계속하고 있다.

향수를 함께 만들다

나는 아직 경험이 많지 않지만, 하나의 향수에 둘 또는 그 이상의 조향사와 함께 서명하는 경우가 늘고 있다.

로베르테 파리 팀에서는 늘 의견을 교환했다. 난 미셸 알메락과 향수를 3개나 함께 제작했다. 로샤스의 '루이(Lui)'가 아주 자랑스러운데, 내가 처음으로 만든 작품이기 때문만은 아니다.

두번째는 던힐의 '시그니처(Signature)'이고, 세번째는 코티(Coty)의 '클로에(Chloe)'인데, 2년 간에 걸친 긴 작업이었다.

끊임없이 여러 아이디어를 짜내 새로운 방향으로 진행해야 했다. 이러한 작업 방식은 마음에 풍요로움을 가져다 주었다.

향이 강하지 않은
아이리스 꽃

AMANDINE MARIE의 향수

Lui, Rochas (Michel Almairac과 공동작업), 2003
Dunhill Signature, Dunhill (Michel Almairac과 공동작업), 2003
Black for Her, Kenneth Cole, 2004
L'Eau D'iparie, L'Occitane, 2005
VGV, Van Gils, 2005
Iris, L'Occitane, 2007
I'm going, Puma, 2007
Le Petit Prince, Eau de Bebe, Le Petit Prince, 2008
Ullalala, Nickel, 2008
Korloff n.1, Korloff Paris, 2008
Chloe, Chloe (Michel Almairac과 공동작업), 2008
Mythos, Parfums Gres, 2009
Magic Bubbles, Tartine et Chocolat, Givenchy, 2009
Mexx Black, Mexx, 2009

아이리스가 들어간 향수

Iris Noir, Yves Rocher, 2007
L'heure Bleue, Guerlain, 1912
Mythos, Parfums Gres, 2009
Vingt quatre Faubourg, Hermes, 1995
Arpege Pour homme, Lanvin, 2005

아카시아(Acacia)

Acacia farnesiana Willd, Acacia cavenia Hook. et Arn. 자귀나무과
Une fleur de cassie, Frédéric Malle, 2000

'옛날 아카시아'라고 일컬어지는 품종인 Acacia farnesiana는 원산지가 인도, 달콤한 아카시아라고도 불린다. 오스트레일리아, 뉴칼레도니아, 열대 아프리카, 안틸레스 제도 등지에서 자생적으로 자라난다. 다른 품종인 Cassie romaine은 주로 이탈리아의 리구리아, 알제리, 프랑스 등지에서 주로 재배된다.

> 향기성분: 아카시아의 순수 향료는 주로 살리실산 메틸, 아니스알데하이드, 게라니올 D, 게라닐 아세테이트로 구성되어 있다.

아카시아는 프로방스의 전형적인 나무

아카시아의 순수 향료는 주로 살리실산 메틸, 아니스알데하이드, 게라니올 D, 게라닐 아세테이트로 구성되어 있다.

향수제품에 사용되는 것은 두 종류의 아카시아로, 하나는 프랑스어로 옛 아카시아라는 애칭이 있는 Acacia farnesiana Willd.와 로마의 아카시아로 불리는 Acacia cavenia Hook.et Arn이다. Acacia farnesiana Willd.는 원산지가 인도로, 유럽에는 17세기에 들어왔다. 현대에는 지중해전역에서 재배되고 있다. 3년이 지나면 아카시아 나무는 꽃을 피울 수 있다. 5-6년 지난 나무는 500-600g의 꽃을 피울 수 있다. 프랑스에서는 꽃의 수확시기가 9월 초에서 11월 말까지이다. Acacia cavenia Hook.et Arn는 꽃도 많이 피지 않으며, 향에 대한 평가도 좋지 않아 향수 보다는 관상용으로 이용되는 경우가 더 많다. 단독으로 심거나 울타리에 줄지어 심는 경우도 많다. 아카시아 꽃은 유기용매인 벤진이나 헥산을 이용해서만 추출할 수 있다. 0.5%-0.7%의 수율로 콘크리트를 얻을 수 있다. 콘크리트는 진한 갈색이며 반 액체상태의 비누와 같은 물질에서 미모사 가루와 같은 꽃 향기가 난다. 향수에서는 탑이나 미들노트에 들어간다. 1906년, 자크 게를랭의 'Après l'ondée'에서 처음 사용되었다고 알려져 있다.

카르멘의 아카시아
메리메와 비제의 열정적인 주인공과
그녀가 들고 있는 아카시아 꽃다발

19세기 프랑스 작가 프로스페르 메리메(Prosper Mérimée)는 '카르멘(1845)'에서 담배 제조공인 여성 주인공의 블라우스를 아카시아 꽃다발로 장식한다. 이에 음악가 조르주 비제(Georges Bizet)는 자신의 코믹 오페라 '카르멘'(1875)에서 이를 충실히 재현한다. 그녀의 제스처로 인해 돈 호세는 카르멘시타에 대해 숙명적인 열정을 품게 된다! 비제의 오페라 대본, 제1막 제5장: 카르멘이 블라우스에 아카시아 꽃다발을 달고, 입가에는 아카시아 꽃 하나를 물고 있다. 호세가 카르멘을 바라보더니 이어서 조용히 다시 일하기 시작한다. 카르멘은 자기 블라우스에서 아카시아 꽃을 떼어 그에게 던진다. 아카시아 꽃이 호세의 발에 떨어진다. 모두가 웃음을 터뜨린다. 공장의 종소리가 두 번째로 울린다. 여공들과 젊은이들이 '사랑은 보헤미아의 자식'이라는 노래를 부르며 나간다.

아카시아 또는 아카시아 파르네시아나라고 불리는 이 나무는 미모사과에 속하는 낙엽수이다. 십여 센티미터 높이의 관목이며, 늘어진 가지에는 2-3cm 길이의 긴 가시들이 달려 있다. 잎은 두 개의 깃 모양이며, 꽃은 작은 덩어리 모양으로 노랗게 피고 아주 좋은 향기가 난다.

EXTRAIT
de Casie.

아카시아의 수확풍경

아카시아 재배를 시작하려면, 예민하고 추위를 잘 타는 관목이라는 점을 알아야 한다. 게다가 바람도 막아주어야 하므로, 벽을 따라 심어 놓는 것은 해결책이 될 수 있다. 바람이 잘 통해야 하며, 석회질 토양은 별로 좋아하지 않는다. 관목은 보통 물을 아주 적게 주어야 하고, 건조한 여름을 좋아한다. 이 모든 과정을 거치고 가을이 되면 아름다운 꽃이 핀다.

일반적인 명칭: 프로방스 지방의 상징 나무인 아카시아는 이름과 별명이 많다. '동양의 아카시아', '파르네세의 아카시아', '아카시아 파르네시아나', '난쟁이 미모사', '카실리에', '계수나무', '카스'. 아랍어로는 그저 '벤'이라고 한다!

DOMINIQUE ROPION

나한테는 조향사에 대한 소명이 꽤 늦게 찾아온 편이지만 향수에 대한 확고한 취향은 무척 오래되었다. 어렸을 적 나는 모든 것의 냄새를 맡아보곤 했다. 심지어 악수할 때도 그랬다. 나는 세상을 냄새들로 파악하곤 했고, 향수를 통해서는 더더욱 그렇게 되었다. 1978년 루르(Roure) 대표인 장 아믹이 내게 루르 회사가 운영하는 향수 학교에 들어가 보라 제안했고, 나는 그 제안에 설득되었다. 나의 초기 프로젝트들은 기능성 제품의 향에 관한 것이었다. 과거의 위대한 향수 포뮬러를 가르쳐주는 고전적 조향사 교육을 받고 회사에 들어온 터였는데, 욕실용 제품의 조향사가 되었던 것이다. 몇 달 동안 내가 습득한 노하우를 이용하여 시장의 스테디셀러 향수 제조법들을 욕실에 필요한 제품들에 맞게 다시 만들어냈다. 욕실용 제품 제조는 향수 제조보다는 덜 매력적이긴 하지만 아주 재미있긴 하다.

그라스에서 아카시아 꽃을 수확하는 모습

다루기가 어려운 아카시아

아카시아는 다루기가 매우 어렵다. 미모사와 비슷하지만 줄기와 잎이 밀집되어 있고, 나무는 전반적으로 미스테리한 동그란 모양이다. 아카시아는 주로 일랑일랑의 향과 비슷한 애니멀 노트의 개발에 아카시아꽃이 함께 배합되고 있다. 유황 처리가 된 알데하이드의 효과들 때문에 길들이기가 힘들지만 나는 이 꽃을 다루는 작업이 좋다. 내가 '윈느 플뢰 드 카시(Une Fleur de Cassie)'를 준비할 당시 내 스스로가 원하는 바를 정확히 얻어내는 데 수개월이 필요했다. 엄청나게 포기했다가 다시 시작하기를 반복했다. 아카시아 꽃의 순수 향료가 가진 향기가 그다지 매력적이지 않다는 점이 나를 포기하게 만들었다. 쉽게 접근할 수 있도록 다른 노트들과 결합해야만 했다. 예를 들어 헤스페리데스 계열을 탑 노트로 함께 사용하면서 맨 처음에 느껴지는 아카시아의 미묘한 향기를 조금이라도 가려지게 하려는 목적이다. '윈느 플뢰 드 카시(Une Fleur de Cassie)'에는 아카시아 꽃 향료가 4% 가까이 들어있는데, 이것은 어마어마한 분량이다. 향수의 중심 테마에 아카시아를 두면서 나는 다루기 힘든 아카시아에 경의를 표했다.

브리핑이란

향수의 제작은 조각가처럼 '향의 형태'를 잡아가는 과정이라는 생각이 든다. 향수 제작을 원하는 브랜드가 우리에게 전체적인 '이미지'를 던져주면 조향사들은 자신의 창조성과 영감이 끓어오르기 시작한다. 그리고 브랜드가 원하는 향수의 이미지를 '분위기'로 묘사해주면 사용해야 할 향이 함께 떠오르게 된다. 이 과정을 브리핑이라고 한다. 브리핑에서 사용하는 언어는 진심으로 성실한 감정을 담아 전달할 수 있어야 한다. 그 다음에 나는 떠올릴 수 있는 향의 원료들을 테마로 묶어 시작하며 영감을 정리한다. 그러고 나서 입체감, 볼륨, 대비의 효과들을 고려하며 향수를 제조해낸다. 제작 단계의 향수와 소비자가 실제 보게 될 향수 사이에는 종종 큰 차이가 있다. 그리고 그 둘 사이에는 어마어마한 양의 향수 시향지만 남을 뿐이다.

'에일리언', 티에리 뮈글러, 2008

L. 브뤼에르와 O. 폴주와 함께 작업한 '에일리언'이라는 향수를 위해 티에리 뮈글러는 시작부터 매우 강렬한 아이디어를 원했다. 우리는 회사 대표인 베라 스트루비가 직접 가지고 있던 이미지인 '플로럴 스파이시 노트'에 우디앰버를 배합하여 조금은 어두운 분위기의, 확산성이 좋고 강렬한 인상을 주는 노트를 만드는 것부터 시작했다. 살리실산염(Salicylate)에는 태양과도 같은 효과가 있어서 향의 어두운 부분을 완화해주는 효과가 있다. 이렇게 관능적이고 미스테리어스한 느낌의 향수를 만들어 내기까지는 2년이라는 시간이 걸렸다. 티에리 뮈글러의 팀은 향수로 그리는 그의 세계를 제대로 경험할 수 있었다. 모델 티나 발쳐(Tina Baltzer)를 포스터용으로 선택한 것도 티에리 뮈글러 바로 그였다.

DOMINIQUE ROPION의 향수

Lace, Yardley, 1982
Ysatis, Givenchy, 1984
Amarige, Givenchy, 1991
Dune, Dior (J.-L. Sieuzac와 공동작업), 1991
Aimez-moi, Caron, 1995
Jungle Tigre, Kenzo, 1997
Une fleur de Cassie, Frédéric Malle, 2000
Very Irresistible, Givenchy
(S. Labbé & C. Benaïm과 공동작업), 2003
Amor Amor, Cacharel
(L. Bruyère와 공동작업), 2003
Pure Poison, Dior
(C. Benaïm & O. Polge와 공동작업), 2004
Armani Mania, Giorgio Armani, 2004
Alien, Thierry Mugler
((L. Bruyère와 공동작업), 2005
My Queen, Alexander McQueen
(A. Flipo와 공동작업), 2005

아카시아가 들어간 향수

Amazone, Hermès, 1974
Fleur de Fleurs, Nina Ricci, 1982
Une fleur de Cassie, Frédéric Malle, 2000
Very Irresistible, Givenchy, 2003
Après l'ondée, Jacques Guerlain, 1906

웜우드 (Wormwood)

**Artemisia vulgaris L.,
Artemisia herba alba L.** 국화과
Cabochard, Grés, 1959

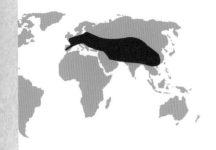

Artemsia vulgaris L.은 약쑥이다. 유럽에서부터 히말라야까지 매우 넓게 퍼져 있는 풀이다. 북아메리카, 일본, 중국에서 토종 형태로도 발견된다. Artemisia herba alba L.은 북아프리카 마그레브 지역과 스페인에서 주로 자란다. Artemisia herba alba L.은 북아프리카 마그레브지역과 스페인에서 자란다.

> 향기성분: 웜우드 에센셜 오일에는 캠퍼, 1.8-시네올, 장뇌 등과 함께 게르마르크렌D와 베타카리오필렌 등 세스퀴테르펜(Sesquiterpene) 계열의 성분이다.

뿌리줄기와 꽃을 이용하는 그랜드 웜우드

웜우드는 뿌리줄기에서 강한 향이 난다. 약효가 있는 뿌리의 두께는 약 2.5cm 정도로, 가을이나 초봄에 수확한다. 말리면 무게의 60%가 줄어든다. 잎을 문지르고 냄새를 맡으면 압생트(Absinthe)와도 비슷한 향이 난다. 영어로는 mugwort인데, 방충제로 사용하던 mugwyet와, 날파리를 의미하는 midge, 토목식물을 말하는 wort가 합쳐진 단어이다. 수증기 증류방식을 통해 Artemisia herba alba의 꽃봉오리 윗부분을 증류하면 녹황색의 빛나는 에센셜 오일을 얻을 수 있다. 수율은 0.15~0.7%로 높지는 않다. Artemisia vulgaris의 꽃을 용제추출한 레지노이드에서는 진한 갈색에 가까운 올리브색의 앱솔루트를 얻을 수 있다. 세이지와 시더 등의 수지에도 포함된 캠퍼와 비슷한 향이 나며, 아니스와 닮은 향이 은은하게 난다. 웜우드는 리큐르 향료로 사용하는 경우가 많은데 이보다는 웜우드와 비슷한 종류인 Artemisia genepi와 artemisia umbelliumbel, 압생트라고 불리는 Artemisia absinthium등이 더 선호된다. 차에도 소량 첨가하여 향을 즐긴다.

사냥의 여신이자 여성의 보호자인 아르테미스

웜우드, 쑥의 라틴어 명칭인 'Artemisia vulgaris'는 그리스 여신 아르테미스에서 따온 것이다. 전해지는 바에 따르면, 고대로부터 쑥은 의료적으로 사용되어 왔고, 제우스가 사냥의 여신에 맡긴 임무와 관련이 있었다. 그 임무란 여성들을 보호하고, 출산과 생리주기를 조절해 주는 등 쑥을 여성의 수호자이자 성녀인 아르테미스의 상징이라고 본 것이다. 게다가 히포크라테스도 여성들은 쑥을 가까이 하라고 했다. 더 이상 무슨 말이 필요할까?

Artemisia vulgaris 품종은 국화과의 야생 식물로서 뿌리줄기를 나누며 번식한다. 가지가 많은 1-1.5미터의 튼튼한 큰 풀이다. 갈라짐이 많은 잎의 위쪽 표면은 짙은 초록색이고, 아래쪽은 밝은 초록색으로 솜털이 나 있다. 꽃은 노란색부터 자주색까지 다채롭다.

LES PLANTES
MÉDICINALES

ARMOISE
GENRE DES
COMPOSÉES ARTÉMISIÉES
ARTEMISIA

Édition de la CHOCOLATERIE D'AIGUEBELLE (Drôme)

웜우드의 꽃은 생리주기를 규칙적으로 조율하는데 도움을 준다. '아르테미스의 힘'을 아는 여성이라면 블라우스와 피부 사이에 웜우드를 지니고 다니면 좋다.

웜우드와 레몬이 든 술

웜우드의 잎 40g,
시럽(물250ml, 설탕 450g),
레몬 1개,
40도의 알코올 1리터

웜우드의 잎과 레몬 껍질을 알코올에 담가 20일 동안 쟁여 둔다. 설탕물을 끓여서 식힌다. 담가 두었던 것을 거른 뒤 시럽을 첨가하여 병에 넣는다. 한 달 또는 두 달 동안 그늘에 보관한 뒤 맛을 본다.

조향사
ALAIN GAROSSI

부모님은 프랑스 출신과 이탈리아 토스카나(Toscana) 출신으로, 1929년 그라스로 이주했다. 부모님에게 물려받은 행운이었다. 끈질김과 라틴 정신의 미묘한 혼합이 나의 정체성이다. 어렸을 적 나는 루르에서 일하던 할아버지를 따라가곤 했는데 큰 방에 배달된 엄청난 양의 자스민이 아직도 기억난다. 마치 향기 나는 눈밭에서 공기를 들이마시고 있는 듯한 느낌이 들었다. 이후로 그 향기는 나를 떠난 적이 없다. 1976년에 나는 로베르테에 들어갔다. 그리고 3년 후 폴 존슨 팀의 젊은 조향사가 되었다. 나는 교양 있는 폴 존슨으로부터 향수의 기본을 배웠다. 나의 첫 성공작인 '타히티 두쉬 상테흐 베흐트(Tahiti Douche Senteur verte, 1980)' 견본이 지금도 여전히 내 사무실에 있다. 내 경력에서 이정표가 되어주고, 나 같은 독학자를 지금의 조향사로 성장하도록 도와준 사람들 모두가 떠오르는 작품이다. 그들에게 고마움을 전한다.

남성용인가 여성용인가?

웜우드 에센셜 오일의 향기는 압생트 리큐르와 매우 닮아 있다. 둘다 츠욘(thujone)이라는 성분을 함유하고 있기 때문이다. 수많은 예술가를 미쳐버리게 만든 압생트 술은 '광기를 부르는 음료'라는 별명을 가졌는데, 이는 케톤성분이 60% 이상이나 되기 때문이다. 웜우드는 케톤이 40%를 넘지 않으며 용뇌, 장뇌 등 향이 풍부한 다른 성분이 더 많이 함유되어 있다. 웜우드는 아주 오래 전부터 내 관심을 끈 원료이다. 남성적인 성향의 향의 대표주자로 은은한 과일 향이 감돈다. '아로마틱 엘릭시어(Aromatics Elixir, 1971)'를 만든 베르나르는 1959년에 '카보샤 드 그레(Cabochard de Grés)'라는 향수에서 웜우드를 사용했다. 이때는 여성적인 원료라고 여겨졌다. 갈바넘, 바질과 함께 쓰면 로베르 피게의 '벤디트(Bandit, 1944)'의 느낌과 같은 향이 된다. 1972년 이후로 웜우드는 디올의 '디오렐라(Diorella)', 에스티 로더의 '알리아주(Alliage)', 캘빈 클라인의 '옵세션(Obsession)' 등 많은 향수에 들어갔다. 1972년, 기 라로슈의 '드라카 느와르(Drakkar Noir)'가 어마어마한 성공을 거둔다. 웜우드를 남성적인 향이라고 인식하게 만들어버린 것도 이 즈음의 일이다. 요즘 파인 프래그런스 시장에서의 웜우드는 새로운 영감의 원천이다. 은은한 과일 향이 나면서 생기가 넘치는 아로마 향 덕분에 데오도란트 등 다양한 화장품 업계에도 아이디어를 제공하고 있다. 나는 입욕제에 웜우드를 넣었다.

세계화가 뭐길래

향수 뿐만 아니라 모든 화장품 업계는 세계화 추세에 민감하게 반응해야 한다. 한 국가에 국한되지 않고 세계 시장에 나의 제품이 동시 출시된 그 순간, 지구 상의 모든 사람들이 소비할 수 있다는 사실이 너무나 놀랍고 신기했다. 지금은 세계화된 시장에 진입해야 한다는 공통의 비전을 가지고 있는 것이 너무나 당연하다. 하지만, 세계화라는 시장에 접근하기 위해서는 결국 대륙과 지역을 세분화하여 접근해야 한다는 기본을 다시 깨닫게 되었다. 유럽, 북아메리카, 라틴아메리카, 아시아 등 지역으로 분류하는 방식은 의외로 제대로 된 분류이다. 그 반면, 파인 프래그런스 분야에서는 '문화적인 요소'가 향의 특징과 사용법에 영향을 미친다는 것이 확실해졌다. 브라질이나 아르헨티나가 유럽에 가까운 취향을 갖고 있다면, 멕시코와 베네수엘라는 미국과 가까운 취향이다. 강한 발향의 미국 향수는 일본에서 그다지 인기가 많은 편이 아닌데, 일본 사람들은 대부분은 은은하게 발향하는 향수를 선호하는 편이다. 브라질처럼 크기가 큰 나라에서는 북쪽에는 아마존 인디언들, 남쪽에는 독일계의 후손들, 그리고 그 두 지역 사이에는 다양한 출신의 주민들이 있어 문화도, 피부도, 취향도 다르다. 하나의 향수가 어디서나 좋은 반응을 얻을 수는 없는 것은 당연하다. 시장에 관한 연구들이 각 지역에 사는 사람들에 대해 동시에 행해져야만 한다. 그렇기에 기존에 꿈꾸던 세계화는 앞으로는 조금 달라질 수도 있다.

웜우드가 들어간 클래식한 디올의 '디오렐라'

ALAIN GAROSSI의 향수

Pouss Mouss, Liquid soap, SC Johnson, France, 1992
Nenuco Baby Cologne, Reckitt & Colman, Spain, 1994
YOU, Unisex FF, Ebel, Peru, 1997
Junie, Female FF Natura, Brazil, 1997
Axe Exclype, AP & Roll-on, Unilever, Latam, 1998
Hazeline Skincare, Unilever, China, 2000
Gentle breeze, Cologne J & J, Philippines, 2001
Degree Accelarating, AP/Deo Unilever, USA, 2002
Tender moments, Cologne Jafra, Mexico, 2002
Minerva Floral, Laundry Powder, Unilever, Brazil, 2003
Sedal Ondas irresistibles, Shamp, Unilever, Latam, 2006
Rexona men Triple mint, Body spray, Unilever, Latam, 2007

웜우드가 들어간 향수

Triumph, O boticario, 1996
Cabochard, Grés, 1959
Lumière Noire pour Homme, Francis Kurkdjian, 2009
Aromatics Elixir, Clinique, 1971
Derby, Guerlain, 1985

유향(Frankincense)

Boswellia carterii Bird., Boswellia frereana Bird., Boswellia bhandjiena Bird. 감람과
Un air d'Arabie, Dorin France Excellence, 2009

유향은 여러 감람나무과에서 추출된다. 아라비아, 예멘, 오만의 Boswellia carterii Bird. (다른 명칭은 B. sacra Fluckiger) 및 소말리아의 Boswellia frereana Bird 와 Boswellia bhandjiena Bird가 있다.

> 향기성분: 아라비아, 예멘, 오만이 원산지이다. 유향은 여러 감람나무과에서 추출된다. 아라비아, 예멘, 오만의 Boswellia carterii Bird. (다른 명칭은 B. sacra Fluckiger) 및 소말리아의 Boswellia frereana Bird 와 Boswellia bhandjiena Bird가 있다.

유향나무는 건조한 산악지대에 서식한다.

유향 에센셜 오일은 관절과 근육을 풀어주는 마사지에 주로 사용되며 호흡기 질환이 있는 경우에도 사용한다.

유향은 올리반(oliban), 올리바넘(olibanum)이라고도 불리는 고무 수지로, 고대에 유향은 몰약, 침향과 함께 사랑받는 고급품이었다. 예수 그리스도 탄생 시 세 명의 동방 박사가 아기 예수 발 밑에 전한 축하 선물로 유명하다. 고급 유향은 B. carterii와 B. frereana 두 품종에서 나오는 것으로, 아주 귀하고 비싸다. 현대에는 유향을 껌처럼 씹을 수 있게 유통되는데 다양한 유향이 섞여 있기 때문에 어떤 품종인지에 대한 정확한 식물학적 기원은 확실하지 않다. 유향은 나무 껍질을 치고 다듬거나 줄기를 도려내서 얻는다. 굳어진 수액은 관목에서 채취하며, 땅에 떨어져 굳는 파편도 생긴다. B.carteri의 유향은 서양배 모양의 동그란 형태로 흰색(1등급)에서 빨간색(2등급)까지 다양한 색상을 가지고 있다. B.frereana는 투명한 노랑 혹은 오렌지색이다. 나무 파편과 흙을 제거한 후 고무의 25-35% 비율로 채집한다. 이 수지는 태울 때 쉽게 식별할 수 있는 특유의 냄새와 짙은 연기가 배출된다. 수증기 증류로 얻은 에센셜 오일은 무색 또는 옅은 노란색이다. 수율은 10% 이하. 달콤하고 신비로우며 상쾌한 테르펜 류의 향을 가진 그린 노트 특유의 특징이 있으며, 오리엔탈, 앰버, 파우더리를 기조로 하는 향수에 사용된다. 석유 에테르를 용제로 하는 추출로는 수율 22~33%, 에탄올 추출로는 수율 55~61%인데, 황갈색이나 적갈색의 왁스처럼 굳은 레지노이드를 만들 수 있다. 라임과도 닮은 신선하고 상쾌한 발삼 향은 보류제로도 사용된다.

유향 교역로에 있는 시나이 반도의 낙타 거상

마르코 폴로가 여행했던 실크 로드처럼, 기원전 2,000년경 유향 로드에서는 이국적이고 모험 가득한 분위기가 가득했을 것이다. 아라비아 반도에서 시작하는 긴 길은 유향 나무가 많았던 현재의 오만이나 소말리아 등 술탄 통치하의 여러 나라를 거쳐 시리아, 팔레스타인, 마침내 유럽으로까지 이어진 긴 여정이었다. 구약 성서에는 유향 로드에 대한 언급이 여러 차례 담겨있다. 사막을 천천히 여행하는 낙타 대상들은 유향 외에 다른 상품들, 예컨대 몰약과 같은 향료들도 취급했다. 낙타 거상들의 목적지까지 이르는 여행에는 여러 경로가 있었다.

유향 교역로

감람과의 유향 나무 품종은 여러가지이다.
5~6m 크기로 성장한다. 해발 1,000~1,800m 석회질 산
지에서 야생으로 자란다. 긴 꽃대에 여러 개의 꽃자루가
있는 꽃이 아래에서부터 피는데 가지 끝에서 우산 꼴 모양
으로 핀다. (사진은 Boswellia sacra, 건조 견본)

원추형 쟁반에
훈증용 유향이 담겨있는 모습

유향을 곁들인
커피맛 바바로아 4인분

젤라틴 3장, 계란노른자 2개, 유향 에센셜 오일 2방울, 위스키 50ml, 설탕
125g 과 60g, 생크림 200ml, 물 200ml, 바닐라빈 1/2개, 핑거비스킷 16개,
우유 250ml, 커피추출액 적당량

젤라틴 세 장을 찬 물에 담가 둔다. 물에 설탕 125g을 넣고 가열해 시럽
을 만든 다음 불을 끄고 위스키를 넣는다. 우유, 계란노른자, 설탕 60g
을 섞은 후 가열하여 커스터드 크림을 만든다. 젤라틴의 물기를 빼고
아직 따뜻한 커스터드 크림을 섞는다. 커피 추출액과 인센스 오일로
향을 더해준다. 식으면 생크림 휘핑을 넣고 바바로아를 만든다. 비스
킷은 잘라서 시럽에 담근다. 유리컵 4개에 시럽에 적신 비스켓을 각각
2개씩 바닥에 깐다. 그 위에 바바로아를 반쯤 붓고, 다시 비스켓을 올
려놓고 남은 바바로아를 위에 얹는다. 냉장고에 넣어 차갑게 먹는다.

JEANNE-MARIE FAUGIER

어려서부터 나는 조향사가 되고 싶었다. 20년이 지난 지금도 일상에 기분 좋은 감각과 아름다운 향기를 전해주며, 사람들에게 좋은 분위기를 제공해주는 이 직업에 많은 매력을 느끼고 있다. 오가닉 산업 계통의 고등기술자면허증(DEUTS)을 취득하고 현 지보당 향수학교인 루르 베르트랑 뒤퐁의 품질관리 담당자로 입사한 후 그라스의 루르 사 소속 조향사 양성 학교에 입학하게 되었다. 2002년부터 프랑스 향수 및 향료 생산회사인 테크니코플로르(Technicoflor)에서 조향사로 일하고 있다.

도린(Dorin)의 향수 '엉 에흐 다라비(Un air d'Arabie)'의 향은 묵직하면서 안정감을 준다.

신성한 향기

'연기가 피어오르면 영혼을 깨어나게 한다'. 유향과 딱 어울리는 표현이 아닐까 싶다. 유향은 굉장히 풍부한 향을 가진 원료이다. 나처럼 직업적인 훈련을 받은 조향사도 감동을 받는데, 교회에 오는 신도들이 유향에 대해 느끼는 감각은 얼마나 황홀할까 생각해본다. 유향은 상당히 묵직한 오리엔탈 노트인 동시에 심신을 안정시켜주는 감미롭고 매혹적인 향이다. '엉 에흐 드 파리(Un air de Paris)'를 만들 때 나는 유향과 장미를 적절한 비율로 배합하는데 성공했다. 보스웰리아속 두 가지 품종의 나무에서 나오는 유향 수지를 얻으려면 나무의 줄기에 상처를 내고 결정체를 채집해야 한다. 유향의 에센셜 오일은 수지보다 향이 강해 주로 베이스 노트로 사용하는데 수지 상태보다 휘발성이 강하기에 향을 내기가 더 쉽다.

향기의 도서관

향수의 평가사(Evaluator)는 판매자와 조향사를 연결해주는 역할을 하고 있다. 평가사는 소비자가 제공하는 시향 평가서를 우리가 적극적으로 활용할 수 있도록 도와준다. 우리가 창작하는 향의 조합이 꼭 향수에 적용되는 것만은 아니고, 향장품에 들어가는 향료 베이스를 제작하는 일도 하고 있다. 이렇게 만든 데이터를 보관하고, 상품화된 제품과 상품화되지 않은 시제품의 향을 보관하는 일종의 도서관이 생겼다. 이곳에서 생각지도 못한 근사한 향을 찾게 될 때가 많다. 평가사에게 제일 중요한 일은 브랜드 측의 요구를 제대로 이해하는 것이다. 브랜드가 추구하는 이념을 분석하고, 향기의 도서관에서 향을 찾고, 새로 작업하는 조합 베이스를 브랜드 측에 제시한다. 브랜드 측에 시제품을 제시할 때는 반드시 가격과 제품의 상관관계를 따져 원료를 선택해야 한다. 현 시장에서는 가격이 우선시되는 입찰 견적서를 제시해야 경쟁에서 살아남을 수 있다.

아랄(Aral)의 카트린느 라라 (Catherine LaLa)를 위하여

어느 날 카트린느 라라가 향수병 두 개를 들고 내 사무실에 찾아와 "이걸 섞어서 나에게 향수를 만들어 줄래요?"라는 부탁을 했다. 하나는 '앙브르 솔레르(Ambre Solaire)'였고, 다른 하나는 강렬한 마린 노트였다. 그녀에게는 앙브르 솔레르의 향이 진하지 않고 '상쾌하다'고 했다. 나는 하나는 탑 노트이고 다른 하나는 베이스 노트여서 미들 노트는 그다지 특별한 향이 없다고 설명해주었다. 그녀가 패츌리와 유향을 좋아하는 것을 알고 몇 번의 실험을 거쳐 그녀가 좋아할만한 오 드 뚜왈렛을 완성했다. 이때 만든 향수는 그녀가 가장 사랑하는 향이 되었고 일반인들에게도 판매를 하게 되었다. 이후 우리는 이 향수의 포뮬러를 사용한 룸 디퓨저나 룸 프래그런스를 만들었다. 2009년 파리의 'Palais des Sports'에서 열린 행사 기간 동안, 이 향을 많이 사용했다.

JEANNE-MARIE FAUGIER의 향수

Un air de Paris, Dorin, 2004
Bahiana, Maître Parfumeur et Gantier, 2005
Yeslam, Dorin France Excellence, 2005
Frapin Cognac Fire, 2008: Frapin Oriental Man;
Frapin Esprit de fleurs, 2008; Frapin Caravelle épicée,
Oger Sarl, 2008
Aral, Catherine LaLa, Oger Sarl, 2009
Senteur d'Histoire, 3 Eaux de toilette vendues
dans les musées, Oger Sarl, 2009
Shalini Indian Lady, Shalini Parfums, 2009
Un air d'Arabie, Dorin France Excellence, 2009
Ambre, Dorin France Excellence, 2009
Liquide vaiselle Pamplemousse, Paic, 2002
Rexona Déo variante Talc, 1998
Timotei shampooinig Citron & sauge, 2000
Gamme Gel Douche et shampooing, l'Arbre vert, 2007
Cosmétiques pour Yves Rocher

유향이 들어간 향수

L'esprit de Fleur, Frapin, 2008
Dans tes bras, Edition de parfums Frederic Malle, 2008
Zagorsk, Comme Des Gaçons, 2002
Un air d'Arabie, Dorin, 2009
Un air de Paris, Dorin, 2004

이모르뗄(immortel)

Helichrysum angustifolium DC., Helichrysum arenariem DC., Helichrysum stoechas DC. et Helichrysum serotimum DC. 국화과
L'ame d'un heros, Guerlain, 2008

Helicrysum sp.는 아르헨티나, 모로코, 키프로스, 그리스, 알바니아, 이탈리아, 슬로바키아, 크로아티아, 프랑스, 포르투갈, 스페인에 서식하는 식물.

> 향기성분: 어느 품종에나 공통적으로 함유되어 있는 성분 -피넨(pinene)과 네릴아세테이트(neryl acetate) 앱솔루트에는 탄화수소류나 테르펜류가 거의 들어있지 않고 산의 비율이 높다.

이모르뗄은 지중해 연안 경치의 일부가 되었다.

이모르뗄은 썬탠 오일, 주름예방 제품 등 여러 종류의 화장품에 사용되고 있다. 아로마 테라피로 사용할 때는 항염증 작용과 치유 촉진 작용으로 쓰이고 있다.

향수용은 두 종류가 있는데 혼동하기 쉽다. 스토에카스(stoechas) 종은 성 요한의 허브라고도 불리는 프로방스산의 이모르뗄로 에스테렐과 코르시카 섬에 서식하는데, 습기를 피해 6월 말부터 수확한다. 한편 안구스티폴리움(angustifolium) 종은 구 유고슬라비아 지역, 이탈리아(Abruzzo, Liguria), 스페인, 아프리카 북서부 일대에 서식한다. 이 두 가지 모두 키 작은 관목으로, 가지는 하얀색이며 30~50cm 크기로 자란다. 건조한 토양을 좋아해 자갈이나 모래가 섞인 땅에서 자란다. 식물의 속명은 대롱 모양의 줄기에 달린 황금색 두상화에 연관되어 이름 지어졌다. heli는 태양을, chrysum은 황금색을 의미한다. 일반적으로 불리는 이름인 이모르뗄(immortelle)은 말려도 모양이 변하지 않는 특징에서 유래한다. 꽃이 필 때 이미 말라있는 것처럼 보이기 때문이다. 에센셜 오일은 스토에카스 종의 말린 꽃을 증류해서 추출한다. (수율 0.2~0.4%) 투명한 오렌지색으로 장미나 캐모마일을 연상시키는 향이다. 유기 용제 추출법으로 얻은 약 1%의 콘크리트를 원료로 하여 75% 수율로 앱솔루트를 추출할 수 있다. 콘크리트는 대개 굳은 왁스 상태이며 색은 노랑이 도는 갈색이고, 특유의 향이 있다. 오일은 플로럴계 향수의 뉘앙스를 조절하는데 사용되며, 많은 화장품과 립스틱, 헤어 오일, 바디 오일, 샴푸나 비누 등에 들어가는 성분이기도 하다. 또한 파우더 노트의 조성에도 사용된다.

헬리크리스는 그리스 신의 딸로, 아름다울 뿐 아니라 뛰어난 도덕심과 정신의 소유자였지만, 아버지가 소개해주는 구혼자들을 모두 거부해 아버지를 실망시키고 만다. 헤스티아 여신을 깊이 숭배하던 그녀는 사원에 사는 처녀들과 함께 지내기를 갈망했다. 수많은 구혼자 중 한 남자가 그녀를 열렬하게 사랑한 나머지, 납치해서 성적인 모욕을 주었다. 꿈이 산산조각난 그녀는 목숨을 끊어버렸다. 어느 날, 헬리크리스의 무덤에 가련하고 향기로운 꽃이 피었다. 헤스티아 여신은 이 꽃에 젊은 아가씨의 이름을 붙여 주었다.

그리스 신화의 불과 부엌의 여신인 헤스티아(Hestia=Vesta)를 모시는 사원에서 피우는 향

약 500여 종 가운데 향료 산업은 H. angustifolium과 H. are-
nariem, H. stoechas, H. serotimum에 주목해 왔다. 다년
생으로 자웅동체이며 향기가 풍부하고 잎은 호생한다. 연노란
색의 꽃은 줄기 끝에서 머리모양으로 뭉쳐 피고 마치 카레 같
은 향이 난다.

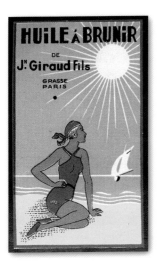

토끼 고기의 코코트(cocotte)
-생크림과 이모르뗄 소스 (4인분)

두껍게 썬 토끼 고기 1마리, 밀가루 30ml, 싱싱한 이모르뗄 꽃 6개, 샬롯 3개,
화이트 와인 500cc, 생크림 60ml, 버터 20g, 샐러리 1대, 소금, 후추 적당량,
해바라기유 15ml, 타임, 월계수잎 각 3장씩

샬롯은 잘게 썬다. 토끼 고기는 두껍게 썰어 소금으로 간을 하고, 뜨거워진 양
수 냄비에 버터, 해바라기유를 넣은 후 노릇노릇하게 굽는다. 냄비에서 고기
를 꺼내고, 고기에서 나오는 향신액에 밀가루를 넣고 약한 불에서 2분간 볶는
다. 고기에 수분을 제거한 뒤 샬롯, 화이트 와인을 넣고 후추로 간을 한다. 냄
비에 샐러리와 타임, 월계수잎을 넣는다. 양념에 재운 고기를 다시 냄비에 넣
고 끓이는데, 나오는 액체를 고기에 끼얹으면서 약한 불로 30분간 졸인다. 고
기가 구워지는 정도를 확인하면서 다 구워지면 냄비에서 꺼낸다. 같은 냄비에
헬리크리섬 꽃을 넣고, 약한 불에 10분간 졸여 꽃에서 추출액이 나오게 한다.
이렇게 만들어진 소스는 체에 거르는데, 너무 묽으면 더 졸인다. 냄비를 불에
서 내리고, 생크림과 만들어진 소스를 고기에 섞어 뜨거울 때 먹는다.

ALEXANDRA KOSINSKI

장래에 조향사가 되어 팔레트의 물감을 쓰듯 향료를 가지고 놀아보고 싶었다. DEUG-A (대학일반과정 과학전공) 수료 후 ISIPCA에 입학했다. 이후 프래그런스 재단에서 개최한 콩쿨에 '에너지와 밀접한 관계'를 테마로 하는 향수를 출품했다. 향수의 세계에서 어떤 메시지를 향으로 확실히 표현하고 싶을 때 선택할 수 있는 원료는 적지만, 아주 적은 양의 헬리크리섬과 진저, 자스민의 숨결, 그린 만다린의 과피 등으로 그것을 표현했다. 이렇게 모든 게 시작되었다. 나의 경력은 퀘스트 사에서 위대한 조향사의 면면을 이어받는 일 배우기에서 시작하여, 열정을 전할 수 있는 향수 작품을 만드는 법으로 이어졌다. 현재 지보당에 근무하고 있다.

헬리크리섬이란 (이모르뗄)

작고 노란 꽃으로 신비로운 잔향이 있으며, 해안에서 야생으로 우거진 모습을 볼 수 있다. 낮 동안에는 아이오딘이 섞인 듯한 향기가 나지만, 석양이 질 무렵에는 황홀한 향기가 바람을 타고 그 일대를 감싼다. 향조도 내겐 신비스럽게 느껴진다. 카레 같은 냄새와 어린 나무의 수지 같은 향기가 나는데, 여러 꽃에서 얻은 꿀이나 뜨거운 모래, 귀리 냄새도 느껴진다. 꽃의 향기가 굉장히 풍부해서 헬리크리섬을 쓸 때는 아주 소량만 사용한다. 너무 과해지면 주변을 돋보이게 하는 특징을 살릴 수 없기 때문이다. 헬리크리섬은 미량을 사용해도 다른 원료와의 작용으로 향을 순수하게 돋보이게끔 이끌어 주는데 때로는 마법 같은 효과를 가져온다. 그런데 헬리크리섬을 제품의 성분으로 분명하게 표시하는 향수는 거의 없다. 그럼에도 헬리크리섬에는 미래가 있다고 생각한다. 헬리크리섬은 뚜렷한 개성을 지닌 향수이자 업계 용어로 사용되는 '쓰기 쉬운 향수'로 활약할 것이다. 이 풍부한 향기의 특성이 미래 향수가 가진 비장의 카드라는 것을 나는 확신한다.

색채와 향기

나는 그림을 자주 그리기 때문에 향수에도 색채 감각을 응용하고 있다. 하나의 향수가 하나의 이미지를 전달할 수 있을 것이라고 생각한다. 자신의 창작품을 표현할 때에는 당연히 주관적으로 되기 쉽지만, 의뢰인들에게 이쪽의 의도를 보다 잘 이해시키기 위해서 색채의 이미지를 응용하여 설명한다. 헬리크리섬이 들어간 향수를 이미지화 해달라는 의뢰를 받는다면, 화가 에드워드 호퍼(Edward Hopper)가 그리는, 빛과 장난치고 있는 해안가와 같은 풍부한 색채감의 그림이라고 표현할 것이다. 좀 더 구체화하기 위해 금색의 잎을 그려넣고, 캔버스에는 팔레트 나이프로 모래를 포함한 여러 가지 구성 요소를 더해갈 것이다. 거침과 부드러움 사이에서 재료를 정하는 것에 향수와의 유사점이 있다 생각한다. 그림을 그릴 때 향기가 느껴지기 때문에 나는 그림에도 향기를 주려고 한다. 파트릭 쥐스킨트(Patrick Suskind)의 소설 '향수(Das Parfum)'에서처럼 가끔 향기를 맡고 있는 자신을 발견하곤 한다.

어코드가 단어라면 향수는 문장이다

코티를 위해 창작한 'Joop! Thrill'은 스스로 가장
자랑스럽게 생각하는 향수 중 하나이다. 베일리스
(Baileys)의 리큐어(Liqueur)에서 찾아낸 어코드
에서 영감을 얻었다. 향수에 사용할 어코드를 준비
하기 위해서 원료를 찾는 것은 무엇보다 가슴 설레
는 일이었다. 어코드를 조성하는 일은 합성과 천연
에 상관없이 각각의 향료를 발전시켜 가며 적절한
곳에 배치하는 작업이다. 향수는 최종적으로 사용
하는 사람들이 자신에게 향기를 입히는 것과 같다.
그 점을 염두에 두면서 향조를 단순화하는 작업을
한다. 니치 향수(niccia perfume)라고도 할 수 있
다. 너무 탁하지 않게 자연 그대로의 인상을 주도
록 했다. 베일리스의 향기와 크림, 라스트 노트의
바닐라빈 향을 맡을 수 있게 했다. 향수로 만들면
향은 더 복잡해지고 레이스와 같은 섬세함이 더해
지는 법이다. 'Joop! Thrill'을 창작할 때, 처음부
터 나는 탑 노트에 스파이시한 특징을 충분히 갖
고 있는 바닐라빈의 향기로 만들어야겠다고 정했
다. 다른 변경 없이, 결과적으로 향수에 어코드로
사용했다.

ALEXANDRA KOSINSKI의 향수

Cuir, Lancome, 2006
Emotion Divine, Mauboussin, 2007
Energy Woman, Energy Man, Benetton, 2008
XX By MEXX Wild, MEXX, 2008
Essence of United Colors Woman, Benetton, 2008
Secrets de Hammam, Yves Rocher, 2008
Un Jardin a Paris, Jean Couturier, 2008
Power Instinct, Airness, 2008
Gloria, Vanderbilt, 2008
Joop! Thrill Woman, Joop!, 2009
Couture, Kylie Minologue, 2009

이모르뗄이 들어간 향수

Cologne du 68, Guerlain, 2006
1270, Frapin, 2008
Like This, Tilda Swinton, 2010
Joop! Thrill Woman, Joop!, 2009
L'aME D'UN HeROS, Guerlain, 2008

일랑일랑(Ylang-ylang)

Cananga odorata (Lamarck) Hook J. D. et Thomson - Annonacées
So Pretty, Cartier, 1995

열대우림에서 자라는 향이 좋은 꽃이 피는 수목으로, 원산지는 필리핀. 20세기 초, 프랑스 수도사가 인도양 부근에서 재배하기 시작했다. 코모로 제도의 앙쥬앙 섬은 가장 성공한 일랑일랑 플랜테이션 재배지역이다.

> 향기성분: 테르펜 알코올 성분이 다양하게 함유되어 있다. 리나롤, p-메 타라니졸, 벤질 벤조에이트 성분, 제라닐 아세테이트, 벤질 아세테이트 등.

일랑일랑 꽃의 무게를 재고, 수량을 체크하며, 가격흥정을 하는 모습

마사지할 때 최음효과를 얻을 수 있다고 한다. 불안, 불감, 갈라지는 건조한 손발톱과 탈모에 도 효능이 있다.

일랑일랑 나무는 몇 가지 변종이 있지만, 황금색의 작은 꽃이 만개하면 우수품종으로 본다. 아주 섬세한 향을 만드는데 쓰인다. 꽃이 여러 번 피고 지고를 반복하는데, 크기가 큰 꽃이 피는 나무는 향 제조 분야에서는 별로 선호하지 않는다. 대부분의 일랑일랑 에센셜 오일은 코모로 제도와(40-50톤 정도 생산) 마다가스카르 북쪽의 노지 베(Nosy Be)라는 섬에서(15-20톤) 생산한다. 꽃을 채취하는 시간은 새벽부터 오전 9시까지로 이때 꽃의 향이 가장 진하게 난다. 채취하는 꽃은 활짝 개화한 꽃으로, 꽃잎 밑이나 안쪽에 점이 하나 있으면 완전히 개화한 것으로 본다. 꽃잎이 접혀 있거나 약간 망가진 꽃으로 에센셜 오일을 만들게 되면 품질에 상당한 문제가 생길 수 있으니 신선한 꽃을 채취하는 것이 가장 중요하다. 마다가스카르에서는 일랑일랑 꽃이 거의 일년 내내 폈다 졌다를 반복한다. 생산량은 특히 5월-12월 최고조에 달한다. 일랑일랑 에센셜 오일의 색은 투명하거나 점점 진해지는 노랑색이며, 부드럽고 관능적인 향으로 유명하다. 여기에 발삼의 느낌과 꽃 향, 살짝 톡 쏘는 향이 가미되어 있다. 일랑일랑 향은 샤넬의 'No. 5'와 겔랑의 '샴사라(Samsara)'에 아주 대표적인 원료로 쓰인다. 에센셜 오일은 주로 수증기 증류로 얻어지며 등급에 따라 5가지로 나뉜다. 가장 진한 일등급은 (0.965 밀도)로 증류를 시작한 처음 30분 동안 만들어진다. 그 다음 등급으로는 (밀도 0.955에서 0.965)이며, 마지막 등급으로는 (밀도 0.905에서 0.910)으로 6시간 증류하는 것 까지를 말한다. 이 고급 세 등급이 전체 생산량의 1/3을 차지하고 있으며 일반적으로 에센셜 오일의 가격 책정은 앞에서 말한 밀도를 기준으로 하는 등급에 따라 결정된다.

마요트에 있는 일랑일랑과 바닐라 박물관

마요트(Mayotte)에서 일했던 교육자들의 열정과 노력으로 만들어진 박물관으로 일랑일랑과 바닐라에 대한 방대한 자료는 물론 원료를 채집하고 제조할 때 쓰는 다양한 기계들도 전시되어 있다. 바닐라와 일랑일랑은 오랫동안 마요트의 유일한 자원이었다. 최근에는 마요트 섬의 인건비 상승 등 여러가지 요인과 더불어 상대적으로 개발 비용이 덜 드는 마다가스카르, 코모로, 쟌지바르 등으로 산업이 옮겨가면서 채집량이 감소하기 시작했다. 이 박물관에서는 상설 전시회 외에도 다양한 전시회가 열린다.

일랑일랑은 아노나세라고 하는 계열의 나무로 cananga odorata 계열의 나무와 자주 혼동된다. 이 cananga 계열의 나무는 일랑일랑에 비해서는 다소 거친 느낌의 나무이다. 일랑일랑은 15-20 미터가 훌쩍 넘는 큰 나무인데 향수 제조에는 나무보다 꽃이 더 귀하게 쓰이기 때문에 채집하는 사람들은 정교하게 다듬어서 꽃을 채집한다.

마다가스카르 일랑일랑 향을 넣은 아이스크림 (4인분)

지방함량이 높은 우유 500ml, 계란노른자 5-6개, 바닐라빈 1개, 생크림 100ml, 슈가파우더 150g, 일랑일랑 에센셜오일 3방울

우유와 크림을 작게 쪼갠 바닐라빈과 섞어 끓인다. 하얀색이 될 때까지 계란 노른자와 설탕을 체로 잘 섞는다. 여기에 준비한 우유와 크림을 넣고 계속 저어준다. 은은한 불로 타지 않도록 계속 저어준다. 약간 걸쭉한 형태가 되면 차가운 샐러드 그릇에 옮겨 담고 계속 저어준다. 일랑일랑 에센셜 오일을 3방울 떨어뜨린다. 바닐라 빈을 건져내고 12시간 정도 냉장고에 넣어 놓는다. 샤베트 제조기에 한번 돌린 다음 냉동고에 둔다. 럼주로 향을 첨가하여 살짝 카라멜 향이 나는 바나나랑 같이 서빙한다.

JEAN GUICHARD

난 그라스에서 태어났다. 가족 모두 향수 제조에 참여했고 나도 자연스럽게 가족 사업에 참여하게 되었다. 우연히 조향사가 되었지만 경영에도 관심이 많았다. 로베르테 멘토가 나를 영국으로 유학 보내며 "영국에서 향수의 테크닉과 함께 영어도 배워라"라고 말씀하셨다. 나는 3년 동안 영국 지사의 지사장으로 로제르 칼킨과 함께 일을 했다. 외국에서 일을 하면서 난 내 직업을 정말 좋아하게 된 것 같다. 1984년에 루르 사에서 일을 시작했는데, 정말 운이 좋게도 장 아믹과 일을 하게 되었다. 루르는 나중에 지보당(Givaudan)으로 이름을 바꾸게 되며 이 업계를 대표하는 회사가 되었다.

태양 빛의 노트

까샤렐(Cacharel)의 '루루(Loulou)'를 만들 때 일랑일랑 향은 아주 중요한 원료였다. 꽃 중에서 베이스 노트로 쓰이는 귀중한 천연 원료이기 때문이다. 자스민이나 튜베로즈와 비슷한 점이 있어 함께 쓰면 멋진 향이 만들어진다. 노란색 꽃이지만, 조향사들은 일랑일랑의 향을 '하얗다'고 표현하곤 한다. 자스민이나 튜베로즈는 일랑일랑처럼 에센셜 오일타입이 아닌 앱솔루트로 되어 있어 좀 무겁고 향이 오래 가는 경향이 있다. 일단 일랑일랑 향으로 만든 향수는 처음에는 가벼운 꽃 향이 코 끝을 스친다. 우리가 일랑일랑 향에서 특히 좋아하는 점은 밝은 태양을 연상시키는 느낌을 주는 것이다. 흔히 빛을 연상케하는 향은 로레알 사의 썬케어인 앙브르 쏠레르(Ambre Solaire)처럼 살리실산염(salicylate)을 함유하고 있는 향수들이다. 일랑일랑 에션셜 오일을 사용하면 우리가 원하는 이국적인 향을 얻을 수 있다.

지보당사 부속 조향사 양성학교

나는 2004년 이 학교의 책임자가 되었다. 나는 세계에서 만들어지는 향수의 30%가 우리 학교를 졸업한 졸업생의 손에서 탄생한다는 큰 자부심을 가지고 있다. 자크 폴쥬(Chanel), 티에리 바써(Guerlain) 장 끌로드 엘레나(Hermes)... 우리 학교에서는 적어도 일 년에 세 명 이상의 마스터 조향사를 교육한다. 파리, 뉴욕, 상파울루, 상하이, 싱가폴과 두바이에 있는 우리 분교 포함이다. 우리 학교의 교육과정은 3년으로 알코올 계열 향수 제조 과정과 비누, 세정제와 입욕 제품 과정 모두 똑같이 이 기간 동안 공부를 해야 한다. 흔히 조향사의 세계는 과학과 예술의 세계를 아우르는 사람이어야 한다고 말하는데, 내가 보기에는 '화학을 이해하는 시인'이어야 한다. 우리는 100명도 넘는 전문가들로 구성되어 있고, 필요에 따라 과학도 또는 예술가 지망생을 양성해야 한다.

Ylang-ylang

루루(Loulou)의 탄생

여성 고객들은 "이건 제가 썼던 첫번째 향수에요" 라는 말을 많이 한다. 게다가 유명한 '루루(Loulou)'의 광고 문구인 "바로 제가 루루(Loulou)예요"를 누구나 기억한다. 그 당시는 로레알 계열 회사에서 까샤렐이라는 브랜드를 만든 아넷 루이(Annette Louit)가 맹활약을 하던 시기였다. 루루, 루루 블루, 그리고 에덴을 만들었다. 내가 까샤렐에 입사했을 때는 이미 젊은이들이 좋아하는 로맨틱한 타입의 향수 '아나이스 아나이스(Anais Anais)'가 엄청난 성공을 거둔 후였다. 아나이스 아나이스 성공 이후 4-5년이 지나 루루의 등장을 볼 수 있었다. 그 때 아넷이 나에게 이런 말을 했다. "아나이스 아나이스를 쓰는 여성들이 이제는 좀 성숙해졌지만 여전히 젊은 감각을 갖고 싶고 부드러움을 유지하고 싶은 바람, 하지만 그러면서도 동시에 관능적인 미를 가진 여성이 되고 싶어 하므로 이런 여성들에게 적합한 향을 찾아야 한다." 나는 그 말을 듣고, 관능미를 충족시키려면 바닐라 향을 가미하는 것이 좋겠다는 생각을 했다. 그 당시 트렌디한 향수라면 쟝 샤를 브로쏘의 '옴브르 로즈(Ombre Rose)'가 있었는데 이 향수에서는 쌀을 빻아 만든 듯한 파우더 향이 부드러운 바닐라 향을 표현하고 있었다. 그래서 우리도 루루를 만들 때 바닐라 향을 넣게 된 것이다. 아넷이 이걸로는 좀 부족하다고 했기에 우리는 이국적인 향을 넣을 것을 제안했다. 아넷이 "쟝, 고갱의 그림을 한번 참고해보세요"라고 말했다. 아넷에게 있어 까샤렐은 꽃이 중요한 브랜드였고, 바로 그 때문에 유명해졌다는 생각을 가지고 있었다. 그래서 내가 그 때 쓰게 된 것이 마다가스카르 산 '일랑일랑'이었다.

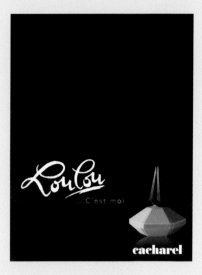

JEAN GUICHARD의 향수

La Nuit, Paco Rabanne, 1985
Loulou, Cacharel, 1987
Anouk, Puig, 1989
Deci Delà, Nina Ricci, 1994
Eden, Cacharel, 1994
Loulou Blue, Cacharel, 1995
So Pretty, Cartier, 1995
Les Belles, Nina Ricci, 1995
Soleil, Fragonard, 1996
Concentré d'Orange Verte, Hermès, 2004

일랑일랑이 들어간 향수

Organza, Givency, 1996
Soleil, Fragonard, 1996
So Pretty, Cartier, 1995
Amarige, Givency, 1991
Dune, Christian Dior, 1991
Loulou, Cacharel, 1987

155

자스민 (Jasmin)

Jasminum gandiflorum L.., Jasminum sambac L. 물푸레과
Ange ou demon le secret, Givenchy, 2009

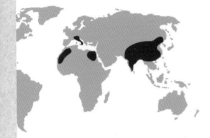

두 개의 품종이 향수에 쓰인다. Jasminum grandiflorum L.은 이집트와 인도, 이탈리아, 모로코에서 재배되며 Jasminum Sambac L, Ait은 중국과 인도에서 자란다.

> 향기성분: 자스민 앱솔루트의 주요 향기 성분은 벤질아세테이트, 벤질벤조에이트, 리날롤과 몇 가지 화합물이 극소량 들어있는데 그중에는 자스민의 향기를 내는 인돌(indole), 시스-자스몬(Cis-Jasmone), 메틸 자스모네이트(Methyl janmonate)가 들어있다.

20세기 초 그라스 지방의 추출 공장,
자스민 꽃 선별작업

건조하고 민감한 피부의 관리 등 피부질환 완화에 사용한다.

장미와 함께 향료 업계 최고 식물인 J. grandiflorum은 아라비아어 'Yas(a)min', 신의 선물에서 유래한다. 작고 하얀 꽃이 내뿜는 섬세한 향기는 황제와 술탄의 정원에 색채를 더해주었다. 히말라야 계곡이 원산지이며, 인도와 중국의 다양한 의식에서는 자스민이 빠진 적이 없었다. J. grandiflorum은 18세기부터 그라스 지방의 향료 산업의 한 축을 담당했으며, 1930년대까지도 그라스 지방이 주산지이기는 했지만 점차 인건비가 싼 나라에서 재배하게 되었다. 현재는 이집트와 인도가 2대 생산국이며 모로코에서도 재배하고 있다. J. Sambac은 J. grandiflorum보다 꽃잎이 도톰한데, 인도에서는 이 꽃을 일상 생활에 활용하여 정원장식이나 꽃 머리장식에 쓰고 있다. 비올랑드 사는 타밀 공원에 자스민을 재배하고 있다. 자스민에서 처음으로 에센셜 오일을 추출한 것은 1970년대 말이었으나, 생산량이 급증해 현재 자스민 콘크리트의 연간 생산량은 약 1.5톤까지 성장했다. 개화 시기는 여름이지만, 꽃이 아주 예민하기 때문에 해 뜨기 전에 수확을 마치고 재빨리 추출까지 끝마쳐야 한다. 오랜 세월동안 냉침법으로 추출해왔으나 시간과 돈이 많이 드는 관계로 요즘에는 무극성 유기용지(헥산이나 석유에테르)추출법으로 바뀌었으며, 낮은 수율로 콘크리트를 얻고 있다. 1톤의 꽃을 헥산으로 2-3회 추출하면 약 3kg의 콘크리트가 나온다. 그런 다음 에탄올 처리로 콘크리트에서 앱솔루트를 추출하는데, J. grandiflorum은 수율 50~65%, J. Sambac은 수율 55~70%이다.

자스민축제

Rose Canrifolia와 Janminum grandiflorum은 그라스 지역 경제와 밀접한 관계가 있는 식물이다. 1946년에 제 1회 자스민 축제가 개최되었다. 이 자스미나드(Jasminade) 축제는 예쁜 꽃으로 장식한 꽃마차와 여러가지 행사가 열리고 있어 매년 참가하고 싶은 축제이다. 꽃을 던지는 플라워 배틀에 사용되는 꽃은 약 5만 송이, 꽃마차는 약 2만 송이의 꽃으로 장식된다. 매년 프랑스 향수 위원회가 인쇄매체 관련 저널리스트와 사진작가들의 노고에 보답하기 위해, 향수를 주제로 한 우수한 보도에 금은동의 자스민 상을 수여하고 있다.

인도가 원산지인 물푸레나무과의 소교목. 잎은 5~9장으로 작고 진주 같은 흰 꽃이 피며, 개화 시기는 6~9월, 붉은 색이 도는 꽃이 피는 품종도 있다. 200종 이상의 품종이 있지만 향수에 사용되는 것은 두 종류 뿐으로 J. grandi-florum L.과 J. sambac L. 이다.

EXTRAIT
au Jasmin.

자스민과 바닐라빈의 크렘브륄레(4인분)

계란 노른자 6개, 생크림 400ml, 굵은 설탕 적당량,
그래뉼당(granulated sugar) 80g, 자스민꽃잎 20개,
우유 200ml, 바닐라빈 1/2개

오븐을 150도로 예열해둔다. 우유와 생크림을 섞어 끓인 다음 불을 끄고 꽃잎과 바닐라빈을 15분간 담가 둔다. 계란 노른자와 그래뉼당을 섞어 하얗게 될 때까지 핸드 믹서로 거품을 낸다. 섞어주며 그 위에 준비해둔 우유를 부어주고, 크렘브륄레용 틀에 넣는다. 오븐에서 중탕으로 30분간 조리하는데 끓지 않도록 주의한다. 오븐에서 꺼내고 식으면 냉장고에 넣는다. 테이블에 낼 때에는 굵은 설탕을 크림 위에 골고루 뿌린 다음 오븐이나 아세틸렌 버너, 전자레인지의 그릴 기능으로 설탕을 살짝 태워준다.

조향사
BERNARD ELLENA

루르에 입학할 때 나의 꿈은 내가 만든 향수를 다른 사람들에게 추천하면서 세계 곳곳을 여행하는 것이었지만, 시간이 지남에 따라 향수 창작 그 자체에 열정을 쏟게 되었다. 그 시절에는 연수생이 많은데다 임금도 제대로 받지 못했다. 2년의 연수 기간 중 3개월마다 주임 조향사가 연수생 서너명을 탈락시켰다. 1년 만에 수료할 수 있었다는 건 아주 좋은 징조였다. 다양한 어코드를 외웠고, 원료를 쓰면서 실제로 창작 작업을 배워 나갔다. 그 다음으로는 마치 미술관에서 미술과 학생이 거장의 작품을 모사하는 것처럼, 우리 역시 지난 시대의 위대한 향수를 모방했다. 그리고 그것을 샴푸와 비누, 세제에 응용하는 버전으로 만들었다.

어린시절의 추억, 자스민

그라스에는 자스민이 많이 피어 있어 여름이면 할머니와 형과 함께 자스민을 따러 나갔던 일이 아직도 기억난다. 새벽 일찍 일어나 아주 달콤한 커피를 데미타스로 마시고 5시에 밭으로 나갔다. 꽃 1kg 당 5프랑이라는 적은 돈을 받았는데, 1kg을 수확하기까지는 꽤 시간이 걸렸다. 자스민에서는 질 좋은 성분을 추출할 수 있었는데, 1960년대에 자스민의 합성향료인 헤디온(Hedione)이 만들어졌고, 에드몽 루드니츠카가 디올의 '오 소바쥬(Eau Sauvage, 1966)'에 헤디온 약 2%를 사용했다. 이후 헤디온은 향수를 만드는데 빼놓을 수 없는 성분이 되었고, 30~40% 이상 배합된 향수도 있었다. 모든 향수에 공통적으로 들어가는 향료 베이스 성분이 되어버려서, 포뮬러를 만들 때 나는 늘 헤디온부터 넣는 것으로 시작한다. 동료들도 나와 마찬가지인데, 가끔은 자스민 앱솔루트를 아주 소량 사용함으로써 합성향료에서는 얻을 수 없는 지방분에서 나오는 특징 그리고 꽃의 왁스에서 나오는 독특한 효과를 내보기도 한다. 그라스산 앱솔루트는 확실히 격이 다르고 품질이 우수하지만 너무 비싸고 생산량도 적다. 요즘엔 인도산이나 이집트산 자스민이 질 좋고 값싸다.

앙주 우 드몽 르 시크릿
(Ange ou demon le secret)

나의 최신작으로 내 최초의 지방시 향수인데, 명작으로 불리기에 충분하다고 자부한다. 이집트산이나 인도산보다는 중국산 Jasminum Sambac을 사용했다. Jasminum Sambac의 꽃은 J.grandiforum과비슷하면서도 향조가 약간 달라서 자스민의 일반적인 향기와 삼박 특유의 미묘한 향기를 함께 느낄 수 있다. 덧붙여 말하자면 삼박은 자스민차에 쓰이는 품종이기도 하다. 향수 만드는 일은 긴 시간이 걸리는 경연 대회와도 같다. 다른 회사의 조향사들과의 경쟁 뿐 아니라, 사내 경쟁도 해야 하기에 마지막까지 살아남아 완전히 우위에 서야 비로소 기쁨을 누릴 수 있다. 형인 장 끌로드(Jean Claude)와 마찬가지로 나도 원료를 수집하고 있는데, 팔레트에 소장할 수 있는 건 250종류를 넘지 못하도록 되어있다. 물론 그렇다 해도 일곱 개의 음표로도 무수히 이루어질 수 있는 음악처럼 나의 컬렉션만으로 세상의 모든 향수를 만들어낼 수 있다.

Jasmin

향수 창작이 가져다주는 행복

이탈리아에서 내가 만든 비누가 발매되었을 당시 너무 기쁘고 뿌듯했다. 누구나 할 것 없이 보여주기에 바빴다. 그런 기분이 드는 건 지금도 같아서, 클라이언트가 내 향수를 선택해서 제품화를 결정하면 나는 스무살의 그 때처럼 기쁘고 뿌듯하다. 향수 산업은 심한 경쟁에 직면하고 있다. 업계는 잘 팔리는 향수를 원하고, 클라이언트가 갑작스러운 요구를 하는 일이 많으며, 기능성 제품을 가능한 한 빨리 손에 넣고 싶어 한다. 우리 회사와 비슷한 형태의 기업에서는 사내의 모든 향수 가격, 테마, 소비자 등의 항목을 분류하여 데이터 등록을 하고 있으며 이런 정보를 기반으로 향수 평가와 서비스를 하고 있다. 리스트 안에서 클라이언트가 선택을 하면 우리는 곧장 조정 작업에 들어간다. 클라이언트가 하나 또는 여러 테마를 선택하면 조향사는 거기에 시적요소와 즐거움까지 배합해 창작하게 된다. 이런 방법으로 하면 일이 매번 다르게 전개되기 때문에 아주 좋다.

BERNARD ELLENA의 향수

Colors, Benetton, 1987
Tribu, Benetton, 1993
Oh my dog, Dog Generation, 2000
Woman, Lapidus, 2001
About man, Bruno Banani, 2004
Pure man, Bruno Banani, 2006
Style, Jil Sander, 2006
Stylessence, Jil Sander, 2007
Delite her, Esprit, 2007
Enigma, Oriflame, 2007
Atlamir, Ted Lapidus, 2007
Eau N'z , Sisley, 2009
Ange ou Demon Le Secret, Givenchy, 2009
Oriens, Van Cleef&Arpels, 2010

자스민이 들어간 향수

Woman, Lapidus, 2001
Stylessence, Jil Sander 2006
Ange ou demon le secret, Givenchy, 2009
N.5, Chanel, 1921

159

장미 (Rose)

Rosa centifolia L., Rosa damascena Mill. 장미과
Rose de Rosine, Les Parfums de Rosine, 1991

Rosa centifolia L.의 원산지는 코카서스 산맥. 프랑스에 소개된 것은 16세기 말이다. Rosa damascena Mill.은 터키, 불가리아, 모로코 등에서 집약적으로 재배되고 있다.

> 향기성분: 장미는 여러 화합물을 결합해 향기가 생기는데, 각 성분의 비율이 불규칙해서 향기가 일정치 않다. 페닐에틸알코올(phenylethyl alchol), 시트로넬롤(citronellol), 게라니올(geraniol), 네롤(nerol), 리날롤(linalool), 벤질알코올(benzyl alchol) 등이 함유되어 있다. 또한 추출액에서 나는 은은한 향기는, 미량으로도 강한 향을 내는 로즈 옥사이드(rose oxide)류와 β-다마세논(damascenone)류의 성분에서 나온다.

불가리아에서의 장미 수확

로즈 워터는 얼굴에 사용하는 토닉 로션 외에도 아기의 기저귀 발진을 진정시키는 로션 등에 사용되고 있다. 또한 입욕시 장미 에센셜 오일 몇 방울을 떨어뜨리면 풍부한 향기를 즐길 수 있다. 장미꽃의 정제수 침출액은 장이 허약해서 생기는 변비를 완화시켜준다.

식물학적 분류가 힘든 이유는 장미과의 계통학이 매우 복잡하기 때문이다. 오랜 세월동안 장미의 수정은 자연적으로 이루어졌지만, 지금은 과학적 연구를 기초로 한 교배를 통해 치밀하게 품종 개량이 이루어지고 있다. 장미의 품종은 크게 두 가지로 나눌 수 있다. 북유럽과 아시아, 소아시아산의 장미는 주로 홑겹의 꽃이 피는 관목으로 큰 덤불을 이룬다. 덩굴성이거나 포복성이 강하다. 개화시기는 초여름으로 한정되며, 꽃이 핀 후에는 화려한 열매를 맺는다. 고대시대의 장미는 1867년 이전의 장미 품종과 계통학적으로 비슷하다. 관상용과 향수 제작용으로 분류하면, 향수 제작용의 장미는 향이 강하고 수량이 적은 편이다. 향수용으로는 Rosa damascena Mill.과 Rosa centifolia L.이 사용된다. 전세계적으로 재배되고 있는 다마세나와는 다르게, 센티폴리아의 재배는 남프랑스의 그라스에서 비밀리에 이루어지고 있으며 샤넬이나 디올과 같은 유명 브랜드가 꾸준하게 사용하고 있다. 센티폴리아의 경우, 수증기 증류로는 좋은 품질의 에센셜 오일을 높은 수율로 얻지 못하기 때문에 오로지 로즈워터를 얻는 데만 사용되고 있다. 헥산이나 석유에테르의 의한 용제추출법으로 콘크리트를 얻을 수 있는데 수율은 0.2~0.3%이고, 콘크리트에서 50~70%의 수율로 앱솔루트를 추출할 수 있다. 반면에 다마세나는 증류해서 에센셜 오일을 추출할 수 있다.

장미 박람회(ROSE EXPO)

1971년부터 그라스 지역에서는 Rosa centifolia L.에 경의를 표하는 의미로, 매년 봄 박람회를 개최하고 있다. 이 지역에 장미가 들어온 것은 20세기 초의 일로, 매년 5~6월 중순이 개화 시기이다. 은혜를 상징하는 꽃으로, 과거 신들의 꽃이었던 장미는 지금도 여전히 신선한 향기를 뿜어낸다. 꽃 애호가라면 프로나 아마추어를 불문하고 누구나 모여드는 장미 박람회(Rose Expo)는 해를 거듭할수록 그라스 지역 행사 중 가장 화려한 행사로 성장하고 있으며, 프로방스 알프 코트다쥐르(Provence-Alpes-Côte d' Azur) 지역 사람들이 한데 모이는 행사가 되었다. 요즘 이 행사는 유럽 최대 장미 박람회로 알려져 있다.

조향에 적합한 장미의 수는 적으며 Rosa damascene Aut. 또는 Rosa damascene Mill.과 Rosa centifolia L.이다.

장미향 당근 벨루테(velouté) 스프 (4인분)

당근 500g, 카다멈(소두구) 적당량, 올리브유, 물 1L, 말린 장미꽃 5~10개, 새싹 샐러리 4꼬집 정도, 양파 1개, 레몬껍질과 레몬즙 약간, 부케 가르니(Bouquet Garni) 1다발, 소금, 설탕

당근 껍질을 벗기고 둥글게 썬다. 양수 냄비에 물, 당근과 통양파, 부케 가르니, 카다멈을 넣고 소금과 후추로 간을 한다. 끓게 되면 중불로 30분 동안 졸인다. 불을 끄고 장미꽃과 레몬 껍질을 넣은 다음 2시간 동안 재운다. 양파, 부케 가르니, 카다멈을 건져낸다. 스프를 잘 섞고 레몬즙을 더해준다. 차갑게 먹는 것이 좋은데, 스프를 담은 접시 가운데에 올리브유를 살짝 뿌리고 새싹 샐러리로 장식한다.

조향사
SYLVIE JOURDET

ISIP(ISIPCA의 전신)에 들어가게 된 동기는 화장품 제조를 배우고 싶어서였다. 그곳에서 내게 진심으로 열정을 안겨준 향수의 세계를 만났다. 주로 향 제조를 맡아 일해왔는데, 개인적으로는 신생 기업용 향에 대한 평가와 컨설팅을 했다.

향수의 상징

나에게 있어서 장미는 향수를 상징하는 꽃이자 없어서는 안되는 원료이고, 업계에서는 향수의 설탕이라 불리고 있다. 아울러 여성성을 상징하는 꽃이기도 해서 여성용 향수에는 아주 빈번하게 사용되는 노트이다. 내가 만든 향수 '1876', 이스뜨와 드 파르펭(Histoires de Parfums)의 '마타하리(Mata Hari)', 카를로타 (Carlotta)의 '로즈(Rose)', 더 버런 퍼퓨머리(The Burren Perfumery)의 '프론드 (Frond)', 세귀렝의 '땅뜨르 뮤틴(Tendre Mutine)' 모두 장미향을 베이스로 하는 것이다. 장미는 생산 지역의 지역성에 따라 향기의 뉘앙스가 달라진다. 조향사가 사용하는 centifolia종과 damascena종도 마찬가지이다. 거기에다 추출 기술도 중요한 역할을 한다. 장미 앱솔루트와 에센셜 오일은 심지어 같은 품종이라도 향기가 전혀 다르다. 1876의 원료로 몰도바(Moldova) 산 아주 아름다운 장미를 찾아냈다. 하지만 천연원료는 매우 비싸다. 언제든 최고 품질의 원료를 쓸 수 있을 만큼 예산이 충분하지는 않다. 장미의 종류가 다양하다는 것은 그래서 더욱 다행스러운 일이다.

Créassence

향수를 창작하는 일에서 멀어진다는 것이 굉장히 슬퍼졌다. 2000년에는 완전히 자유로운 입장에서 창작할 수 있도록 내가 고안한 독창적인 구조를 바탕으로 하여 Créassence의 설립에 전력을 다했다. 다행스럽게도 내 생각에 공감하는 클라이언트가 몇 분 계셨는데, 향수에 모든 것을 걸고 있는 소규모 기업의 사람들이었다. 그들의 프로젝트는 거대 기업이 채용할 정도의 총량은 아니라서, 나는 그들의 소규모 기획을 포함한 모든 의뢰를 받아들일 것을 목표로 하여 향수나 화장품의 부향용으로 제품에 적합한 향을 다양하게 만들어 제공하기로 했다. 우리가 하는 일은 장인의 기술 같은 거라고 말하고 싶다. 다만, 이미 고급 향수의 범주에 들어갔다고 자부하고 있으므로 어디까지나 고급품을 다루는 장인의 작업인 셈이다. 전통적인 향수 창작 이외에 대기업의 이벤트용 향수도 만들고 있다.

162

프랑스 조향사협회(SFP)에 대하여

본 협회의 사명은 우리들의 직업 보호와 함께, 무엇보다도 프랑스의 우수한 직업 기술과 전문 지식을 지키는 것이다. 조향사의 대부분이 프랑스인이라는 사실은 잘 알려지지 않았지만 향수 제조회사가 프랑스 기업이 아닌 경우에도 사명은 적용된다. 이전에 나는 국제조향사 상을 수여하는 협회의 책임자로 있었

다. 이 협회가 개최하는 콩쿨의 취지는, 이 직업의 미래를 지탱하는 신진 조향사들이 자신들의 재능에 눈을 뜰 수 있게 하기 위한 계단이 되기 위함이다. 2005년에는 SFP의 회장으로 선출되었는데 조향사 뿐 아니라 관련된 모든 직업을 보호하겠다는 생각으로 2009년까지 부임하며, 천연제품과 합성제품의 품질에 대해 회원 모두가 배울 필요가 있다고 생각하여 원료 학회를 발족했다. (220p 참조)

알람빅 증류기에 장미꽃을 채운다.

SYLVIE JOURDET의 향수

Histoires de Parfums : 1876, 1873, 1826, 1804, 2000 ; 1740, 1725, 2003 ;
Blanc violette Vert pivoine, Noir patchouli, 2004; Ambre 114, 2006; 1969, 2005;
Tubéreuse 1 capricieuse, Tubéreuse 2 virginale, Tubéreuse 3 animale, 2009
The Burren Perfumery: Frond 2005; Spring harvest, Autumn Harvest, 2006
Céguilène: Tendre Mutine, 2002; Simplement Je, Foen, 2003; Frisson d'été, 2005
Carlota: Rose Jasmin Fleur d' Oranger, 2005; Ambre Musc Santal, Lait Miel, 2006
Dinner, By Bobo, 2001
Drôle de petit Parfum, Centel, 2005
Jardin d' Evora, Evora, 2009
Orangia Bellissima, Delarom, 2009

장미가 들어간 향수

Lulu Rose, Lulu castagnette, 2009
Rose de Rosine, Les Parfums de Rosine, 1991
1876, Histoires de Parfums, 2000

Rose Jasmin, Carlota, 2006
Fleur de Noel, Yves Rocher, 2008

제라늄 (Geranium)

Pelargonium graveolens L'Hér. 쥐손이풀목과
Wish of Peace, Avon, 2007

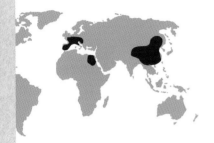

로즈 제라늄(Pelargonium capitatum X asperum) 재배는 스페인, 이탈리아, 모로코, 이스라엘, 이집트, 중국에서 이루어지는데, 가장 큰 규모를 가진 재배지는 이집트와 중국이다. 제라늄 부르봉(Geranium bourbon) (P. graveolens)이라고 불리는 품종은 지금도 레위니옹에서 자라며, 1870년 이 섬에 들어왔다.

> 향기성분: 에센셜 오일의 주성분은 시트로넬롤(citronellol), 제라니올(geraniol), 폼산시트로넬릴(citronellyl formate), 이소멘톤(isomenthon), 가이아디엔-6.9(guaïadiène-6.9)지만 재배지와 추출 방법에 따라 에센셜 오일 성분이 달라지는 경우가 많다.

제라늄의 어린 잎을 수확하는 모습

제라늄 오일에는 상처의 치료를 촉진하는 작용이 있으며 특히 피부와 손톱 밑, 질, 소화 기관에 침투하는 진균증에 효과적이다. 간과 췌장 기능을 활성화하는 작용과 림프계에 자극 작용을 하는 것으로 알려져 있다. 바디와 페이셜 제품에 많이 쓰인다. 제라늄 허브티는 인후염에 특히 효과적이다.

원산지인 남아프리카에서는 제라늄이 지금도 자생하고 있다. 제라늄의 이름은 그리스어인 geranos, 프랑스어로는 학을 의미한다. 학의 부리를 연상시키는 제라늄 열매에서 유래했다고 본다. 얇게 갈라져 까슬까슬한 잎은 에센셜 오일을 분비하는 선모로 덮여 있어, 만지면 장미와 비슷한 강한 향이 난다. 어린 줄기는 풀과 같지만 오래되면 나무처럼 단단해진다. 제라늄 꽃은 작고 연분홍 색이며, 꽃자루가 우산모양으로 밀집해 핀다. 약간 시든 상태의 잎과 줄기를 수증기 증류하면, 장미와 비슷한 향이 나는 황갈색이나 황록색의 투명한 에센셜 오일(수율 0.15~0.3%)이 나온다. 헥산 또는 석유 에테르 등 유기 용제에 의한 추출법으로는 약 0.2%의 수율로 콘크리트를 만들 수 있고 이를 원료로 시럽과 같은 상태의 점성을 가진 짙은 색 앱솔루트 60~70%가 추출된다. 이 재료는 향장품에 다양하게 사용되고, 특히 푸제르 노트에 사용하는 경우가 많다. 향기가 장미와 비슷하기 때문에 장미와 섞어서 사용한다. 제라늄 오일은 알칼리의 침습성에 그다지 반응하지 않으므로 비누나 세제에 자주 쓰인다. 오일은 향료로써 알코올이나 일반 무알코올 음료에 많이 들어간다.

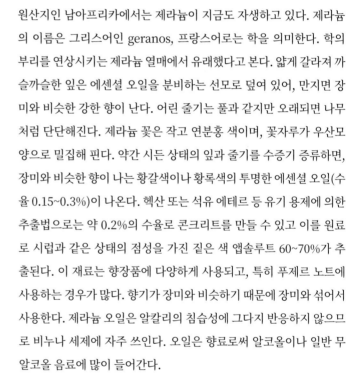

매년 7월 말이 되면 슈타인젤츠(Steinseltz)에서는 이 지방의 상징인 제라늄을 집에 장식하는 축제가 열린다. 우트르 포레(Outre-Forêt)의 작은 마을은 포도밭, 사과밭, 목초지가 있는데 여름 축제 기간에는 음악과 민속춤, 다양한 식도락을 즐길 수 있는 행사 등 여러가지 이벤트가 열린다.

제라늄 데이

향수 제조업에 쓰는 제라늄은 로즈 제라늄이라 불리는
데 원래 이름은 펠라고니움(pelagonium) 이다. 교배
종이 많이 재배되며 풀 길이가 1m에 이르는 것도 있다.
잎은 가늘게 갈라져 있고 분홍색의 작은 꽃이 핀다.

제라늄이 들어간
서양배 포셰(Pocher) (4인분)

서양배 4개, 바닐라빈 1개, 물 500ml,
제라늄 에센셜 오일 4g, 설탕 150g, 레몬 1개

냄비에 물과 설탕을 넣고 끓여 시럽을 만든다. 껍질을 벗긴 서
양배를 반으로 자르고 안의 씨 부분을 제거한다.
구석구석 레몬즙을 뿌린다. 껍질 까는 도구를 이용해 레몬 껍
질을 띠 모양으로 두 개 잘라 놓는다. 시럽에 서양배를 담그고
거기에 레몬 껍질과 바닐라빈, 제라늄 오일을 넣고 15분간 약
한 불로 끓인다. 불을 끄고 시럽 채 식힌다.

NATALIE ZAGIGAEFF

식물, 정원, 자연에 대해 진심으로 열정을 갖고 있는 나는, 향수 분야라면 이런 나의 열정을 보여줄 수 있을 거라 생각했다. ISIP (현재의 ISIPCA)를 수석 졸업하고 그 후 15년간 욕실 제품이나 바디 케어 제품 관련 향들을 만들었다. 주로 화장품과 세정 용품을 담당했는데, 지금도 소지오(Sozio)사에서 일을 하고 있다. 업무와 병행하며 ISIPCA에서는 후각과 냄새의 평가, 처방 작성을 주제로 학사 과정 학생과 석사 과정 전문가를 가르치고 있는데, EFCM(=European Fragrance and Cosmetic Master) 에서는 외국인 학생을 대상으로 하고 있다. 향료 산업에 종사하는 사람들이 직업 교육을 계속 받을 수 있도록 기초를 다지는 곳이다.

유니섹스의 꽃

제라늄을 값싼 장미로 생각하는 경우가 많으나 장미와는 다른 매력을 지녔다. 제라늄은 달콤한 캐러멜, 아몬드, 꿀, 마시멜로 등 그루망 노트를 연상하게 한다. 북부 아프리카 여행 중 제라늄을 넣은 음식과 기타 제품들을 다양하게 만날 수 있었다. 제라늄에는 장미 향료가 들어간 터키 과자 로쿰(lokum)을 떠올리게 하는 향기가 있으며, 내가 아시아에서 먹어본 리치와도 비슷한 향을 가진다. 사실 제라늄에는 로즈 노트만 있는 게 아니라 멘톨(menthol)처럼 시원하면서 서늘한 서리 같은 느낌을 주기도 한다. 그 느낌은 다소 공격적으로 느껴지거나 남성적이라 느낄 수 있다. 반면 로즈 계열 향이 가지는 특징은 여성들을 위한 향수라는 느낌이다. 내 마음 속 제라늄은 북아프리카 마그레브에서 맡았던 좋은 향의 추억을 상기시키는 유니섹스 느낌의 꽃 향이다.

푸제르(fougere) 어코드의 주성분

제라늄은 푸제르 어코드 구조의 한 성분이다. 예전에는 라스트 노트의 우디와 오크모스 향조에, 쿠마린과 살리칠레이트에서 나오는 파우더리하면서 아몬드 느낌을 가진 계열의 향을 특징으로 가지면서, 여기에 베르가못과 제라늄, 라벤더를 배합하는 어코드가 기본이었다. 제라늄은 라벤더가 악센트를 주는 플로럴 미들노트에 빠질 수 없는 개성 강한 향이다. 그러나 요즘의 푸제르 어코드에서는 제라늄 비율이 상당히 줄어들었고, 투명감이 느껴지는 플로럴 노트에 자리를 내어주고 있다. 거기에 덧붙여 제라늄 자체도 변하고 있다. 베티버 부르봉(Vétyver Bourbon)처럼 레위니옹 섬의 제라늄 부르봉은 멸종위기종이 되어 가격이 치솟고 있다. 오늘날 우리가 사용하고 있는 제라늄은 이집트산으로 가격이 훨씬 저렴하다.

그리고 또

나는 소지오 사의 조향사이며 세련된 느낌의 향 제조를 맡고 있다. 수출대상은 중근동지역, 멕시코, 홍콩 등으로 향의 특징으로 보자면 상당히 넓은 지역을 담당하고 있는 셈이다. 나라마다 기호가 다르기 때문에, 각 지역의 소비자들을 분석하는 것이 중요하다. 예를 들어, 멕시코에서는 향이 강한 향수를 선호해서 그린 노트 외에도 좀 더 기교를 담은 향이 필요하다. 그러나 비누와 샴푸, 샤워젤과 모든 형태에 향을 쓰는 것은 상당히 어렵고, 기술적으로도 꽤나 복잡한 제한이 있다. 이러한 필수 조건이 추가되고, 제품이 판매되는 나라에서 해당 제품의 가격이 심지어 매우 싼 것을 고려한다면, 사용 가능한 원료는 저절로 한정될 수밖에 없다.

Société Anonyme
TOMBAREL FRÈRES
GRASSE (France)
Essence
Géranium
Afrique

NATALIE ZAGIGAEFF의 작품

로레알의 퍼스널 케어 부서에서 약 15년간 일했다. 우수아이아(Ushuaia) 시리즈는 오랜 기간 베스트 셀러를 기록했다. 스테디 셀러 샤워젤 'Lait de Palme'와 밀크크림 제형의 샴푸 'Babassou'도 있다 있다. 아디다스의 'Coty'외에 샤워젤 'Ultra Doux'와 녹차 성분이 함유된 'Perle de Crème de vitalité'를 만들었다. Arizona Desert, Mennen의 오 드 뚜왈렛과 데오도란트, Granchaco의 데오도란트 제품 또한 유명하다. 현재 소지오 (Sozio)사에서 내가 만드는 제품은 유럽 내수시장용이 아니라 전세계로 나아가고 있다.

제라늄이 들어간 향수

Calandre, Paco Rabanne, 1969
Wish of peace, Avon, 2007
Ungaro pour L'H, Ungaro, 1991
Kouros, Yves Saint Laurent, 1997

진저 (Ginger)

Zingiber officinale Roscoe 생강과
(Féminité du bois, Shiseido, 1992

진저는 주로 중국과 인도에서 생산된다. 물론 그 외 지역인 말라바르, 인도네시아, 일본, 스리랑카, 시에라리온, 라이베리아, 자메이카, 남아프리카와 호주에서도 생산된다.

> 향기성분: 진저 에션셜 오일은 진저베렌, 베타-비사볼렌, 알파-쿠르쿠멘, 베타-세스지펠란드렌으로 구성되어 있다.

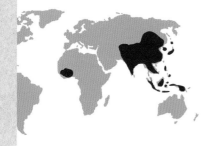
아시아를 떠올리는 식물, 진저

아시아에서 진저는 중세 시대부터 널리 사용되던 식물이었다. 아랍 상인들이 유럽으로 가져왔다. 최근 연구에 따르면 플라시보 효과일 수 있지만, 진저는 성 기능 향상과 자양강장 등의 효능이 있어 사랑받아 온 식물이다.

열대와 아열대 지방에서 잘 자란다. 아시아와 인도에서는 고대부터 생강 즉 진저를 식용으로 사용해왔다. 아랍 상인들이 진저를 유럽에 들여왔고, 향신료로 요리에 사용하기 시작했다. 진저는 뿌리 줄기가 갈라지며 자라는데 일 년에 한 번 수확할 수 있다. 향료와 식용으로 사용하는 부분 모두 표피이다. 수확 후에는 뿌리줄기 전체를 씻어 잔뿌리를 제거하고 물에 담가 놓는다. 그 후 1-2주 정도 건조 기간을 거치면 진저 원료가 만들어진다. 인도에서 제조하는 경우 평균 수확량은 헥타르 당 12-30 톤이며 건조 진저의 경우 2.5-5톤 정도가 나온다. 추출할 때 뿌리 줄기는 가루로 만들어 건조한 후 체로 걸러낸다. 에센셜 오일은 옅은 노랑에서 갈색으로 수증기 증류로 만든다. (수율 1.5-3%) 진저 가루는 유기 용매를 써서 추출하는데 이때 용매로 아세톤이나 에탄올을 쓴다. 레지노이드의 수확량은 3.9-10.3%다. 레지노이드 형태는 반 고체 타입으로 약간 끈적거리며 특유의 냄새와 풍미를 가지고 있다. 짙은 갈색은 고급 향수에서 주로 쓰는데 이때 톡 쏘는 느낌의 향은 진저롤과 쇼가올이다. 진저는 향수외에도 맥주나 비스켓류 향을 내는데도 쓰인다. 최근 서양 미식가들 사이에서도 높이 평가받고 있다.

진저는 계피, 육두구, 사프란, 정향과 함께 중세 때부터 이미 요리에 쓰이기 시작했다. 14세기 유명한 책이자 당시 가정에서 주부들이 많이 참고했던 '파리의 살림살이' 책에도 요리법이 많이 등장한다. (구텐베르크가 인쇄술을 발견할 때쯤이다) "소고기의 허벅다리살에 진저, 정향, 고추, 곡물을 섞어 만든 소스를 발라보세요. 야생 마늘을 넣고 완성하면 맛있는 요리가 됩니다." 물론 이런 요리는 부유층만이 누릴 수 있는 고급 요리였다.

진저의 있는 모든 성분은 다 맛있다

1m 정도 높이의 식물로 다육질의 뿌리줄기를 가지고 있다. 그리고 향이 나는 피침형 잎들이 특징이다. 꽃들은 회백색, 빨강, 보라색 등 다양하다.

진저 다크 초콜릿 케이크(4인분)

다크초콜릿 250g, 버터 200g, 계란 6개, 굵은 설탕 150g, 바닐라, 옥수수 가루 세 큰 술, 아몬드 가루 100g, 3cm정도 생강 한 개, 베이킹 파우더 1과 1/2 티스푼

오븐을 180도로 예열한다. 계란 흰자와 노른자를 분리한다. 노른자에 설탕을 넣고 하얗게 될 때까지 저어준다. 잘게 썬 생강도 넣는다. 정사각형 형태로 자른 버터와 초콜릿을 중탕해서 녹인다. 계란 노른자에 초콜릿을 붓고 옥수수 가루, 아몬드, 효모를 넣는다. 많이 저어 거품이 된 계란 흰자를 섞는다. 빵틀에 버터를 바르고 밀가루를 뿌려준다. 오븐에 30분 정도 굽는다. 상온에서 식힌 뒤 즐긴다.

조향사
RICHARD IBANEZ

화학을 공부한 후 우연한 계기로 로베르테 사에 입사하게 되었다. 연구실의 조수로 근무한 후에는 메종의 전속조향사와 함께 3년간 실습했다. 나는 로베르테에서 모든 커리어를 쌓았다. 처음에는 그라스에서, 1983년부터는 파리에서 근무하고 있다.

신선한 진저, 익힌 진저

진저는 화려한 꽃을 가지고 있는 식물인데 우리가 향수 제조에 사용하는 부분은 뿌리 줄기이다. 인도와 중국에서 본래 식용으로 썼으며 전통 한의학 약재로도 널리 알려져 있다. 다른 많은 천연 원료들처럼 오래전부터 사용되었지만 그 비법은 사실 공개되어 있지 않았다.

우리는 암브레인(ambrein)을 통한 추출법으로 사용하는데 이 재료는 여성 또는 남성용 향수에 오리엔탈 노트를 느끼게 해 준다. 1970년대 이전에도 이미 이 노트를 향수 제조에 사용했으며 1905년 코티(Coty)의 '앙브르 앙티크 (Ambre Antique)'와 겔랑(Guerlain)의 '샬리마(Shali-mar)'가 그 대표적인 사례이다. 진저는 쓰임이 다양하다. 날 것으로 씹으면 레몬의 톡 쏘는 매운 맛이 난다.

익힌 진저는 따뜻하고 바닐라 향과 비슷한 느낌의 향을 가지고 있다. 사실 진저를 좋아하지 않는 사람들은 싸구려 비누 냄새라고 평가하기도 한다. 수증기 증류로 추출한 에센셜 오일에서는 간혹 이런 비누 냄새가 나기도 한다. 레지노이드에서 알코올로 처리하여 얻은 앱솔루트는 따뜻하고 무게감 있는, 보다 진한 바닐라 향이 난다. 우리 로베르테 사에서 만든 특허품인 부타플로(Butaflor)는 부탄 가스에서 추출하는데 이 원료를 쓰면 서로 다른 성질 두 가지가 섞여 중간 정도의 향을 얻게 된다. 덕분에 사람들은 원래의 향과 아주 다른 냄새를 맡게 되는 것이다. 최근의 향수시장에는 이산화탄소 추출 등 다양한 기술이 많다. 가격 물론 천차만별이다.

Ginger

반대되는 성질의 원료 조합하기

난 진저에 많은 관심을 가지고 있었다. 단순하게 일관된 향의 향수를 조합하기보다는 반대되는 성질을 가진 원료로 만든 어코드에서 기대 이상의 효과를 얻을 수 있기 때문이다. 소비자의 취향도 변하고 트렌드도 바뀐다. 나는 변화를 가져올 수 있는 특징에 더 관심을 가지게 되었다. 신선하고 톡 쏘는 관능의 향과, 온화한 바닐라향의 특성을 가진 진저의 상반된 매력을 이용한 것이다. '인솜니(Insomny)'를 만들 때는 진저와 커피를 엮어 관능적이고 오랫동안 잠 못 이루는 밤을 보내는 이미지를 연상하여 만든 향수라는 점을 부각시켰다. 넬리로디 사의 '진젬브르(Gingembre)'를 만들면서 난 진저의 바닐라향이 가진 부드러움을 한껏 강조했다. 향수를 만들 때는 어떤 형태의 원료를 썼는지가 중요하다. 휘발성이 강한 에센셜 오일을 탑 노트나 미들 노트에 사용하면 프레쉬한 향이 최고조에 달하는 향을 만들 수 있다. 조향사는 다양한 원료의 특성을 잘 이해하고 휘발성과의 연관 관계도 감안해야 한다. 0.05% 비율로 투여하면 냄새를 겨우 스쳐 지나가듯 느낄 수 있으나, 1% 비율로 투여하면 아주 냄새가 강해진다.

RICHARD IBANEZ의 향수

Sonia Rykiel, Sonia Rykiel, 1993
Framboise, Yves Rocher, 1997
Insomny, Michel Klein, 1998
Gingembre Savon, Roger& Gallet, 2000
Pure Lavende, Azzaro, 2001
Ibiza Hippie, Escada, 2006
L'inspiratrice, Divine, 2006
Papaye, Ushuaia, 2006
Cat Deluxe at Night, Naomi Campbell, 2007
Cabotine Delight, Parfum Grès, 2008
K no 111, Korloff, 2008
Azzaro Twin Men, Azzaro
(Michel Almairac & Sidonie Lancesseur와 공동작업), 2009
Cat Deluxe with Kisses, Naomi Campbell, 2009

진저가 들어간 향수

Un jardin après la Mousson, Hermès, 2008
Art collection by #08, Jacomo, 2008
Shalimar, Guerlain, 1921
Feminité du bois, Shisheido, 1992
Pleasures for Men, Estée Lauder, 1998

카다멈 (Cardamom)

Elettaria cardamomum L. - Zingiberaceae 생강과
Bois secret, Evody, 2008

카다멈, 즉 소두구는 주로 인도(트라방코르, 마두라, 말라바르, 카나라), 스리랑카, 과테말라, 태국, 인도차이나 등지에서 재배된다.

> 향기성분: 알파-테르페닐 아세테이트와 1.8-시네올 아세테이트, 리날룰, 알파-테르피네올, 사비넨, 리날릴 아세테이트가 많이 들어있다.

뿌리부분에서 자라는 과실만을 사용한다.

알파-테르페닐 아세테이트와 1.8-시네올 아세테이트, 리날룰, 알파-테르피네올, 사비넨, 리날릴 아세테이트가 많이 들어있다.

카다멈은 가장 오래된 향신료 중 하나이다. 특히 고대 이집트에서 요리와 향신료로 사랑받아 왔다. 향료로 사용하는 녹색 카다멈(Elettaria cardamomum)은 생강과에 속하는 식물이다. 향신료로 사용될 때는 건조된 열매만 이용하는데 2-3cm 크기의 열매껍질 속에 15-20개의 짙은 갈색 알갱이가 들어있다. 이 열매에서 향수에 사용되는 향기나는 물질을 추출할 수 있다. 오랫동안 야생에서 자라던 카다멈은 최근에는 경작지에서 재배하고 있다. 특히 주요 생산국 중 하나인 인도에서는 엄청나게 다양하게 사용한다. 카다멈 에센셜 오일은 열매를 통째로 넣거나 으깨고 부수어 수증기 증류를 통해 얻어지며, 은은하게 노란색이 감도는 거의 무색 투명한 액체이다. (추출물은 들어간 재료의 2.3-8.4%) 카다멈 에센셜 오일은 식품 업체에서 케이크나 쿠키, 통조림, 소시지, 소스, 리큐르 등을 만들기 위해 주로 사용한다. 비싸고 특별한 향료이기에 향수에는 아주 소량만 넣는다. 식품에 사용될 만큼 흥미로운 감각적 속성이 있음에도 불구하고, 에탄올이나 알코올로 얻어지는 레지노이드가 어떻게 생산되는지는 여전히 비밀로 남아있다.

북유럽 전설에 따르면, 카다멈 향을 가미한 하이드로멜(Hydromel)은 신들의 음료수였다. 카다멈은 십자군들이 동방에서 돌아올 때 가져와 유럽에 널리 퍼졌다. '히포크라스'라는 음료는 십자군들이 매우 좋아했으며, 현대까지도 사랑받는 음료이다. 꿀이 들어가 굉장히 단 와인인데, 시나몬, 펜넬, 생강, 카다멈 등의 향신료 향이 강하다. 현대의 하이드로멜은 물과 꿀을 베이스로 하여 효모를 넣고 발효시킨 음료인데, 여기에도 카다멈을 포함한 향신료가 들어가 있다. 마시면 기분이 좋아지는 따뜻한 음료이지만 알코올도수는 15-16도로 꽤 높은 편이다.

카다멈은 생강과의 다양한 품종들에서 비롯된 식물이다. 그중 향수에 가장 많이 쓰이는 것은 'Elettaria cardamo-mum (L.) Matten var. minuscula Burk'라는 학명을 가진 품종으로, 땅속줄기를 가진 풀이다. 갈대와 비슷한 이 식물은 습한 열대 지역에서 자란다.

배와 카다멈을 곁들인
돼지고기 필레 미뇽(Filet mignon)

돼지고기 필레 미뇽(안심의 끝부분) 600g, 버터 50g, 해바라기유 1스푼, 레몬 1개, 소금, 후추, 갈아 놓은 카다멈, 배 2개, 푸름 당베르(Fourme d'Ambert) 치즈 50g, 염교 1개, 드라이한 백포도주 10ml

---

네 조각으로 자른 배를 버터 30g으로 노릇노릇하게 익히되 약간 단단한 상태로 유지시킨다. 레몬즙을 두르고 소금, 후추, 카다멈으로 조미한다. 잘게 썬 염교를 냄비에 가지런히 놓고 거기에 포도주를 넣는다. 반 정도가 되도록 졸인다. 소금과 후추로 조미한다. 돼지고기 필레 미뇽을 네 등분으로 자르고, 소금 간을 한다. 냄비에 고기를 넣고 버터 20g과 기름을 두른 뒤 익힌다. 익는 정도를 원하는 바에 따라 조절한다. 고기를 따로 담고 후추와 카다멈으로 또 다시 조미한다. 졸여둔 백포도주와 염교를 끼얹는다. 염교, 살짝 데운 배, 둥근 치즈 몇 조각을 곁들인 고기를 내놓는다.

조향사
PASCAL SILLON

내가 향수의 세계를 만나기 전에는 생물학을 공부하고 있었다. 그러다 우연히 ISIP-CA의 존재를 알게 되었고, 입학과 동시에 수많은 후각적 메시지와 다양한 향기의 중요성을 깨닫는 계기가 되었다. 입학 구두 시험에서 나는 큰 회사에서 일하는 전문 조향사가 되겠다고 당당히 말했다. '클럽 메드'의 어느 지점에서는 파도 소리와 이국적인 새들의 소리가 울려 퍼지는데, 나는 거기에 바다의 향기를 더하겠다고 장담했다. 내가 일하는 회사는 조향사들의 창의성을 발전시키기 위해 미술사 강의도 제공한다. 나는 예술가들의 작업 세계를 깊게 잘 이해할 수 있게 되었고, 이런 경험은 우리의 후각적 창작에 예상치 못한 도움을 주었으며, 예술가들의 창의적인 발상과 향수의 세계를 비교해 볼 수 있었다. 뜻밖의 발견이었다.

그 자체로 향수

카다멈은 그 자체로 향수라고 할 수 있다. 하나는 감귤계의 터지는 듯한 과피를 연상하는 노트로, 만다린, 오렌지, 타마린드에 상큼한 라임 향이 느껴지는 시트러스 노트로, 나에게는 노란색, 오렌지색을 연상하게 한다. 동시에 매우 무겁고, 강하고 스파이시한 특징이 있다. 나는 그 노트들 모두를 돋보이게 하는 대조성을 좋아한다. 탑노트의 프레시한 향과, 미들노트의 스파이시한 느낌을 엮어 다양한 향수를 탄생시켰다. 카다멈을 다량 사용하는 것은 아니지만, 남성용 향조의 미들노트에 어울린다는 느낌을 받는다. 니베아 포 맨의 젊고 톡톡 튀는 새로운 측면을 부여하기 위해 카다멈을 사용하기도 했다.

Cardamom

향수는 어디로 가고 있는가?

조향사들 뿐 아니라 파인 프래그런스의 세계에서도 '공급과잉'이라는 공통의 문제점을 고민하고 있다. 해마다 천여 가지의 새 향수들이 출시되는데, 2-3년 뒤까지 살아남는 향수는 십여 가지뿐이다. 파인 프래그런스의 미래는 양질의 천연원료를 부활시켜, 독자적인 향을 배합하여 마케팅적으로도 성공하는 것이 중요하다. 독자적인 향이라는 것은 창의와 창조의 문제와도 연결되는데, 푸이그 (Puig) 그룹의 사례가 대표적이다. 푸이그는 Ricci Ricci, One Million, Black XS말고는 신제품 출시 계획이 없었지만 그 대신 '후각적 창의성'에 투자했다. 그리고 이 전략은 통하고 있다. 일관된 정체성이 느껴진다. 마케팅이 향기나 감동을 위해 쓰이지 않고 물질적인 성공만을 추구할 때 판매 신화는 깨져버리는 경우가 있다. 물론 그 반대 사례도 있다. 'Angel'은 고객 테스트에서 좋은 점수를 얻지 못했지만, 당시 티에리 뮈글러(Thierry Mugler) 향수회사의 책임자인 베라 스트루비(Vera Strubi)가 이 향수를 무척 마음에 들어 했고, 출시를 강행한다. 물론 엄청난 성공을 거뒀다. 결국 우리의 일에 있어 중요한 사실은 니치 향수와 같은 틈새 제품들에 주목하는 것이다. 그런 제품을 출시할 때 독특함을 추구하는 고객들이 왜 그런 제품에 열광하는지 이해가 된다. 세르주루텐(Serge Lutens) 같은 향수 개발자는 소비자 테스트들을 애써 모른 척하며 위험을 감수한다. 자기 마음에 드는 것을 마음껏 창조해낸다. 많은 조향사들이 그러려고 애쓰고 있듯이.

Elettaria Cardamomum White et Maton

PASCAL SILLON의 작품

Symrise에서 나는 'Le Petit Marseillais'를 만들었다. 'Ciste et Gingembre', 'Fleur de fraisier', 'Verveine-Citron'을 만들 때는 떡갈나무 이끼와 바질로 더 신선하게 현대적인 향을 부여했다. 로레알에서는 'Dop' 샴푸를, 콜게이트에서는 'Palmolive'도 개발했다. 'Nivea for men' 시리즈도 작업하고 있는데 애프터 쉐이브, 안티링클크림, 쉐이빙 무스와 젤 등 20가지가 넘는 제품을 만든다.

카다멈이 들어간 향수

Silver Black, Azzaro, 2005
Bois Secret, Evody, 2008
Voile d'Ambre, Yves Rocher, 2005
Fémininde, Sahlini, 2009
Autour du coquelicot, Orlane, 2009
Aral, Oger, 2009

클라리세이지 (Clary Sage , Salvia)

Salvia sclarea L. Lamiacees 꿀풀과
Equipage, Hermes, 1970

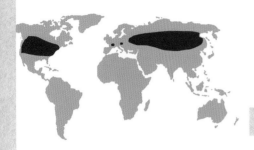

클라리 세이지는 유럽과 북아프리카에서 야생으로 자란다. 주요 재배 산지는 러시아, 프랑스, 미국과 헝가리이다. 독일, 불가리아, 모로코 등지에서도 재배가 활발하게 이루어진다.

> 향기성분: 리날릴아세테이트, 리날롤, 제르마클렌D, 스클라레올.

세이지 수확풍경

고대 로마인들은 세이지를 질병 치유, 인간의 영혼을 정화하는 능력이 있는 식물이라 여겼다. 그러나 세이지의 에션셜 오일에는 독성이 있어 과용할 경우 저혈압 증상을 야기시킬 수도 있다. 세이지의 항염 작용, 여드름 치료, 탈모의 완화에 대한 연구는 현재도 활발히 진행 중이다.

향수 제조에 사용하는 것은 Salvia Sclarea. 세이지의 윗부분은 개화 시기에 채집하며 채집한 원료는 5-6 시간 정도 말리면 된다. 채집한 세이지와 으깨서 녹색으로 변한 원료를 함께 수증기 증류하면 수율 0.12-0.15 %의 에센셜 오일이 만들어 진다. 옅은 노란색에서 황갈색 색상의 액체는 부드러운 허브향이 나는 것이 특징인데 베이스 노트로는 용연향과 동물적인 느낌의 향을 가지고 있다. 우리가 잘 아는 세이지 에센셜 오일이 눈에 들어오는 와인 빛이라면 으깨서 만든 세이지는 녹색빛이 감돈다. 에테르 용매를 사용해 만든 수지는 표면이 균일한 반 고형 형태로 밝은 녹색 빛의 크리스탈처럼 반짝이는 페이스트다. 이 수지는 80-89%의 앱솔루트를 만든다. 물로 증류하고 남은 지푸라기로 만든 또 다른 콘크리트는 스클라레올이 풍부한 원료가 되어 앰버그리스 향이 나는 제품을 만드는데 믹스해서 쓴다. 스클라레올은 암브록스(Ambrox)라고 부르는 분자의 원료인데 후각을 상당히 자극하고 생분해가 가능한데다 소비자들이 좋아하는 원료이다. 기능성 제품에서도 스클라레올을 많이 쓰고 있고 앞으로도 향 제조에서 각광을 받게 될 것이다. 프랑스에서 클라리 세이지의 추출을 많이 하는 Bontoux 사는 세이지 관련산업의 새로운 방향과 목표를 위한 5개년 프로젝트를 추진 중이다. 지속가능한 산업 육성과 스클라레올을 생산하기 위해 노력하고 있다.

세이지의 견장(肩章)

1843년 9월 1일, 기병대의 치료를 위해 군의 수의단이 군복 상의 소매와 옷깃에 다는 마제(馬蹄)를 세이지의 잎으로 변경했다. 현재도 변하지 않았지만, 세이지 잎으로 바뀐 기원은 명확한 이유를 찾기 어렵다. 옛날 제철용의 도구와의 연관성일까, 단순히 상처를 낫게 하는 효능에서 온 것일까.

꿀풀과에 속하는 다년초. 강한 향기를 가지고 있다. 자생 클라리 세이지는 40cm~1m, 재배 클라리 세이지는 1.6m까지 자란다. 딱딱한 줄기는 위로 곧게 자라며, 중간부터 가지가 갈라진다. 잎은 벨벳 같은 질감에 독특한 냄새가 있다. 표면에 섬모가 있어 에센셜 오일의 근원이 되는 방향물질을 포함한다.

클라리 세이지가 들어간 야채 피클 (4인분)

당근 3개, 콜리플라워 반 개, 작은 양파 10개, 호박 2개, 빨간 피망 1개, 타임 2줄기, 월계수 잎 2개, 클라리 세이지 이파리 15개, 정향 2개, 고수 15개, 백포도주로 만든 식초 1리터, 소금 적당량

당근과 양파 껍질을 깐다. 당근과 애호박을 3cm 정도 큐브 모양으로 썰어 놓는다. 콜리플라워를 작게 잘라 준비한다. 소금에 모든 야채를 절여 놓았다가 체에 받혀 24시간 정도 시원한 곳에 보관한다. 허브와 향신료를 넣은 식초를 팔팔 끓인다. 식초 역시 24시간 정도 보관한다. 야채를 유리 병에 넣고 식초를 붓는다. 한 달 정도 숙성하면 맛있어진다.

조향사
MATHILDA MIJAOUII

오스모테크를 처음 방문했을 때 나는 향수와 관련된 직업이 많이 있다는 사실을 알게 되었다. 어렸을 때부터 냄새에 아주 예민했는데, 우리 가족이 북아프리카 출신인데다 아버지가 자극적인 향을 사용한 요리를 많이 했기 때문인 것 같다. 13살 때 IPSICA가 존재한다는 사실을 알게 되어 매년 입학 설명회에 참석했고, 대학교에서 화학 교양 과정을 이수하고 나서 1999년 드디어 그곳에 입학을 하게 되었다. IFF에서 3년간 파트 타임으로 일을 하다가 2004년에 프랑스 향 및 향수 제조 회사인 마네(MANE)에 입사하여 조향사로 일하게 되었다.

아로마향 가득한 클라리 세이지

자주 사용하지는 않지만 개인적으로 향이 진하면서 부드럽고, 캠퍼 향이 스며 있는 세이지를 아주 좋아한다. 이 향은 타임, 로즈마리, 라반딘과 비슷한 계열의 향이라 할 수 있다. 타바코, 앰버, 스클라레올 성분이 있기에 미네랄 노트라고 표현해도 될 것이다. 클라리 세이지하면 떠오르는 향이다. 우디향이 섞인 듯한 앰버그리스와 같은 향이라 베이스 노트로 쓰기에는 아주 적합하다. 세이지는 홍차 냄새를 연상시키기도 해서 베르가못과 배합해도 좋다. 오리엔탈과 구르망 노트가 섞인데다가 초콜렛 향까지 나기 때문에 배합을 잘하면 활용도가 무궁무진하다. 우리는 주로 프랑스산 세이지를 쓰는데 가끔은 러시아산도 섞어 쓴다. 원산지가 다른 두가지 종류의 세이지는 개성이 무척 다르다. 세이지의 앱솔루트는 쿠마린 향이 타바코 냄새와 섞여 강하게 나타나면서 무거운 느낌을 주지만, 에센셜 오일은 휘발성이 커 한층 상큼하고 신선하게 느껴진다. 세이지하면 우선 대표적인 남성용 향수 두 가지가 떠오른다. 돌체앤 가바나(Dolce & Gabbana)의 '클래식(Classique, 1994)'과 베르사체의 '더 드리머(The Dreamer, 1996)'이다. '클래식'에서는 우디향에 미들 노트로 라벤더, 카다멈, 타라곤(Tarragon)과 세이지를 섞어 만들었다. '더 드리머'에서는 세이지를 탑 노트로 쓰면서 라벤더 및 만다린과의 조화를 시도했다. 나는 후에 자코모 남성용 향수에 세이지를 써봤는데 자극적인 스파이스 향이 초콜릿 향과 함께 어우러지며 오리엔탈 무드를 확실하게 보여주었다.

라이크 디스(Like This)

스코틀랜드 여배우인 틸다 스윈튼(Tilda Swinton)이 2008년 오스카상을 수상한다. 틸다는 여배우로서 연기력을 인정받음과 동시에 눈에 확 띄는 빨간 머리색으로 유명했다. 그녀와 나는 아주 친밀한 관계가 되었고 서로 많은 일상을 공유했다. 나는 그녀를 위해 '라이크 디스(Like This)'를 만들었고, 지금도 이 향수가 그녀와 아주 잘 어울린다는 생각을 갖고 있다. 처음 그녀를 위한 향수를 만들어 달라는 제안이 들어왔을 때, 나는 그녀의 머리색에 어울리는 오렌지 색상을 떠올렸다. 그리고는 감귤, 생강, 보릿대 국화, 당근, 호박 등을 섞어 그녀만의 향을 재현했다. 틸다가 내가 만든 향수를 아주 마음에 들어 했고 그녀와 이 향수는 하나가 되었다.

Clary Sage , Salvia

펜할리곤스 (Penhaligon's)

1870년 런던에서 개업한 영국 풍의 브랜드인 펜할리곤스는 플로럴한 느낌이 가득한 은방울꽃, 라일락, 장미 등을 즐겨 사용한다.

백합을 테마로 한 작품은 매우 여성적이어서 나도 매우 좋아하는데, 애초에 백합에서는 향료를 추출할 수 없다. 개발연구의 마지막 단계에서 건방진 느낌을 주는 과감한 향조가 라스트 노트에 조금 더 배합되면 어떨까 싶었다.

백합은 꽃과 심의 부분에 사프란을 연상시키는 노랗고 작은 수꽃술이 있는데, 여기서 힌트를 얻었다. 나의 조향사 데뷔 시즌의 작품이라 나에게는 아주 오래도록 기억에 남는다.

MATHILDA MIJAOUII의 향수

Lily and Spice, Penhaligon, 2005
Jacomo for men, Jacomo, 2007
Cedrat, Roger & Gallet, 2007
Fleur de Noel, Yves Rocher, 2008
Perry Ellis for men, Perry Ellis, 2008
Squeeze, Lilly Pulitzer, 2008
Lulu Rose, Lulu Castagnette, 2009
Ovation, Oilily, 2009
Art Collection #08, Jacomo, 2010
Like This, Etat libre d'Orange, 2010

클라리 세이지가 들어간 향수

Patou pour homme, Patou, 1980
Jacomo for men, Jacomo, 2007
Jules, Dior, 1980
Equipage, Hermes, 1970
Zino, Davidoff, 1986

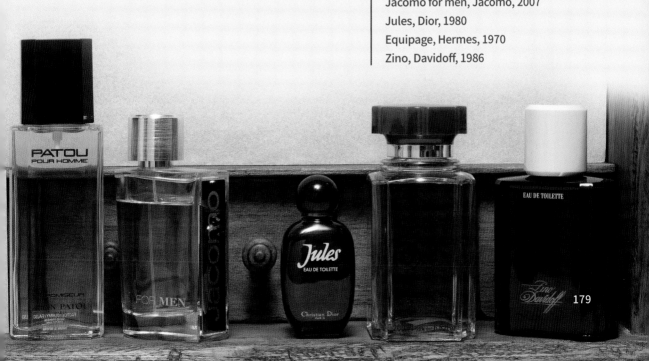

통카빈(Tonka Bean)

Dipterix odorata Willd. 콩과 식물
Ambre gris, Balmain, 2008

Dipterix odorata Willd의 콩과 종자. 열대 아메리카에서 자라는 나무로 브라질과 아마존 지역, 베네수엘라 일대에서 자란다.

> **향기성분:** 앱솔루트의 주성분은 쿠마린(coumarin)과 3,4-디하이드로쿠마린(dihydrocoumarin)이다. 우디 앰버계열과 푸제르 앰버계열의 향수에는 0.1~0.2% 정도 미량 함유되어 있다.

향료 산업에는 과실의 핵에 들어있는 통카빈이 필요하다.

통카빈은 강장작용과 항응혈작용으로 알려져 있다. 미국 식품의약품관리국은 식품에의 사용을 기본적으로 금지하고 있었는데 최근, 요리에 쓰이는 일이 많아지고 있다.

가장 인기가 많은 통카빈은 브라질에서는 쿠마르(Cumaru), 베네수엘라에서는 사라피아(Sarapia)라는 명칭으로 불리고 있다. 또한 Dipterix odorata willd와 Dipterix pteropus Taub의 종자도 채집되고 있는데, 이들 모두가 통카빈이라는 이름으로 상품화되고 있다. 베네수엘라에서의 통카빈 수확은 인디오부족과 지역주민들이 담당하고 있으며, 오리노코강의 지류인 카우라(Caura) 유역이 가장 중요한 지역이다. 통카나무는 재배가 아니라 자생하는 것으로, 종자의 수확은 숲에서 이루어진다. 겨울기간 동안 익어서 자연적으로 떨어진 열매를 2~4월에 수확한다. 그 때에는 석제도구를 이용해서 우선 껍질과 펄프질을 벗겨내고 갈색껍질로 덮여 있는 지방질의 과육에서 상아색 콩을 꺼낸다. 그리고 추출에 사용하기 전 그늘에서 잠시 건조시킨다. 그러면 표면이 투명한 흰색으로 된다. 통카빈 특유의 향을 내는 쿠마린은 1820년에 분리된 성분이며, 쿠마린 성분을 생성하기 위해서는 콩을 건조시키는 공정이 필요하다. 성장한 나무는 연간 15kg의 통카빈을 생산하지만 기후에 쉽게 영향을 받는 탓에 1년에 수확되는 통카빈의 양은 60~100톤으로 꽤 큰 차이가 있다. 유기용제로 추출하여 수율 29~40%의 레지노이드를 얻는다. 앱솔루트는 70~85도의 알코올을 이용하여 원료의 레지노이드에서 추출한다. 콩무게의 10~15%에 해당한다. 앱솔루트는 실온에서는 결정화하는 분말로, 밝은 밤색에서 진밤색까지 차이가 있다. 아몬드 향에 온화하고 달콤한 바닐라 같은 향도 느낄 수 있다.

말린 풀의 향기가 나는 쿠마린

통카빈의 수확은 익은 열매가 나무에서 떨어지기를 기다렸다가 과핵을 갈라서 씨를 빼낸다. 쿠마린은 1820년에 통카빈에서 분리되었다. 식물 안에서는 무취의 쿠마린산 글루코시드로 함유되어 있지만 태양의 작용으로 서서히 쿠마린의 냄새를 갖는 흰 박편으로 변한다. 쿠마린은 1868년, 화학자인 윌리엄 퍼킨(Sir William Henry Perkin 1838~1907)에 의해 합성되었고 말린 풀의 향기에서 분리된 쿠마린은 곧바로 조향사들의 관심대상이 되었다. 1882년에 폴 파케(Paul Parque)는 우비강(Houbigant)사의 유명한 향수 '푸제르 로얄(Fougere Royale)'을 창작해서 푸제르 노트라는 새로운 장르를 개척했으며, 몇 년 후 에메 겔랑이 '지키(Jicky)'에 도입했다.

Dipterix odorata willd, Coumarona odorata Aub. L.과 Baryosma tongo Gaertn이라고 불리는 식물의 종자. 이 열대성 수림은 나무크기 20~25m에 줄기 지름이 직경 1.2m에 달하기도 한다. 잎은 맨 끝의 홑잎 없이 짝수로만 된 작은 잎이 새의 깃모양처럼 붙어있으며 호생하여 서로 마주보기로 자란다. 꽃은 분홍을 띠는 붉은 색의 입술모양 꽃을 피우는데, 이 꽃에서 달걀모양의 열매를 맺고 그 안에 콩이 들어있다.

Le Comptoir Colonial

FEVE DE TONKA

Poids net : 60 G

통카빈을 곁들인 송아지 가슴요리 (4인분)

송아지 가슴 고기 600g, 화이트 와인 100ml, 통카빈 분말 2꼬집, 밀가루와 소금과 후추 적당량, 생크림 30ml, 에샬롯 2개, 타임 1줄기

송아지 가슴 부분을 끓는 물에 데치고 색이 하얗게 되면 불을 끄고 식힌다. 손질 후 1cm의 크기의 깍뚝썰기로 자른 후에 밀가루를 뿌려 버터에 재빨리 볶은 다음 뚜껑을 덮어둔다. 에샬롯은 잘게 다져 후라이팬에 넣고 자작하게 조리한다. 여기에 화이트 와인을 뿌리고 소금, 후추로 간을 한 뒤 통카빈 분말을 넣는다. 타임 허브를 넣고 양이 처음의 3/4이 될 때까지 졸인 다음 생크림을 넣고 섞어준다. 볶아 놓았던 송아지 가슴 고기에 소스를 곁들이면 완성.

조향사
GUILLAUME FLAVIGNY

어릴 적부터 난 다양한 냄새가 좋았다. 성인이 된 지금도 나는 유치원에서 마시던 우유팩 냄새까지 기억한다. 코가 소통의 도구임에도 불구하고, 학교에서 읽고 쓰기는 배워도 냄새의 학습은 전혀 이루어지지 않는다. 내가 처음으로 나만의 향수를 가지게 된 건 14살 무렵이었다. 기 라로쉬(Guy Laroche)의 '오리종(Horizon)'과 에르메스의 '오 도랑쥬(Eau d'orange)'였다. 오래 전 어느 날, 나는 에드몽 루드니츠카(Edmond Roudnotska)의 '향수(Que sais-je)'를 읽고 강한 영감을 받았다. 그리하여 천연소재 디자인 코스 수료를 그만두고 ISIPCA에 입학했고, 이후에 지보당(Givaudan) 사의 조향사 양성 학교에 진학했다. 본교 재직 중이었던 2002년 위스키에서 얻은 번뜩이는 영감과 첫눈에 반한 통카빈 향을 조합해 향수를 만들었고, SFP(La Société Française des Parfumeurs)의 젊은 차세대 조향사에게 주는 우수상을 수상했다.

통카빈과 나

오래 전부터 향수를 만들 때 사용해 온 통카빈. 원산지에서 직접 좋은 통카빈을 찾겠다 결심하고 베네수엘라에 가게 되었다. 이 여행으로 통카빈에 대한 나의 막연한 생각이 바뀌었다. 함박 웃는 아이들의 해맑은 얼굴, 울창한 정글에서 일하는 노동자들... 그들의 소박한 삶을 실제로 체험하고 난 후에야 비로소 난 이 열매가 그들의 생활에 얼마나 중요한 것인지 알게 되었다. 태어나서 처음 맡아본 생 통카빈 열매는 이제까지 내가 알던 통카빈과는 전혀 다른 것이었다. 묵직하고 유백색을 띤 열매는 '구운 사과에 곁들인 무화과'의 향기를 떠올리게 했는데, 멀리서 보면 높이 20m 나무 위에 열매처럼 매달려 있는 감자 같았고, 사람들은 밑에서 그것이 저절로 떨어지기를 기다렸다 줍는다. 아주 비싸고 고급스러운 천연 원료가 아니라, 원시림에서 쉽게 구할 수 있는 열매인 것이다. 열매 속에는 씨앗과 콩이 하나씩 들어 있으며, 콩을 말리면 드디어 쿠마린 향이 난다. 부드러운 단맛과 마음을 편안하게 해주는 향으로, 바닐라처럼 기분을 좋게 해준다. 그 밖에도 타바코, 아몬드 및 건초류, 동물적인 느낌의 향 등 다양한 향을 동시에 가지고 있다. 인디오들은 이 열매를 거의 식용이 아닌 감염증 치료 등의 약으로 쓰고 있다. 나는 요리할 때 이 맛있는 통카빈을 즐겨 쓴다. 이 통카빈을 초콜릿이나 바닐라와 섞어 단 맛의 크림 브륄레 등에 넣는다. 열매에서 막 꺼낸 콩은 별로 향이 나지 않지만, 시간이 지나면 자연스레 콩의 색깔이 변하며 향기를 발산한다. 건조 과정을 거치면 거의 검정색으로 변하고 크기는 작아지며 향이 강해진다. 콩의 표면에는 쿠마린 콘크리트가 작고 흰 반점 형태로 나타나기도 한다. 나는 인디오들에게 향수를 선물하면서 '여러분이 수확하고 있는 이 콩은 이 곳에서는 흔히 볼 수 있지만, 우리나라에서는 아주 비싸고 귀한 원료입니다. 통카빈을 위해 밀림을 헤매고 예술적인 향수가 되기 위한 여정 자체가 위대한 이야기의 원점입니다. 여러분이 우리의 삶을 꿈 꿀지도 모르겠지만, 우리도 원시림의 아름다운 자연과 함께하는 여러분의 삶을 부러워합니다'라고 마음을 전했다.

Tonka Bean

내가 만든 향수에 들어있는 통카빈

나는 '피쉬본 우먼(Fishbone Woman)', '루루 카스타네트(LuLu castagnette)'에도 통카빈을 사용했다. 아마 발망의 '앙브르 그리(Ambre Gris)'는 내가 만든 향수 중 천연 앰버그리스와 통카빈을 가장 적절하게 쓴 제품이라 그런지 가장 애착이 가는 향수다. 이 향수는 동양적인 여성과 우디한 노트를 느낄 수 있는 참신한 향수다. 동양적이고, 밤의 짙고 매혹적인 향, 동물적인 향, 가죽향을 배합하여 강력한 개성을 살렸다. 어쩌면 자유분방한 말괄량이 아가씨 느낌에 가까울 지도 모르겠다. 발망의 스타일리스트였던 크리스토프 데카르넹(Christophe Decarnin)과의 협업은 작업 결과는 물론 과정까지도 아름다운 추억으로 남아 있다. 브루노 바니니(Bruno Banini)의 '매직 맨(Magic Man)'에서는 통카빈을 마카다미아넛 그리고 초콜릿과 조합했다. 아르마니 프리베 컬렉션의 '세드르 올림프(Cèdre Olympe)'에는 통카빈이 시더우드와 어우러져 따스함과 부드러움을 더해주고 있다.

GUILLAUME FLAVIGNY의 향수

LuLu, LuLu Castagnette, 2006
Oscar Bambou, Oscar de Renta, 2006
Purplelips, Salvador Dali, 2006
La Môme, Balmain, 2007
Oscar, Red Orchid, 2007
Seductive Elixir, Naomi Campbell, 2008
Ambre Gris, Balmain, 2008
Eau de Sisley no. 1, Sisley, 2009
Cèdre Olympe, Armani privé, 2009

통카빈이 들어간 향수

Joop!, Joop!, 1987
Lalique, Le Parfum Lalique, 2005
Ambre Gris, Balmain, 2008
LuLu, Lulu Castagnette, 2006
Miyabi Woman, Annayake, 2009

튜베로즈 (Tuberose)

Polianthes tuberosa L. 수선화과
Canal Flower, Editions de Parfums Frederic Malle, 2006

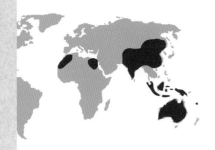

멕시코 원산이며, 현재는 주로 이집트, 인도, 중국, 코모로 제도, 모로코에서 재배되고 있다. 프랑스 그라스 지방에서도 적은 양이지만 재배를 이어가고 있다.

향기성분: 아시아에서는 향수용으로 재배되며 관능을 상징하는 꽃이기도 하다. 앱솔루트의 주성분은 -1.8-시네올(-1.8-cineol), 메틸살리실레이트(methyl salicylate), 안식향산에테르(para-hydroxybenzoate), 메틸벤조에이트(methyl benzoate)이다. 향의 특징을 만드는 것은 인돌(indole)과 메틸안트라닐레이트(methyl anthranilate)와 같은 질소 화합물이다.

1920년 그라스, 튜베로즈 밭의 수확풍경

튜베로즈가 풍기는 관능적인 향기는 얼마나 매력적인걸까? 전해지는 이야기에 따르면, 튜베로즈를 재배하던 지역에서는 늦은 밤부터 새벽까지 젊은 여성은 애인과 튜베로즈 밭을 가로지르는 것이 금지되었다. 이성을 잃게 될지 모른다는 걱정에서 나온 방책이었다고 한다.

멕시코를 정복한 스페인 사람들이 유럽에 소개한 튜베로즈 꽃은 그라스 지방에서도 긴 세월동안 재배되고 있다. 에센셜 오일은 꽃에서 냉침법이나 중성 오일을 사용해 추출해왔다. 지중해 인근 국가들에서는 봄이 끝날 때쯤 튜베로즈의 꽃이 피기 시작해 8월 초 절정을 이룬다. 매일 아침 꽃의 개화와 동시에 화관을 장식할 꽃 따기 작업이 시작된다. 재배지의 흙은 매년 새로 바꿔줄 필요가 있다. 1,000여 그루의 튜베로즈에서 30~40kg의 꽃을 채집할 수 있다. 프로방스에서는 평균적으로 1ha당 3,500kg이 수확되는데 반해, 중국에서는 개화 시기가 6개월이나 지속되기 때문에 1ha당 수확량이 7,500kg이나 된다. 자스민 꽃처럼 수확 후에도 향기를 계속 내뿜는다. 오늘날 튜베로즈 추출에는 주로 유기 용제나 석유 에테르, 헥산이 사용된다. 콘크리트의 수율은 0.12~0.18%이며 황토색이나 태운 찻잎색을 띠며, 왁스 상태의 꽤 단단한 콘크리트를 얻을 수 있다. 여기에서 약 40%의 앱솔루트가 추출된다. 색은 오렌지색이나 붉은 갈색으로 향은 달콤해서 현기증이 날 정도이다. 인도에서는 튜베로즈를 '밤의 향수'라 부른다. 결혼식 기간 동안 신방을 튜베로즈로 장식하는 관습이 있다. 혼례식이 끝난 다음 사흘 동안은 신랑 신부가 서로 만나지 못하다가 나흘째 되는 날 처음 서로의 곁으로 다가간다. 이때 튜베로즈는 불안을 진정시킴과 동시에 기쁨과 환희를 북돋우는 꽃의 역할로 등장한다. 자스민과 함께 관능적인 꽃으로 유명한 튜베로즈는 '연애의 공범자'라고 불린다. (www.esprideparfum.com)

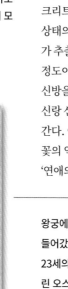

루이 드 라 발리에르(Louis de la Valliére)는 튜베로즈를 자유자재로 활용했다.

왕궁에서의 사용법: 루이 드 라 발리에르는 1661년 17세의 나이로 태양왕의 궁전에 들어갔다. 루이 14세는 곧 그녀에게 반해 정부로 삼았는데 결혼까지는 하지 않았다. 23세의 국왕의 애인 발리에르 문제는 왕국내 친왕파 및 결혼한 지 1년 밖에 안 된 어린 오스트리아 왕비인 마리 테레지아의 노여움을 사게 된다. 발리에르는 왕과의 사이에 4명의 아이를 두었는데, 일설에 의하면 튜베로즈로 만든 꽃다발로 방을 장식해 놓고 자신의 임신 사실을 왕궁에 숨겼다고 한다. 당시 튜베로즈는 임부에게 좋지 않다고 생각되었기 때문이다.

튜베로즈는 초본 식물이다. 유백색의 꽃과 6장의 꽃잎으로 구성되어 있으며 달콤하고 깊숙이 스며드는 향기가 있다. 꽃은 75~120cm로 자라는 줄기 끝에 길고 가는 꽃자루가 없는 꽃이 조밀하게 달려 핀다.

관능을 상징하는 튜베로즈

조향사
AURÉLIEN GUICHARD

아버지는 조향사, 어머니는 조각가이다. 부모님으로부터 창작의 어려움과 동시에 창작에 쏟는 애정을 보고 배웠다. 조부모님은 그라스에서 자스민과 장미를 재배하신다. 토양에 재능과 애정을 쏟아 좋은 원료를 만들려는 수많은 이들의 손에 달려있는 것이 향수이다. 하지만 내가 조향사가 될 거라고는 생각지도 못했다. 여름에 받았던 강습을 계기로 향수에 눈을 뜨게 되었고, 이후 지보당(Givaudan)의 학교에서 추억 가득한 3년을 보낸 뒤 파리에서 1년, 다음은 뉴욕에서의 2년을 보냈다. 나의 향수 창작은 사람들과의 만남이라는 연결고리를 통해 이루어지며, 다양성은 내가 하는 일에 꼭 필요한 영감의 원천이다. 2005년 연말에 파리로 돌아왔다.

심술궂은 튜베로즈

튜베로즈는 전적으로 내 취향을 저격했다. 프루티한 자스민과 같이 이국적인 향기가 나기 때문일까. 포뮬러를 만들 때 푸룬과 자스민을 결합하면 튜베로즈 향을 얻을 수 있고, 다른 프루티 노트와 결합하면 과육이 많은 이국적 과일 향의 인상을 얻게 된다. 튜베로즈는 7~9월에 꽃이 피며 가을에는 추위로부터 보호하기 위해 구근(식물의 땅속 부위에 있는 뿌리, 줄기, 잎 등에 양분을 저장한 것)을 캐서 보관한다. 봄이 되면 여태까지 튜베로즈를 심은 적 없는 땅에 새롭게 구근을 심는다. 달콤하고 아름다운 향기에, 졸음이 오게 하는 관능적 감각이 더해지는 꽃으로 위험성도 동시에 존재한다. 은방울꽃처럼 '해를 끼치지 않는' 소녀 같은 분위기와는 정반대로 '심술궂은' 꽃을 연상케 한다. 유복하며 몸집이 풍만한 느낌이다. 사람들에게 튜베로즈 향기에 연상되는 색을 물어보았더니 빨강이라는 대답이 많았다. 빨강은 위험•정열•금지 등과 연관되는 색이다. 그러나 의외로 튜베로즈 꽃은 하얗다. 튜베로즈를 테마로 하는 고급 향수에서는 팜므 파탈의 이미지가 떠오른다. 엉덩이에서 가슴으로 이어지는 라인이 육감적이고 관능적인, 빨간 드레스를 입은 모니카 벨루치(Monica Bellucci)같다. 향수 이름에서도 어둠이 느껴진다. 예를 들면, 세르주 루텐(Serge Lutens)의 '튜베로즈 크리미넬(Tubereuse Criminelle: 죄스러운 달빛 아래의 향기)', 프레데릭 말(Frederic Malle)의 향수 중 도미니크 로피옹(Dominique Ropion)이 만든 '카날 플라워(Canal Flower: 육감적인 꽃)'가 있다. 디올의 '쁘와종(Poison: 독)'은 말할 것도 없이 위험한 느낌을 풍기며 매혹한다.

길들여진 튜베로즈

자크 위클리에(Jacques Huclier)와 공동 작업했던 '리치 리치(Ricci Ricci)'는 튜베로즈를 주성분으로 사용하고 있다. 튜베로즈에서 젊은 이미지가 느껴지지 않는다고 생각하는 사람들의 선입견을 바꾸기 위해, 우리는 사회의 틀에 얽매여있지 않은 현대적 감각을 젊고 담백하게 표현하고자 했다. 아름다운 튜베로즈는 항상 그대로지만, 조향이라는 직업의 매력은 자유로운 창작을 위해 기존 방식을 바꾸고 암묵적인 이해를 벗어나는 위험을 굳이 선택하는 것에 있다고 생각한다. 포뮬러를 달리해 튜베로즈와 그라스산 로즈 앱솔루트를 배합하였으며, 헤드 스페이스로 벨 드 뉘(Belle de nuit) 향기 성분을 배합했다. 살짝 질긴 느낌의 재료로 루밥(rhubarb, 대황)을 선택했고, 마지막을 패츌리(patchouli)로 장식했다. '니나 리치(Nina Ricci)'의 전통을 참고해서 플로럴 노트를 새롭게 변형할 때는 깊은 잔향성을 줌으로써 현대적인 느낌이 나도록 했다.

186

Tuberose

대립되는 양측의 견해

유럽의 향수는 전통적으로 관능적이며 잔향성이 강한 향조가 특징이다. 이것은 악취를 감추는 효과가 향수에 일차적으로 요구되었던 중세시대의 잔재일 것이다. 무의식 중에 지금도 이런 경향이 지속되고 있는 것 같다. 그래서 잔향성이 좋은 향수, 향기가 오래 지속되는 향수를 선호한다. 그런데 미국인은 이러한 세습적인 중압감에 사로잡혀 있지 않다. 그들에게는 '신선하고 긍정적인 향'을 선호하는 경향이 있기 때문에 미국 향수에는 톡톡 튀는 향조의 역사가 있다. 탑 노트는 쾌활함, 기쁨, 낙관, 즐거움의 요소를 강조한다. 물론 오늘날에는 이러한 지역별 차이가 줄어드는 경향을 보이는 듯하다. 과연 완벽한 향수는 존재하는 것일까.

AURÉLIEN GUICHARD의 향수

Aqua Allegoria – Anisia Bella, Guerlain, 2004

Love in Paris, Nina Ricci, 2004

Chinatown, Bond No.9, 2005

Unforgivable, Sean John (P. Negrin, C.Sabas, D.Appel과 공동 작업), 2006

Gucci by Gucci for men, Gucci, 2008

John Gallino by John Gallino, John Gallino (C. Nagel과 공동 작업), 2008

Eau de Fleurs de thé, Kenzo, 2008

Parfum OVNI, Kenzo, 2008

Me Myself and I, Ego Facto (John Guichard와 공동 작업), 2008

Narciso Musk for Her collection, Narciso Rodriguez, 2009

Angel Sunessence, Thierry Mugler (L.Turner와 공동 작업), 2009

10-Roue de la fortune, D&G, 2009

Ricci Ricci, Nina Ricci (J. Huclier와 공동 작업), 2009

Edt by John Galliano, John Galliano, 2010

니나 리치(Nina Ricci)의 리치 리치(Ricci Ricci)에서는 빼놓을 수 없는 튜베로즈

튜베로즈가 들어간 향수

L'insolent, Charles Jourdan, 1986

Panthere, Cartier, 1987

Canal Flower, Editions de Parfums Frederic Malle, 2006

Ricci Ricci, Nina Ricci, 2009

Madame Rochas, Rochas, 1969

패츌리 (Patchouli)

Pogostemon cablin (Blanco) Benth.
et Pogostemon patchouli Pelletier var.
suavis (tenore) Hook 차조기과 / 꿀풀과
Opium, Yves Saint Laurent, 1977

인도네시아 원산으로 현재는 인도, 말레이시아, 마다가스카르,
세이셸 공화국, 브라질, 파라과이에서 재배되고 있다.

> 향기성분: 에센셜 오일의 주요 성분은 파츌롤(patchoulol), 브루네센
> (bulnesene), 구아이엔(guaiene), 파츌렌(patchoulene), 세이셸렌
> (seychellene) 이다. 파츌롤은 에센셜 오일에 가장 많이 들어있는 성분
> (27~35%)이지만 향기를 특징 짓는 것은 함유율이 낮은 놀파츌레놀(nor-
> patchulenol) (0.3~1%)이다.

아시아에서 이루어지는 패츌리 잎과 줄기 수확

아시아 전역에서 패츌리를 감기, 두통, 구토, 복통 등의 증상에 사용하고 있다. 일본과 말레이시아에서는 독사에 물린 상처의 해독제로도 사용한다.

열대성 식물인 패츌리는 인도와 극동 지역에서는 아주 옛날부터 알려진 식물이다. 십자군의 귀환과 함께 유럽에 전파되어 19세기 영국에서는 말린 잎으로 포푸리(Potpoutti)향을 내는 데 사용했으며, 린넨류를 보관하는 옷장에도 넣게 되면서 패츌리는 다시 전성기를 맞이했다. 과거 잡초 취급을 받았던 이유는 확실치 않지만, 오늘날 패츌리는 입생로랑의 '오피움(Opium)'에서 티에리 뮈글러의 '엔젤(Angel)'에 이르기까지 다양한 향수에 풍부함과 깊이를 주는 역할을 하며 사랑받아 왔다. 패츌리 자체는 별로 향기가 없지만, 발효 과정을 거치면 잎에 향기를 주는 파츌롤과 다양한 분자의 전구체가 생긴다. 패츌리 잎은 수확 후 건조시키는데, 이 숙성 단계에서 중요한 향기 성분이 생성된다. 자연 건조한 잎의 수확량은 1ha당 800~3,600kg이다. 건조 원료를 수증기 증류하면 에센셜 오일이 2~3%의 수율로 추출되며, 전세계적으로 연간 100톤 가까이 생산되고 있다. 또한 에센셜 오일을 원료로 다시 정제하는 작업을 통해 향기적 특징이 각각 다른 성분도 얻어낼 수 있다. 휘발성 용제를 사용하는 추출 방법으로도 패츌리의 레지노이드와 앱솔루트를 얻을 수 있다.

오스모테크(Osmothèque)는 베르사유에 세워진 향기의 도서관이다. 1990년에 장 케를레오(Jean Kerleo)가 개설한 오스모테크를 실제 운영하고 있는 건 겔랑 가문의 손녀 패트리샤 드 니콜라이(Patricia de Nicolai)이다. 그녀는 현존하는 향수와 새로 발표되는 향수 목록 작성과 수집뿐 아니라 사라진 고전 향수 명작을 발굴해 오늘날에 되살리는 작업도 맡고 있다. 향수는 인간의 창작품 가운데 가장 내구성이 없고 덧없는 작품이다. 오스모테크는 현재와 과거의 향수를 수집하고 있는, 그야말로 숨쉬고 있는 박물관이다. 1세기 만들어진 로마 시대의 향수 '르 파팡 로얄(Le Parfum Royal)'과 '헝가리 왕비의 물', '헝가리 워터(14세기)', 세인트 헬레나 섬의 '나폴레옹 1세의 물' 등을 포함하여 복원된 향수를 직접 맡아볼 수 있다.

차조기과, 꿀풀과의 다년생 나무로 약 1m로 자란다. 길고 부드러운 털로 덮인 단단한 줄기는 자잘한 솜털로 덮여 은은한 향기가 나며, 질기고 큼지막한 잎이 달려있다. 겨울이 되면 약간 푸르스름한 빛이 도는 흰 꽃이 이삭 모양으로 핀다.

패츌리향 수박잼

수박(잼용) 3kg, 설탕 1.5kg, 레몬 한개 반,
패츌리 에센셜 오일 5방울, 바닐라빈 하나

수박은 껍질을 제거하고 씨를 뺀 다음 적당한 크기로 자른다. 레몬즙을 짠다. 바닐라빈은 잘게 토막낸다. 에센셜 오일 이외의 재료를 섞어서 12시간 동안 차가운 곳에 둔다. 약한 불로 약 3시간 졸인다. 이 때 잼은 옅은 노란색을 띠는데 굳은 부분은 투명하게 변한다. 다 끓인 후 패츌리 에센셜 오일을 넣고 섞은 다음 병에 담아 보관한다.

조향사
PATRICIA DE NICOLAï

나는 청춘시절을 파리에 있는 겔랑 가문의 메종에서 보냈다. 어릴 때는 겔랑 가의 4대와 걸쳐 함께 교류하며 지냈는데, 사촌인 장 폴 겔랑의 시제품 테스트를 위해 어머니는 기꺼이 마네킹 역할을 해주셨다. 그러니까 내가 조향이라는 일을 택한 것은 우연이라고 할 수만은 없다. 그런데 이 일은 내가 맨 처음부터 원했던 직업은 아니었다. 이과로 진학해 의사가 되어볼까도 했지만 그것이 오랜 시간이 걸리는 지루한 학문이라는 걸 깨달았을 때, 장 자크 겔랑이 창립한 ISIPCA를 알게 되었고 진학을 결정했다. 학창 시절에는 이 직업에 대한 이해를 넓히고자 여러 가지 다양한 직종의 연수를 받으며 내가 끌리는 분야를 확인하고자 했다. 연수의 내용으로는 평가(evaluation), 마케팅, 영업, 제조 등이 있었는데, 최종적으로 아무 망설임 없이 '창작(creation)'을 선택했다.

세속적인 향?

향수 포뮬러를 만들어온지 25~30년이 지났다. 시더우드와 샌달우드는 내 첫사랑이지만, 상대적으로 패츌리는 시크함도 없고 우아함 또한 느껴지지 않았기에 오랜 시간을 두고 연구했다. 그때부터 줄곧 패츌리와 함께 나아가고 있다. 룸 프래그런스와 바디 프래그런스를 동시에 다루며, 다방면에 걸친 기획을 위해 포뮬러를 만들고 있다. 신기한 것은 패츌리를 쓸 때마다 뭔가 새로운 것을 발견하고 있다는 것이다. 비유하자면 패츌리는 오케스트라의 제 1바이올린과 같은 것으로, 조향사의 팔레트에서 아주 소중한 향이다. 풍부함, 세련된 우디 노트를 위한 가장 관능적인 향기인 것이다. 습기와 이끼, 흙먼지의 특징이 동시에 존재하는 매력이 있다. 심지어 강인함과 심오함을 보다 구체적으로 드러낼 수 있는 향기이다. 패츌리는 미량으로 오 드 코롱이나 오 프레슈에 돌연 모습을 드러내는 경우가 있다. 패츌리를 많이 사용하면 오크모스(oakmoss)와의 궁합이 좋아져서 시프레(chypre)류 성분이 된다. 특별 주문을 받아 과도한 양을 사용하게 되면 우디류로 분류되는 향수가 만들어진다. 나는 이 원료를 너무도 사랑한 나머지, 남성용 오 드 뚜왈렛을 창작하게 되었고 '패츌리 옴므(Patchouli Homme)'라는 알기 쉬운 이름을 붙였다.

Sublime!

1989년 남편인 장 루이 미쇼(Jean Louis Mishau)와 함께 조향사의 서명이 들어간 작품을 내놓는 '니콜라이, 크리아터 드 파팡(Nicolai, createur de parfums)'이라는 브랜드를 만들었다. "향수를 창작한 조향사의 이름이 공개되지 않는 건 왜일까?" 라는 점에 착안한 것이 브랜드의 컨셉으로 이어진 것이었다. 남편은 포장과 제조, 경비 관리를 했고 나는 창작에서 조합 향료의 제조 등 기술적인 면을 담당했다. 우리의 브랜드는 룸 프래그런스의 성공으로 조금씩 성장했다. 1996년에는 촉매 연소식 버너를 향 램프에 도입하여 40여종의 향을 램프용으로 변경했다. 향수 하나의 컨셉을 정하기까지 반 년 이상이 소요되기 때문에 많은 시간을 창작에 투자하게 된다. 그 때문에 매일 규칙적인 생활을 하게끔 스스로에게 과제를 주고 있다. 오전 일과로 계속 향기를 맡거나 미완성인 몇 가지 어코드를 개발하거나 한다. 가장 먼저 룸 프래그런스로 시작했지만, 오 드 뚜왈렛라인을 만들겠다는 흥미로운 가능성을 몰래 숨겨두고 있었다.

오직 남성만의 사회인가?

1980년대 초반만 해도 여성이 향수의 포뮬러를 만드는 조향사가 되는 것은 무척 어려운 일이었다. 겔랑 사에서 "언젠가는 조향사가 될 수 있을 수도 있겠죠. 하지만 우선은 첫 번째 관문으로 어디선가 연수를 받지 않고서는…"라는 말을 들었다. 그리하여 나는 기술 영업직을 맡는 게 좋겠다고 결론내렸다. 그러나 이스라엘 델아비브 인근의 홀론에 위치한 향료회사로, 식향을 주력으로 하는 플로라신스(Florasynth)에 취직해 신예 조향사로 일을 하게 됨으로써 조향사라는 꿈을 접지 않을 수 있었다. 다음에 취직한 퀘스트에서는 너무나도 우수한 조향사들로부터 많은 가르침을 받았다. 확실히 나는 좋은 기회를 얻을 행운을 타고난 것 같다. 그러나 겔랑 사에는 단지 여성이라는 이유로 여전히 입사 가능성이 거의 없음을 다시금 알게 되었다. 그래서 내가 원하는 방향으로 진로를 결심하고, 개인 브랜드를 설립하게 된 것이다.

채집한 후에는 그 자리에서 바로 잎을 선별해 분류한다.

PATRICIA DE NICOLAï의 향수

Number one, Odalisque, 1989
Vie de Château, 1991
Mimosaique, 1992
Maharadjah, 1995
Carré d'As, 1995
Baladin, 1995
Juste un réve, 1996
Rose pivoine, 1998
Balle de match, 2002
Eclipse, 2004
Maharanih, 2007
Violette in Love, 2009
Week-end à Deauville, 2009
Patchouli Homme, 2009

패츌리가 들어간 향수

Altamir, Ted Lapidus, 2007
ZEN, shiseido International, 2007
Opium, Yves Saint Laurent, 1977
Patchouli Homme, Nicolai, 2009

매력적인 향이 나는 33가지 식물

고수 Coriander
너트맥 Nutmeg
노란수선화 Narcissus jonquilla
니아울리 Niaouli
딜 Dill
라임 Lime
스위트 레몬 Limette
레몬 Lemon
레몬그라스 Lemongrass
러비지 Livèche
로만 카모마일 Roman Chamomile
로즈마리 Rosemary
로터스 Lotus

마조람 Majoram
메리골드 Marigold
멜리사 Melissa
몰약 Myrrh
버베나 Verbena
블랙페퍼 Black Pepper
사이프러스 Cypress
스파티움 Spanish Broom
안젤리카 Angelica
엘레미 Elemi
오크모스 Oakmoss
유칼립투스 Eucalyptus
유향나무 Lentisque

주니퍼 베리 Juniper Berry
카네이션 Carnation
클로브 Clove
타임 Thyme
톨루발삼 Tolu Balsam
펜넬 Fennel
히아신스 Hyacinth

고수 (Coriander)

Coriandrum sativum L. 미나리과

별칭: 고수, 향채, 코리앤더
향신료로 쓰이는 코리앤더의 생산지:
동유럽(우크라이나, 헝가리, 폴란드), 미국, 아르헨티나, 인도

추출물의 원료로는 씨앗, 꽃이 핀 전초 또는 말린 전초를 사용한다. 에센셜 오일은 수증기 증류와 방향 증류수를 다시 증류하는 방식으로 추출(수율 0.12~0.83%)한다. 과실을 증류한 에센셜 오일은 무색 혹은 옅은 황색을 띤 액체로 달콤한 감초 계열의 향이 나지만, 생허브의 에센셜 오일은 알데하이딕(벤젠과 같은 코를 찌르는듯한 느낌의 전형적인 합성 화합물 향)한 느낌의 향을 풍긴다. 에센셜 오일은 향수와 식품 향료(약용으로도 배합됨)로 사용한다. 아울러 에센셜 오일을 따로 증류하여 리날롤만 분리해 내기도 한다.

씨앗의 에센셜 오일	전초의 에센셜 오일
리날롤(linalool)	n-데카놀(decanol)과
캠퍼(camphor)	n-데카(deca)-z-아놀(anol)과 같이
감마-테르피넨(terpinene)	주로 알데하이드(aldehyde) 함유
리모넨(limonene)	
알파-피넨(pinene)	

너트맥 (Nutmeg)

Myristica fragans Houtt. 육두구과

너트맥 나무의 키는 8~10m에 이른다.
원산지: 인도네시아 (모르카 제도, 셀레베스, 수마트라), 스리랑카, 인도, 말레이시아, 브라질, 그레나다 섬

1년 내내 씨앗을 수확하며, 열매는 직경 5~6cm가 되기 전에 채집한다. 가위로 씨앗을 둘러싸고 있는 반종피를 떼어내고 소금물에 담근 후 햇볕에 말려 건조시키는데, 이렇게 하면 반종피를 제거할 수 있다. 씨앗을 말리고 깨서 너트맥 열매 속 핵을 꺼낸다. 다 자란 나무에서는 견과 약 15kg과 반종피 2kg을 수확할 수 있고, 추출기에 넣을 수 있는 것은 말린 열매 속 핵이다. 비휘발성 유분(25~40%)을 제거한 다음, 견과 또는 생견과를 수증기 증류하여 에센셜 오일을 추출한다. 무색이나 옅은 황색의 에센셜 오일이 얻어지는데(수율 7~15%) 오리엔탈 타입 향수의 향료와 식품 향료로 사용한다. 너트맥 견과를 에탄올 냉침범으로 추출하면 레지노이드가 나오며(수율 18~26%), 반종피도 같은 방법으로 에센셜 오일 및 레지노이드를 추출할 수 있다. 레지노이드는 끈적한 덩어리로 오렌지색 또는 짙은 갈색을 띠며, 스파이시하고 아로마틱한 향이 있다.

사비넨(sabinene)
알파, 베타 피넨(pinene)
미리스티신(myristicin)
테르피넨(terpinene)-4-올(ol)

노란수선화 (Narcissus jonquilla)

Narcisus jonquilla L. 수선화과

별칭: 황수선

원산지: 중앙 유럽 (서유럽과 동유럽 사이 지역, 알프스 산맥에서 발트해까지)

꽃자루가 30~40cm 위로 길게 뻗으며, 그 끝에 향기가 강한 황금색 꽃이 3~8개 정도 달린다. 노란 수선화는 재배가 어려우며 손이 많이 가는 편이다. 1년째에는 수확량이 적어 1ha당 100~200kg 정도이고, 2년째부터 수확량이 800kg으로 증가해 4년째에는 2,500kg까지 수확하기도 한다. 수확은 2월부터 4월말까지 계속된다. 추출에는 유기 용제를 사용하며, 석유 에테르를 용제로 쓰면 황색이나 밤색을 띠는 왁스 같은 콘크리트가 만들어진다(수율 0.25~0.53%).

씨앗의 에센셜 오일

벤질아세테이트(benzylacetate)
계피산에스테르(cinnamique)
리날릴아세테이트(linalylacetate)
메칠안트라닐레이트(methylanthranilate)와 인돌(indole) 같은 질소화합물이 함유되어 향에 큰 영향을 줌.

니아울리 (Niaouli)

Melaleuca quinquinervia cineolifera Cav. 도금양과

생산지: 오스트레일리아와 마다가스카르

니아울리 나무(별명 Melaleuca viridiflora)는 15~20m로 자란다. 뉴 칼레도니아가 원산지이며 줄기에 수피가 여러 겹으로 층을 이루기에 프랑스에서는 피부나무(arbre à peau)라고도 불린다. 열대 지방에서는 쉽게 만나볼 수 있는 나무로, 니아울리를 장식용으로 사용하기도 한다. 니아울리의 특징은 특유의 향기가 있고, 잎은 곧고 튼튼하며, 밝은 색조를 가진 두꺼우면서도 부드러운 나무 껍질이다. 잎을 수증기 증류하여 에센셜 오일을 추출한다. 연노랑이나 연두색 에센셜 오일은 유칼립투스를 연상케하는 신선한 향이 있다.

1.8-시네올(cineol)
알파-테르피네올(terpineol)
비리디플로롤(viridiflorol)

딜(Dill)

Anethum graveolens L. 미나리과

생산지: 유럽, 이란, 터키, 인도

일반명은 그리스어 Anethon, Aneth에서 유래하며 고대 이집트에서도 이 이름을 썼다. 또한 graveolens는 프랑스어로 무겁다, 강하다를 뜻하는 gravis의 파생어로, 향기가 나다라는 뜻을 가진 olens와 함께 써진 것이다.

딜은 한해살이풀로 평평한 줄기가 80~150cm 정도로 자라고, 꽃은 무한화서(꽃이 피는 순서가 아래에서 위로, 가장자리에서 가운데로 핀다)로 핀다. 잎과 씨앗에는 펜넬(fennel)과 비슷한 느낌의 아로마틱한 향이 있어 주로 향신료용으로 재배한다. 식물의 지상부를 4시간 동안 수증기 증류하면 에센셜 오일(수율 1.4~1.8%)을 추출할 수 있다. 씨앗의 경우 유기용제(에탄올(ethanol), 석유에테르(petroleum ether)) 추출을 통해 레지노이드를 만들어낼 수 있다. 주로 향을 내는 성분을 얻는 데 쓰이고 있다.

성분

알파, 베타 펠란드렌(phellandrene)　　카본(Carvone)
리모넨(Limonene)　　　　　　　　　　딜에테르(Dill ether)

라임(Lime)

Citrus latifolia, Citrus aurantifolia 운향과

원산지: 인도, 말레이시아
십자군들에 의해 지중해 연안 지방으로 전파되었고, 포르투갈 사람들을 통해 아메리카에 소개되었다.
주산지: 멕시코, 페루, 아이티, 브라질

초록 레몬이라고도 불리는 라임은 운향과의 소관목에 열리는 과실이다. Citrus latifolia와 Citrus aurantifolia 2종이 있으며, 익기 전의 진녹색 작은 열매(직경 5~8cm)를 수확한다. 과피는 결이 곱고 매끈하다. 요리에는 레몬과 동일하게 사용되며, 트로피컬 칵테일이나 티펀치, *카이피리냐의 재료이기도 하다. 라임의 에센셜 오일은 리메트(스위트 레몬)라 불리는 경우도 많아 혼동을 일으키기도 한다. 이는 과피에서 추출되는데, 무색이나 연노란색 액체로 감귤류 특유의 신선한 느낌의 향이 특징이다.

*카이피리냐: 브라질의 칵테일. 카샤샤, 라임, 설탕으로 만든다

모노테르펜(monoterpene)류　　알파, 베타 피넨(pinene)
주로 리모넨(limonene)　　　　　사비넨(sabinene)
테르피놀렌(terpinolene)　　　　미르센(myrsen)

스위트 레몬(Limette)

Citrus limetta, Citrus limettioides 운향과

생산지: 인도, 아프리카, 안틸 제도(네덜란드령), 남아프리카

리메트의 별명은 지중해의 라임 또는 스위트 레몬이다. 열매는 두 종류로, Citrus limetta와 Citrus limettioides다. 리메트의 에센셜 오일은 과피를 냉압착하여 추출(수율 0.1~0.15%)한다.

모노테르펜(monoterpene)류
주로 리모넨(limonene)
테르피놀렌(terpinolene)
알파, 베타 피넨(pinene)
사비넨(sabinene)
미르센(myrsen)

레몬(Lemon)

Citrus limon L. Burm. F.
운향과

생산지: 이탈리아(시칠리아), 미국(플로리다, 캘리포니아), 아르헨티나, 스페인, 브라질, 이스라엘, 코트디부아르, 그리스 등

레몬 껍질(외피)을 그대로 냉압착하면 과즙과 에센스 모두를 얻을 수 있다. 투명한 액상으로 황색에서 살짝 녹색을 띠기도 하며, 신선한 레몬 껍질 향이 난다. 과피를 으깨 수증기 증류를 통해 추출하는데 향의 질은 별로 좋지 않다. 레몬 에센셜 오일은 식품 산업에서 자주 쓰는 중요한 추출물로, 구운 과자, 사탕, 케익, 아이스크림 등에 사용하는 식품 향료(flavor)이다. 테르펜(terpene)과 세스퀴테르펜(sesquiter-pene)을 제거한 에센셜 오일은 화장품 뿐만 아니라 신선한 느낌의 탑 노트로 다양한 향수에 사용되고 있다.

리모넨(limonene)	리나롤(linalol)
알파, 베타 피넨(pinene)	베타-비사볼렌(bisabolenes)
캄펜(camphene)	(E)-알파 -베르가모텐(bergamotene)
사비넨(sabinene)	네롤리(neroli)
미르센(myrcene)	네랄(neral)

레몬그라스 (Lemongrass)

Cymbopogon flexosus stapf / Cymbopogon citratus stapf 화본과, 벼과

레몬그라스 또는 시트로넬(citronelle)의 생산지: 인도(트라방코르(Travancore)
왕국과 코친(Cochin) 지역), 마다가스카르, 중국, 스리랑카, 인도네시아, 베트남,
아이티, 브라질, 과테말라

열대성 초본식물로, 곧게 뻗는 선형엽(실 모양의 잎)은 90cm~2m까지 자란다. 잎
은 옅은 초록을 머금은 녹색에 가장자리가 예리하게 갈라져 있다. 줄기 속은 텅 비어
있고, 잎 기부는 구근의 형태를 가지고 있다. 정유는 직화로 가열하는 간단한 방식의
알람빅(alembic) 증류기를 사용해 추출하는데, 초질 부분을 하이드로디스틸레이션
(hydrodistillation)하거나 공장 설비를 이용한 수증기 증류로 추출(생원료의 수율
0.4~0.8%, 건조 원료의 수율 2%)한다. 에센셜 오일의 색은 옅은 황색이나 짙은 갈
색, 또는 오렌지 빛이 도는 황색을 띠기도 한다. 정유는 향수와 식품 향료로 쓴다. 순
도가 높은 시트럴 전구체로 사용하며 시트럴, 이오논, 메틸이오논 등 여러 2차 제품
의 전구체로도 이용한다. 향료 산업에서 많은 곳에 쓰이는 식물이다.

시트럴(citral)- (게라니알(geranial)과 네랄(neral)의 혼합물 70~85%)　　　네롤(nerol)
제라니올(geraniol)　　　리나롤(linalool)

러비지 (Livèche)

Levisticum officinale Koch 미나리과

별칭: 산의 샐러리. 로바지

원산지: 유럽, 남프랑스(도피네, 프로방스), 독일, 헝가리, 체코, 슬로바키아,
폴란드, 유고슬라비아, 네덜란드, 아메리카

2, 3년이 경과한 뿌리는 4~5월에 수확한 후 4등분으로 찢은 후
에센셜 오일을 추출한다. 추출용으로 환기가 잘되는 창고에서 충
분히 건조시켜도 건조 단계에서 정유 품질에 변화가 일어나 갈
색을 띠는 경우가 있다. 추출액은 황색이나 진갈색의 액체로 근
연종인 샐러리와 비슷한 향이 난다. 잘게 자른 뿌리를 넣고 20시
간 동안 수증기 증류로 에센셜 오일을 추출한다. (생뿌리는 수율
0.1~0.2%. 반건조나 완전건조 뿌리는 수율 0.3~1%) 향장품 외
에도 담배나 리큐어, 식품 향료로 사용된다. 뿌리를 에탄올로 추
출하면 레지노이드가 만들어진다.

(z)-와 (E)-리구스틸라이드(ligustilide) (65~70%)

로만 카모마일
(Roman Chamomile)
Anthemis nobilis L. / Chamaemelum nobile (L.) All. 국화과

원산지: 유럽과 북부 아프리카 (마그레브(Maghreb))
생산지: 헝가리, 프랑스, 벨기에, 이탈리아, 모로코, 영국

재배를 시작한지 2년 후, 여름이 끝날 무렵 수확한다. 말린 꽃을 허브티나 침제로 만들어, 장이 안좋거나 소화불량을 치료하는데 쓰고 있다. 로만 카모마일의 추출 원료는 생화나 말린 꽃잎 또는 꽃이 달린 전초로, 수증기 증류를 통해 에센셜 오일을 추출(수율 0.2~1%)한다. 무색 투명하거나 노란색이고, 강한 아로마 향이 난다는 특징이 있으며, 고급 향수나 리큐어용으로 사용한다. 또한 로만 카모마일 꽃을 석유 에테르로 추출하면 초록에서 청록색을 띠는 콘크리트(concrete)가 만들어진다. 점성을 가진 이 콘크리트의 수율은 6.7%이고, 사과나 침엽수를 연상케 하는 강한 향이 특징이다.

이소부틸 안젤레이트(isobutyl angelate)
알파, 베타 피넨(pinene)

로즈마리(Rosemary)

Rosmarinus officinalis L. 차조기과 / 꿀풀과

생산지: 오스트레일리아와 마다가스카르

로즈마리는 60cm~1.5m로 자라는 상록관목으로, 덤불처럼 우거지며 자란다. 일조량이 좋은 건조 기후에서 3~6월에 꽃을 피우는데, 활짝 핀 꽃의 끝부분을 반건조시킨 다음 수증기 증류를 통해 정유를 얻는다(수율 0.5~0.8%). 향은 신선하고 상쾌하며 수지와 같은 특징을 가지고 있다. 유기 용제 추출법의 경우 석유 에테르를 사용하면 수율 2.3%, 에탄올로는 수율 22~28% 정도인데, 후자는 항산화물을 얻기 위한 목적으로 쓴다. 추출물에는 카르노신산(carnosine-acid), 카르노솔(carnosol), 로즈마놀(rosmanol), 로즈마디알(rosmadial), 겐크와닌(genkwanin)이 다량 함유되어 있다. 역사적으로 유명한 향수 중 헝가리의 이사벨 왕비가 많은 양을 사용했던 '헝가리 왕비의 물'이라는 향수가 있는데, 바로 이 향수에 로즈마리가 사용되었다.

보르네올(borneol)	보르닐아세테이트(bornyl acetate)
버베논(verbenone)	캠퍼(camphor)
알파-피넨(pinene)	1.8-시네올(cineol)

로터스 (Lotus)

Nymphaea caerulea 수련과 /
남수선(blue lotus)은 수생식물로
아주 예쁜 꽃이 핀다.

생산지: 태국

꽃에서 추출된 앱솔루트는 짙은 황색 액체로 신선한 느낌의 향이 특징이다. 플로럴, 아쿠아, 히아신스와 같은 계열의 향으로, 화장품에 사용된다. 고급 향수에는 플로럴 노트를 강조하는 미들 노트에 쓰이며, 신선한 느낌의 향을 내는데 사용되고 있다.

비휘발성 탄화수소류
주요 향기 성분은

벤질아세테이트(benzylacetate)   베타-세스퀴펠란드렌(sesquiphellandrene)
파르네센(farnesene) 이성체   에틸벤조에이트(ethylbenzoate)

마조람 (Majoram) Origanum majorana L. 차조기과 / 꿀풀과

원산지: 지중해 연안 지방(키프로스, 터키)
생산지: 이집트, 프랑스, 이탈리아, 모로코, 튀니지, 스페인

마조람은 차조기과의 한해살이풀 또는 두해살이풀이다. 조리용 허브로 사용되며 오레가노와는 아주 가까운 동료다. 초장은 60cm, 회녹색을 띤 잎은 1~2cm 정도이고, 달걀 모양의 잎이 서로 어긋난 형태로 자란다. 꽃은 작고 하얀색 혹은 연보라색이다. 꽃이 핀 가지를 수증기 증류하여 에센셜 오일을 추출(수율 1.8~2.2%)한다. 투명한 액상에 옅은 황색 또는 짙은 황색이 감돌고, 그

린 느낌의 어씨 노트(green earthy note)를 가지고 있다. 그린 노트나 푸제르 노트, 남성적인 스파이스 노트의 향 조정에 사용하는데, 생리적인 활성을 고려해 쓴다. 와일드 마조람(Thymus mastichina L.)의 프레시한 아로마틱 우디 노트를 가진 에센셜 오일도 상품화되어 있다. 마조람은 유기 용제 추출을 통해 콘크리트를 채취(수율 약 0.65%)하고, 거기에서 다시 앱솔루트를 추출(수율 50%)한다. 중세의 여성들은 환희를 상징하는 마조람을 써 향기가 가득한 부케를 만들거나 입욕제로 사용하기도 했다.

테르피넨(terpinene)-4-ol   (E)-사비넨 수화물(sabinene hydrate)   z-사비넨(sabinene)
감마-테르피넨(terpinene)   알파-테르피넨(terpinene)

메리골드 (Marigold)

Tagetes glandulifera Scrank, Tagetes glandulifera L.
Tagetesminuta L. / 국화과

원산지: 중앙 아메리카 I 생산지: 아르헨티나, 오스트레일리아(퀸즈랜드), 남아프리카, 이집트, 모로코, 인도, 아메리카, 브라질

타제트(인도 카네이션, 멕시코 메리골드, 아프리카 메리골드)라는 이름은 독일의 의사이자 식물학자인 레온하르트 훅스(Leonhart Fuchs)가 1542년 출판한 식물의 역사에 처음 등장했다. 곧게 뻗는 잔가지를 가진 한해살이풀로 크기는 2m 정도로 자란다. 카키색을 띤 잎은 마주나기로 나며, 작고 가는 잎의 끝부분은 톱날

모양을 가지고 있다. 개화 또는 개화 후 바로 열매를 맺는 지상부를 수증기 증류하여 에센셜 오일을 추출(수율 0.2~0.5%)한다. 향은 강하고, 몇 가지의 에스테르류가 만들어지는데 이들의 비율은 낮은 편이다. 또한 테르티에닐아세틸렌(terthienyl acethlene) 화합물이 들어있기 때문에 사용상에 제한이 있다. 석유 에테르로 채취한 콘크리트(수율 0.2~0.3%)에서 약 60%의 앱솔루트가 추출된다.

200종 이상의 성분이 들어 있지만, 주요 성분은

(Z)-와(E)-타게톤(tagetone)   디하이드로타게톤(dehydrotagetone)
(Z)-와(E)-타게테톤(tagetetone)   (Z)-와(E)-오시멘(ocimene)

멜리사(Melissa)

Melissa officinalis L. 차조기과 / 꿀풀과

별칭: 레몬밤

원산지: 지중해 연안지방 | 생산지: 유럽, 남아프리카, 아메리카

멜리사는 그리스어의 melissa, 꿀벌을 그 어원으로 하는 식물명이다. 꿀
벌을 유인하기 때문에 양봉 농가에서는 지금도 멜리사를 사용해 일벌이
벌집으로부터 멀리 떨어지지 못하게 하고 또 여왕벌을 유인한다. 부드러
운 털로 덮인 네모난 줄기는 키가 1m를 넘지 않는다. 잎은 톱니 모양을
가졌으며 작고 흰 꽃이 송이로 핀다. 유럽, 남아프리카, 아메리카에서 재
배되고 있다. 멜리사 에센셜 오일은 생원료를 수증기 증류하여 추출한다.
무색에서 옅은 황색의 액체로 상쾌한 향이 나고, 신선한 느낌의 레몬 계
열에 더해 은은한 허브 계열의 향도 있다. 알코올 음료(샤르트뢰즈(char-
treuse), 베네딕틴(benedictine), 와인 베이스의 음료)의 성분으로 사용
되며, 식품 향료로서 여러가지 음료에 쓰인다.

게라니올(geraniol)　　　　　　　　베타-카리오필렌(caryophyllen)
네랄(neral)　　　　　　　　　　　게르마크렌(germacrene)-D

몰약(Myrrh)

Commiphora myrrha (Nee) Engl. 감람과 / 줄기에서 나오는 삼출물을 수확한다.

생산지: 소말리아, 에리트리아(State of Eritrea), 에티오피아, 아라비아 남부, 이란

가장 오래된 향료 중 하나로, 요한복음 19,38-40에 몰약을 써 그리스도를 방부
보존했음을 보여주는 구절이 있다. "아리마태아 출신 요셉이 예수님의 시신을
거두게 해달라고 빌라도에게 청하였다. 언젠가 밤에 예수님을 찾아왔던 이들이
니코데모도 몰약과 침향을 섞은 것을 백 리트라쯤 가지고 왔다. 그들은 예수님
의 시신을 모셔다가 유다인들의 장례 관습에 따라 향료와 함께 아마포로 감쌌
다." 품종이 많은 감람과 Commiphora 속 나무 중 올레오레진의 기원 식물은
C.myrrha(몰약)이다. 공기에 닿으면 굳어 적갈색으로 덩어리지며, 크기는 헤이
즐넛만한 크기에서부터 달걀 크기에 이르기까지 다양하다. 향은 부드럽고 아로
마틱, 스파이시, 발삼 계열로 레몬이나 사프란의 향을 떠올리게 만든다. 수증기
증류로 추출한 에센셜 오일(수율 3~8%)은 노란빛을 띠는 호박색 혹은 황갈색을
가진 액체로 발삼 느낌의 향이 특징이다. 향수에서는 우디, 오리엔탈 계열 향의
보류제가 된다. 몰약의 팅쳐(에탄올에 허브를 담가 우려내는 것)에는 소독 작용
과 진경 작용 및 거담 작용이 있다. 에탄올로 추출하면 다소 색이 짙은 적갈색의
레지노이드가 나온다(수율 25~30%). 레지노이드에서는 강렬하고 스파이시한
그리고 발삼 느낌의 향이 나며, 쓴맛도 있다.

후라노유데스마-1,3-다이엔(Furanoeudesma-1,3-diene) 이중 결합　　린데스트렌(lindestrene)
후라노디엔(furanodien)　　　　　　　　　　　　　　　　　　베타-엘레멘(elemene)

201

버베나(Verbena)

**Verbena triphylla L'Hér. 마편초과,
17세기 스페인 사람들을 통해 유럽에 소개되었다.**

원산지: 칠레, 페루
재배지: 지중해 연안 지방, 주로 프랑스와 북부 아프리카(마그레브), 인도,
안틸 제도, 레위니옹 섬

또 다른 학명인 Lippia citriodora Kunth.도 많이 쓰인다. 인도의 버
베나인 레몬그라스 Verbena officinalis와 허브티로 만드는 Draco-
cephalum moldavica L.과 혼동하지 않도록 주의할 필요가 있다. 이
책에서 다루는 버베나는 매끈한 줄기가 1.5~2m 정도까지 뻗는 관목으
로, 줄기 끝에 꽃이 피는 잔가지가 달려있고, 수확은 꽃이 피는 7월에
이루어진다. 잎이 붙어있는 줄기를 수증기 증류하여 버베나 에센셜 오
일을 추출(수율 0.07~0.12%)한다. 노란색에서 시간이 지나면 색이 더
짙어지며, 레몬 계열과 허브 계열의 향을 가지고 있다. 플로럴 노트를
만들 때 쓰는데, 향수의 경우 레몬 에센스 대신 사용하고, 오 드 코롱에
사용할 때는 레몬 계열이 가진 뉘앙스를 준다. 유기 용제로 추출하면
연녹색이나 진녹색을 띤 고형 왁스 같은 콘크리트를 얻을 수 있다(수율
0.25~0.3%). 스파이시한 시트랄의 향을 가진 앱솔루트는 농후하고 점
조성이 있으며, 색은 짙은 녹색을 띤다(수율 50~70%).

시트랄: 게라니알(geranial)과 네랄(neral))
알코올류: 게라니올(geraniol)과 네롤(nerol))

블랙페퍼(Black Pepper)

Pipper nigrum L. 후추과

생산지: 인도의 말라바르 지방과 스리랑카가 주요 생산지
그 외 인도네시아 (수마트라, 자와(Jawa), 보르네오), 필리핀, 브라질,
싱가폴, 마다가스카르 등

개화 시기는 5~6월로, 열매가 붉은 빛을 띠기 시작할 때 수확
한다. 1ha의 면적에서 자라는 1,000그루의 나무에서 평균
900~1,000kg의 블랙페퍼를 수확할 수 있다. 열매는 저장이나
운반 과정에서 휘발성 성분이 없어지는데, 이 경우 추출액 품
질이 저하된다. 덜 익거나 잘 익은 열매를 말려 그대로 혹은 으
깬 다음 수증기 증류를 거치면, 무색이나 청록색의 에센셜 오
일을 얻게 된다(수율 1~2.6%). 향수의 경우 오리엔탈 타입 부케
에 들어가고, 식품 향료로서는 돼지고기 가공 식품, 육류 통조
림, 소스, 음료, 리큐르에 쓴다. 유기 용제로 추출할 때에는 원료
를 0.05mm의 알갱이로 잘게 부수거나 아예 고운 분말로 만들
어 사용한다. 알코올 추출에 의한 레지노이드(수율 6.5~14%)는
진녹색이며 피페린(piperine)과 피롤리딘(pyrrolidine), 피페
린산(piperic acid)이 들어 있다.

사비넨(sabinene)
리모넨(limonene)
ar-커큐멘(curcumene)

스파티움 (Spanish Broom)

Spartium junceum L. 콩과

별칭: 애니시다, 브룸(broom)

일반적으로 스페인 제네, 금작화라고 불리는 스파티움은 석회분이 들어있는 남프랑스 지방의 점토질 토양에서 자생하고 있다. 일찍이 그라스 시 주변에는 광대한 생산지가 있어서 매년 수백 톤의 금작화 진액이 추출되어왔다. 현재에는 주로 이탈리아에서 재배되고 있다. 오랜 세월 동안 잔가지와 가지는 직물의 섬유로 활용되었다. 총상화서(긴 꽃대에 꽃이 어긋나게 붙어 밑에서부터 피는 꽃차례)로 잔가지 끝에 꽃이 열리며, 봄이 끝날 즈음에 꽃이 핀다. 꽃은 노랗고 향기는 아주 강한데, 수확 후에는 향의 변화가 빨라져 추출만으로도 향이 변하기 쉽다. 스파티움은 유기용제로 추출한다. 콘크리트 (수율 0.09~0.18%)에는 프로방스의 꿀을 연상시키는 왁스같은 향이 있다. 콘크리트에서는 짙은 밤색의 끈적끈적한 기름 같은 앱솔루트가 20~50% 나온다.

앱솔루트의 구성성분은 고급지방산과 에틸에스테르 (ethyl ester), 주요 향기성분은 리날롤(linalool), 리날릴아세테이트(linalylacetate), 1-octen-3-one

사이프러스 (Cypress)

별칭: 실삼나무, 백향목

투야(Thuya, 눈측백속)와 노간주나무(Juniper tree)처럼 사이프러스는 측백나무과에 속한다. 사이프러스속 식물은 북반구에 약 20여 종이 있다. Cypressus sempervirens(이탈리아 사이프러스)는 지중해 연안이 원산으로, 이란과 소아시아(아시아 대륙의 서쪽 끝으로 흑해, 마르마라해, 에게해, 지중해 등에 둘러싸인 반도, 터키영토의 97%를 차지)에도 분포한다. 향수의 원료로 사용되는 상록수로, 키는 30m까지 자라며 수령은 수백 년에 달한다. 견과가 열리는 나무이고, 줄기 부분은 붉은빛이 돌거나 노란 빛을 띤다. 대량으로 분비되는 수지는 나무가 부패하는 것을 막아주며, 침수에도 강하다. 4-5년마다 수관을 잘라주는데, 이때 막 잘라낸 잎이 많이 붙어있는 잔가지가 에센셜 오일 추출에 사용된다. 수증기 증류를 통해 수율 0.5~1.2%로 추출된다. 잎이 달린 잔가지의 경우 석유 에테르를 용제로 써서 추출하면 콘크리트(concrete)가 만들어지고(수율 1.8~2%), 다음으로 앱솔루트가 추출(수율 78%)된다.

알파-피넨(pinene)　미르센(myrcene)　알파-터페닐아세테이트(terphenylacetate)
델타-3-카렌(carene)　리모넨(limonene)　세드롤(cedrol)

안젤리카(Angelica)

Angelica aechangelica L. 미나리과

별칭: 당귀 | 원산지: 유럽

생산지: 유럽의 냉온대 전역, 스칸디나비아, 벨기에, 네덜란드, 프랑스(퓌드돔(Puy de Dôme)), 독일, 헝가리 등

안젤리카는 2~4년생 식물로 1.5~2m 높이까지 자란다. 가장 선호되는 재배 1년차는 주로 뿌리를, 2년차는 주로 씨앗을 수확하기 위해 재배한다. 봄이 되면 싱싱한 뿌리를 수확해 곁뿌리를 떼어 낸 다음, 햇볕에 말리거나 전용 오븐으로 건조시켜 에센셜 오일을 추출한다. 수율은 1ha당 약 2,000kg이다. 정유는 옅은 갈색 혹은 짙은 갈색을 띠며, 향은 감초(licorice) 느낌의 아로마틱(aromatic), 머스키(musky)한 향에 쓴맛도 난다. 잘게 자른 원료를 10~24시간 동안 수증기 증류하여 에센셜 오일(수율 0.1~1%)을 추출한다. 또한 유기용제로 추출한 레지노이드를 감압 증류하여 휘발성 추출액도 얻는다. 이 추출액의 경우 옅은 황색으로 머스키하며 쿠마린(coumarin) 계열이다. 고급 향수의 향료로 쓰이는 것 외에 증류주(Chartreuse나 Benedictine)에 아로마 향을 더하는 용도로도 쓴다.

성분 구성 ―――――

알파-피넨(pinene)
오메가-3-카렌(carene)
알파, 델타 펠란드렌(phellandrene)
리모넨(limonene)
w-펜타데카놀리드(pentadecanolide)와 트라이데카놀리드(Tridecanolide) 등의
락톤(Lacton)을 포함하고 있다.

엘레미(Elemi)

Canarium luzencium (Mig.) A. Grey 감람과

원산지: 필리핀 제도

10~15m에 이르는 큰 나무로, 질병을 방어하기 위해 나오는 나무 분비액 외에, 새싹이 피는 시기인 1월에서 6월 사이 줄기에 칼집을 내어 거기에서 분비되는 수지인 올레오레진(oleoresin)을 모은다. 이 울퉁불퉁한 왁스 덩어리(1등급과 2등급)는 하얀 빛이 도는 황색이나 황갈색을 띠며 공기에 닿으면 굳는다(나무 한 그루당 4~5kg 생산됨). 매운 맛이 나는 아주 신선한 느낌의 향으로, 테르펜(terpene), 페퍼(pepper), 시트러스(citrus) 노트 외에도 우디(woody) 계열의 발사믹한 라스트 노트가 있다. 올레오레진은 수증기 증류 뿐 아니라 감압 증류로도 에센셜 오일을 추출(수율 20~30%)한다. 향장품 향료로 사용되며, 플로럴과 푸제르 조합 베이스의 프레시한 탑 노트에 사용한다. 또한 펠란드렌(phellandrene)과 엘레몰(elemol) 추출시 그 원료가 되기도 한다. 유기 용제 추출을 할 경우 엘레몰의 풍부한 레지노이드가 만들어지는데, 이때 추출물 표면에 결정이 생겨 희고 가는 바늘 모양이 된 엘레몰을 볼 수 있다. 향의 보류제로 쓰이지만, 엘레미의 프레시한 향은 오드코롱의 조합 베이스로도 사용한다.

정유의 성분	레지노이드의 성분
리모넨(limonene)	엘레몰(elemol)
엘레몰(elemol)	감마, 베타 유데스몰(Eudesmol)
엘레미신(elemicin)	알파, 베타 아밀린(amylin)
p-시멘(cymene)	
알파-피넨(pinene)	

오크모스 (Oakmoss)

Evernia prunastri (L.) 매화나무 이끼과

참나무 줄기와 가지에서 자라는 오크모스는 마케도니아, 모로코, 프랑스의 숲들에서 무성하게 자라고 있다. 5~11월 수작업을 통해 수확하며, 수확 후에는 저장을 위해 건조시킨다. 프랑스에서는 매년 700톤의 오크모스를 원료로 수출하고 있다. 오크모스는 정확하게는 지의식물(균과 조류의 공생체, 나무 껍질이나 바위에 붙어 자란다.)로 적어도 두 종류의 생물이 합쳐져 있는데, 대개는 진균류이고 작은 세포안에 클로로필과 해조류, 청록색의 세균류(함유되지 않은 것도 있음)가 함께 자리하고 있다. 오크모스에 다시 습기를 준 다음 유기 용제로 레지노이드(수율 3~6%)와 앱솔루트(수율 62~67%)를 추출하는데 색이 짙기 때문에 주로 탈색 가공을 실시한다. 조향사는 우디 향조의 라스트 노트에 향료로 쓰며, 패츌리, 시스터스(cistus), 라벤더, 베르가못, 오크모스를 조합하면 기본적인 시프레 어코드(chypre accord)가 만들어진다. 알레르기 요인이 있으므로 향수에 쓰는 것은 제한이 있다.

뎁시드(depsid) 화합물류와 방향성 염소 화합물의 혼합이다. 향기는 오르시놀메틸에테르(orcinolmonomethylether)와 메틸-베타-오르시놀카복실레이트(orcinolcarboxylate)에서 나온다.

유칼립투스 (Eucalyptus)

Eucalyptus citriodor Mill. / Eucalyptus citriodora Hook / 도금양과

시네올(cineal) 타입의 유칼립투스 Eucalyptus globulus Labill. / E. Dumosa / E.polybractea / E. Australiana / E.smithii

향료 산업에서는 여러 품종을 시트리오도라와 시테올 타입의 두 가지 카테고리로 나누고 있다. 유칼립투스 시트리오도라의 수확지는 오스트레일리아(퀸즈랜드), 남아프리카, 콩고민주공화국, 과테말라, 브라질(주산지), 중국, 인도, 모로코다. 유칼립투스 시네올 타입은 오스트레일리아산 품종이며 생잎 또는 반건조 잎을 추출에 사용한다. 이 품종은 외지 환경에도 잘 적응하므로 스페인, 포르투갈, 남 프랑스, 브라질, 이탈리아, 알제리, 캘리포니아에서도 자란다. 자생 또는 재배된 나무의 잎을 수증기 증류하여 에센셜 오일을 추출(수율 0.5~3%)한다. 투명하고 무색 또는 초록빛이 감도는 황색을 띠며 시트리오도라 특유의 향이 있다. 성분은 시트리오도라(citriodora), 시트로넬올(citronellol), 게라니올(geraniol). 정유는 방취제로 사용되며, 시트리오도라는 반합성에 이용되는 전구체이다. 시네올 타입의 에센셜 오일은 거의 비칠 정도로 투명한 무색 또는 옅은 황색의 액체로 유칼립톨(eucalyptol)의 향이 난다.

1,8-시네올(cineol)
(별칭은 유칼립톨(eucalyptol))

유향나무(Lentisque)

Pistacia lentiscus L. 옻나무과

크기 2~3m의 상록교목으로, 지중해 연안 지방의 마키(maquis) 숲 지대(관목밀생지대)에서 자라는 식물이다. 올리브 머틀(murtle) (은 매화), 알레포소나무(aleppo), 떡갈나무의 근연종(생물분류에서 유 연관계가 깊은 종류)이다. 그리스, 리비아, 모로코, 스페인에서 볼 수 있으며, 그리스에서는 히오스 산 렌티스쿠스를 채집한다. 가지와 줄 기에 상처를 내면 올레오레진이 삼출된 뒤 덩어리져 굳는다. 나무 한 그루에서 생산되는 수지의 양은 연간 4~5kg이다. 렌티스커스에는 발 삼 계열의 향이 나고, 입자 또는 직경 1~2cm의 알갱이가 상품화된다. 채취 시 녹색을 띠는 타입, 식물 파편이나 흙이 섞인 알갱이인 황색이 나 갈색을 띠는 타입 두 종류가 있다. 근연종으로 피스타치오 종자를 채집하는 Pistacia vera L.과 테레빈유를 얻는 Pistacia terebintus L.이 재배되고 있다. 렌티스쿠스 잎과 올레오레진에서 각각 진액을 추 출한다. 잎이 달린 잔가지를 수증기 증류하면 투명한 황색 에센셜 오 일이 나오는데, 그린 노트의 강한 향을 가지고 있다. 석유 에테르를 용 제로 써 추출하면 콘크리트(수율 0.5%)와 독특한 그린 노트를 가진 연녹색 앱솔루트(수율 50%)가 나온다.

알파-피넨(pinene)	테르피넨-4-올(terpinen-4-ol)
미르센(myrcene)	유향에서 추출되는 정유에도 동일한 성분이 들어 있다.
리모넨(limonene)	

주니퍼 베리(Juniper Berry)

Juniperus communis L. 측백나무과

별칭: 노간주나무의 열매로 두송자, 두송실로 불린다.
생산지: 이탈리아 아펜니노 산맥, 헝가리, 구 유고슬라비아(주산지), 체코 공화국, 슬로바키아, 오스트리아, 폴란드, 러시아, 터키, 불가리아.

모노테르펜(monoterpene)류가 주성분
알파-투젠(thujene)
알파-피넨(pinene)
사비넨(Sabinene)
오메가가-3-카렌(carene)

주니퍼 베리의 열매(장과)는 열매의 초록빛이 거무스레하게 변 하는 8~9월쯤 수확한다. 익어서 발효를 시작한 열매를 으깨는데, 경우에 따라 주니퍼 베리의 가지까지 섞은 원료를 수증기 증류 하여 에센셜 오일을 추출한다. 발효로 생긴 에탄올은 증류 중 제 거되고, 수율은 0.8~1.6%이다. 테레빈유(turpentine)나 감초 (licorice)와 같은 향이 날 때도 있다. 향수에도 사용하지만 알코 올 음료인 진, 슈타인헤거(Steinhäger: 독일 슈타인하겐의 특산 인 브랜디 슈납스 중 가장 인기있는 브랜드로 주니퍼 베리로 향 을 냄)의 마무리 공정에도 사용한다. 유기 용제를 이용해 시럽 같 은 반 고형의 레지노이드(수율 6~8%)도 추출하는데, 레지노이 드의 향은 발사믹, 앰버 계열이다.

카네이션(Carnation)

Dianthus caryophyllus L. 패랭이과 / 석죽과

원산지: 서아시아

카네이션은 주로 장식으로 쓰기 위해 재배하고 있다. 1975년 포르투갈 평화 혁명의 상징이 된 꽃으로, 향수용으로는 이집트, 케냐, 이탈리아, 남 프랑스에서 소량 재배한다. 수확한 꽃에 햇볕을 쬐어 그 향을 더 진하게 만든 다음, 같은 날 저녁에 유기 용제를 사용해 추출한다. 콘크리트(석유 에테르에 의한 추출법, 수율 0.23~0.33%)는 초록을 띠는 갈색이며, 여기에서 앱솔루트를 추출할 수 있다. 수율이 상당히 낮기 때문에 가격이 비싸고, 재배 역시 비밀리에 이루어지고 있다. 카네이션의 앱솔루트는 녹색이 감도는 밤색 액상으로, 플로럴, 로즈, 스파이시, 클로브 계열의 강한 향을 가지고 있다. 앰버, 스파이시한 향수의 성분으로 넣는다.

알코올, 지방산, 에스테르류	향기는 유게놀(eugenol)
	구아이아콜(guaiacol)
	게라니올(geraniol)
	리나롤(linalool)
	2-페닐에탄올(phenylethanol)
	벤질벤조에이트(benzyl benzoate)에서 나온다.

클로브(Clove)

**Syzygium aromaticum(L.) Merr.et Perry /
Eugenia caryophyllus(Sprengel)
Bullock et S.Harrison) / 물푸레나무과**

생산지: 마다가스카르, 인도네시아(주산지), 브라질, 스리랑카, 탄자니아

녹색 꽃봉오리가 불그스름해지면 수확을 시작한다. 건조 원료(꽃순) 외에 8년 이내의 나무에서 딴 잔가지와 꽃줄기(화경)에서도 진액을 추출한다. 꽃순 1kg을 생산하는데 생화 꽃봉오리 3kg이 필요하고, 한 그루의 클로브 나무에서 연간 3~5kg의 클로브가 생산된다. 수증기 증류를 통해 8~24시간에 걸쳐 에센셜 오일을 추출하는데, 수율은 꽃순에서 16~18%, 혼합 원료에서는 5% 정도이다. 약간의 점성을 띤 투명한 액체로, 황색이나 밝은 갈색을 띠며, 향은 스파이시하다. 클로브 정유는 오드뚜왈렛과 향료의 조합에 사용되고, 식품 향료(식육류, 소스, 보존식품, 과자) 외에 치과에서 쓰는 구강 관리 제품이나 츄잉껌에도 사용한다. 유기 용제로 레지노이드를 채취(수율 24~32%)한다.

유게놀(eugenol)(70~90%)
아세틸유게놀(acetyleugenol)
알파, 베타 카리오필렌(caryophyllene)
알파, 베타 후물렌(humulene)

타임(Thyme)

Thymus Vulgaris L. chemotype thymol (chemo)therapy / Thymus zygis L. / 차조기과, 꿀풀과

향신료의 주요 생산지: 스페인(무르시아(Murcia), 알메리아(Almeria), 그라나다(Granada)), 모로코, 구 유고슬라비아, 포르투갈, 이스라엘, 남 프랑스

키는 10~30cm로 자라며, 총상(떨기)을 이루고, 덥고 건조한 토양이라면 해발 1,000m에서도 자란다. 흰색과 분홍색의 꽃이 피는데, 에센셜 오일은 꽃이 핀 가지를 반건조시켜 수증기 증류를 통해 추출(수율 0.5~1.7%)한다. 갈색 또는 적갈색을 가진 액체로, 은은하게 스파이시한 느낌이 감돌며 아로마틱하고 페놀과 비슷한 향이 있다. 약국에서는 살균제나 소독제로 쓰지만 요리(육류 요리, 소스, 통조림류 등)에 쓰일 경우 풍미를 더해주며 비누의 향료로도 쓴다. 석유 에테르는 헥산을 이용하면 소량의 콘크리트(수율 6%)가 나오고, 이것으로부터 앱솔루트 50%가 추출된다.

티몰(thymol)(20~50%)
카르바크롤(carvacrol)
몇 가지의 모노테르펜(monoterpene)류

톨루발삼(Tolu Balsam)

Myroxylon(Toluifera) balsamum (L.) / Harm var. x-genuinum Bail / 콩과

원산지: 베네수엘라, 콜롬비아
생산지: 베네수엘라, 콜롬비아, 중앙아메리카, 쿠바

키가 20~25m에 달하는 콩과 나무로, 줄기에 상처를 내면 그곳에서 방향성 수지가 배어나온다. 점성을 가진 수지는 갈색에서 적갈색으로 변하는 액체이며, 공기에 닿으면 서서히 굳는다. 여기에서는 발사믹한 시나몬 타입의 달콤한 향이 나고, 은은한 꽃향기에서 바닐린(vanillin)의 뉘앙스가 느껴진다. 레지노이드 알코올 추출액의 수율은 60~70%이다. 레지노이드와 에센셜 오일 모두 플로럴 베이스 및 오리엔탈계 향수의 보류제로 사용된다.

정유의 주요성분: 안식향산과 계피산
그 밖에 에스테르(ester)류, 바닐린, 파르네솔(farnesol)이 들어 있다.

벤질벤조에이트(benzyl benzoate)
벤질알코올(benzyl alchol)
안식향산(benzoic acid)
계피산(cinnamic acid)
바닐린(vanillin)

펜넬(Fennel)

Feniculum vulgare Miller ssp. vulgare Miller var. amara / 미나리과

생산지: 포르투갈, 스페인, 남 프랑스, 루마니아, 러시아, 이집트, 인도, 모로코, 중국, 아르헨티나, 오스트레일리아(태즈메이니아)

식물 지상부의 익은 열매나 산형화서(여러 개의 꽃이 방사형 우산모양으로 달림)로 핀 꽃에서 진액을 추출한다. 펜넬의 정유는 수증기 증류를 통해 얻는다(수율 2.5~6%). 에센셜 오일은 투명하고 옅은 황색을 띠며 아니스향 및 스파이시한 향과 함께 살짝 캠퍼계열의 아로마틱한 향도 느낄 수 있다. 에센셜 오일은 분해 증류 과정을 거쳐 트랜스아네톨(trans-anethole)을 분류해낼 수 있으며, 펜넬의 종자에서는 유기 용제를 이용해 레지노이드를 추출한다.

트랜스아네톨(trans-anethole)(50~60%)
cis-아네톨(anethole)
에스트라골(estragole)
펜촌(fenchon)
모노테르펜(monoterpene) 류

히아신스(Hyacinth)

Hyacinthus orientalis L. 백합과

생산지: 소아시아

재배지: 네덜란드(주요 생산국), 독일, 프랑스

개화 시기가 짧다. 추출에는 유기 용제를 사용한다. 석유 에테르로 추출한 콘크리트(수율 0.17~0.19%)는 녹색을 띠는 갈색 혹은 짙은 갈색으로, 10~14%의 앱솔루트가 만들어진다. 그리스 신화 속 히아신스 꽃의 기원은 아폴론 신의 사랑을 받은 그리스의 미소년 히아킨토스 이야기에서 나오는데, 원반 던지기를 하다 죽은 히아킨토스가 흘린 피에서 피어난 꽃이 바로 히아신스이다. 앱솔루트의 성분은 200종 이상으로 판명되었다.

메틸페닐아세테이트(methylphenylacetate)
2-페닐에탄올(phenylethanol)
3-페닐프로파놀(phenylpropanol)
1.2.4-트라이메톡시벤젠(trimethoxybenzen)

향수에 사용하는 천연 추출물

식물의 기초 지식

추출법에 대하여

천연 추출물과 그 구성성분

에센셜 오일이란?

콘크리트, 레지노이드, 앱솔루트

천연 추출물의 정류(精溜)

향수에 사용하는 천연추출물

식물의 기초 지식 _____

조향사는 합성 향료와 천연 향료를 모두 사용한다. 천연 원료는 식물에서 얻는 것으로 향수 제작에서 중요한 역할을 한다. 식물의 부위별로 추출한다.

- 꽃 또는 핀 꽃의 선단부분: 자스민, 로즈, 라벤더, 미모사, 튜베로즈 등
- 잎과 침엽: 제라늄, 패출리, 타바코, 발삼 퍼(balsam fir) 등
- 감귤류의 껍질: 레몬, 베르가못, 오렌지 등
- 줄기, 가지, 나무껍질: 로즈우드, 시더우드, 샌달우드, 시나몬 등
- 장과(과피가 다육이며, 즙이 많고 내부에 씨가 있는 과실)와 싹: 카시스, 페퍼, 클로브
- 씨앗과 꼬투리: 통카빈, 페누그릭(fenugreek, 호로파), 바닐라 등
- 고무수지: 몰약, 유향, 엘레미, 벤조인 등
- 지의류(地衣類)와 해초류: 오크모스, 해조 등
- 뿌리와 줄기: 아이리스, 베티버, 진저 등

식물의 기관

- 큐티클 조직: 표피와 코르크질 형성층
- 수액이 이동하는 조직: 목관과 체관
- 지지조직: 후막조직(sclerenchyma, 厚膜組織)
- 동화조직(an assimilation tissue, 同化組織)과 저장조직(storage tissue, 貯藏組織)
- 분비조직: 동물의 샘(gland, 腺)에 해당

식물의 조직에서는 에센셜 오일, 고무수지, 식물유 등이 생성되고 분비된다. 식물의 종류에 따라 다르며 특히 분비기관과 구조, 분비물의 성질과 생성 메커니즘에서 큰 차이를 보인다. 2차 대사물인 화합물은 세포 내에서 분비, 배출되며 고유의 세포 간극에 축적된다. 그러나 이 화합물이 식물에 미치는 영향은 아직까지 모두 밝혀지지 않

고 있다. 가루받이에 필요한 곤충을 끌어들이거나 스스로를 보호 및 상처를 치유하는 작용으로 보는 견해가 있는 반면 그저 폐기물에 지나지 않는다는 견해도 있다. 분비물은 주로 잎과 줄기, 열매의 유조직(parenchyma, 柔組織) 내에 있는 표피 세포 외에도 분비모(分泌毛)나 분비낭(分泌囊), 물관부에서 생성된다.

수증기 증류용 원료를 알람빅(Alambic)에 채워 넣는다.

추출법에 대하여 _____

인간은 오랜 세월에 걸쳐 식물의 향기를 추출하는 방법을 찾아왔고, 향을 보존하는데 식물 기름이 도움이 된다는 것을 활용해 왔다. 초기의 향수는 올리브유, 참기름, 모링가 오일(moringa oil) 등 식물 기름을 따뜻하게 데우거나 상온인 그대로 향기가 있는 원료를 담가 향을 추출했다. 냉침법(enfleurage)은 이런 방법에서 만들어진 기술이

다. 냉침법에서는 소나 돼지의 기름을 바른 나무 틀의 판유리 위에 방금 따온 자스민이나 튜베로즈와 같은 섬세한 꽃을 올려놓고 향을 스며들게 한다. 기름이 포화될 때까지 주기적으로 새로 딴 꽃으로 바꿔 올려준다. 포화된 기름을 알코올과 함께 교반기(agitator, 攪拌機)에 넣고 섞으면 화장품에 그대로 사용할 수 있는 포마드가 된다. 포마드를 알코올 추출하면 향수용 앱솔루트를 추출할 수 있다. 자스민 꽃 1t에서 1L 정도의 앱솔루트가 추출된다. 더 높은 온도의 용제에도 견뎌내는 꽃의 추출에는 온침법(maceration)이 사용되었다. 액상으로 만든 기름에 꽃을 담가 며칠 동안 침출시킨 후 냉침법과 같은 공정을 거친 후 여과해 포마드를 채취한다. 단, 이 추출 기술은 지금은 거의 행해지지 않고 있다. 식물 추출액의 화학 성분은 매우 복잡하며, 수십~수백 가지의 다른 분자를 포함하는데 그래서 향도 매우 섬세한 특징으로 나타난다. 이러한 추출물은 크게 두 가지로 분류된다. 물 증류법(water distillation)과 수증기 증류법(steam distillation), 압착법(expression)을 이용해 추출하는 '에센셜 오일(essential oil)'과, 유기용제(organic solvent)를 이용해 추출하는 '콘크리트(concrete)'와 '앱솔루트(absolute)', '레지노이드(resinoid)', '팅쳐(tincture)'다. 오늘날 조향사는 일반적으로, 프랑스의 라벤더와 로즈, 이탈리아의 레몬과 베르가못, 인도의 자스민, 아프리카와 중국의 제라늄, 코모로 제도의 일랑일랑, 아이티의 베티버 등 전 세계에서 생산되는 100여 종 이상의 천연 원료를 사용하고 있다.

천연 추출물과 그 구성성분

일반적으로 복잡한 구성성분이지만 대부분의 유기 분자는 크게 두 가지 종류의 화합물로 나눌 수 있다. 테르펜(terpene) 파생물은 이소프렌(isoprene) (2-메틸부타-1.3-디엔) 단위 수에 의해 분류되며 헤미테르펜(hemiterpene), 모노테르펜(monoterpene), 세스퀴테르펜(sesquiterpene), 디테르펜(diterpene), 트리테르펜(triterpene)으로 나뉜다. 테르펜 류는 알코올, 알데하이드, 에스테르, 에테르와 같이 기능적으로 성질이 다른 그룹으로 발전할 가능성이 있다. 페놀계 화합물과 페닐프로판(phenylpropane) 유도체는 몇 개의 그룹으로 분류되는데, 그 중에서도 하이드록시벤조인(hydroxybenzoin) 유도체, 하이드록시신남(hydroxycinnam) 유도체, 또는 플라보노이드(flavonoid)류는 가장 단순한 구조의 화합물이며 탄닌(tannin)과 리구닌(ligunin)은 가장 복잡한 구조를 갖는다.

에센셜 오일이란?_____

에센셜 오일(essential oil, 정유)의 정의는 추출기술에 따라 다르다. AFNOR(프랑스 규격협회, Agence française de moralisation)에서는 물 증류와 수증기 증류로 추출해서 얻어지는 물질이라 정의한다. 또한 감귤류의 과실을 역학공정 후 물리공정을 통해 수용성 액상을 분리시켜 얻는 물질이라고도 정의한다. 에센셜 오일의 추출에는 유기 용제가 전혀 사용되지 않는다.

세 가지의 대표적인 에센셜 오일 추출 기술

1. 물 증류와 수증기 증류
두 가지 방법 모두 신선 식물과 건조 식물 또는 고무 수지가 원료로 사용된다.

① **물 증류**
원료를 끓는 물에 넣으면 향기 성분이 증기를 매개로 추출되고, 증류기의 서펜타인(serpentine, 나선관) 속에서 냉각되어 응결한다.

② **수증기 증류**
수증기를 직접 원료 속에 주입한다. 증류액은 두 가지 액상으로 분리되는데, 에센셜 오일은 수면에 뜬다. 수용성 액상은 플로럴 워터로 회수되거나 재증류에 사용된다.

2. 감귤계 (오렌지, 레몬, 그레이프후르츠, 베르가못 등) 껍질의 냉압착법(cold-pressed expression)

원료가 매우 섬세하기 때문에 물이나 수증기 증류를 견딜 만큼 강하지 않다. 그래서 냉압착법에서는 과피를 문지르거나 압착해서 과피의 에센스를 추출하며, 이것을 흐르는 물로 씻어내고, 그 다음 수분과 유분의 유화물(emulsion)을 경사법(decantation)을 통해 두 가지 색상으로 분리한다. 과실을 통째로 기계에 넣는 껍질 벗기는(pelatrice) 방식과, 과육을 제거하고 과피만을 사용하는(sfumatrice) 방식의 장점은 추출 과정에서 다른 분자와 충돌하거나 접촉하는 일 없이 과즙과 에센스 둘 다 얻을 수 있다는 것이다.

과실을 통째로 기계에 넣어 나온 물과 에센스의 유화물을 거르는 모습

3. 나무껍질과 재료의 열분해 (자작나무의 캐드오일)

직화식의 알람빅 증류기나 수증기 제조기로 오랜 세월 추출해 왔다. 20세기에는 추출법이 비약적으로 발전해서 가압 증류, 터보 증류, 하이드로 증류, 연속 증류, 가열식 수증기 증류, 마이크로웨이브 등이 등장했다. 에센셜 오일은 압착 추출된 성분이 제거된, 에탄올에 용해되는 휘발성 화합물의 혼합물이다. 그렇기 때문에 에센셜 오일은 향수 제조에 그대로 사용할 수 있다. 그러나 식물 속의 향을 내는 화합물을 물과 수증기 증류법을 통해 언제든 확실하게 추출할 수 있는 것은 아니다. 수증기의 작용으로 유기 화합물의 둔화가 일어나 인공 물질이 생성될 수도 있기에 유기 용제를 이용한 추출법에 의존하게 되는 것이다.

에센셜오일을 수용기에 회수한다

콘크리트, 레지노이드, 앱솔루트

콘크리트(concrete)는 신선한 식물을 원료로 하며 헥산, 석유 에테르, 에틸아세테이트, 에탄올과 같은 유기 용제(organic solvent, 有機溶劑)로 추출한다. 그리고 씨앗이나 고무 수지와 같은 건조 식물의 추출물은 레지노이드(resinoid)라고 한다. 용제를 증발시키면 약간의 점성이 있는 페이스트(paste) 상태의 물질이 얻어지는데 휘발성 성분의 유무는 물질에 따라 다르다. 그 물질 안에는 알코올에 용해되지 않는 성분이 몇 가지 존재한다. 향수에 사용하기 위해서는 라바쥬(lavage)라는 기법이 사용되는데, 열을 가한 에탄올로 콘크리트를 용해시켜 앱솔루트(absolute)를 가공할 필요가 있다. 불용성인 왁스 성분은 냉각(글라사주, glaçage)에 의해 침전되므로 여과해서 제거할 수 있다. 이 작업은 반복적으로 이루어지기도 한다. 에탄올을 증발시키면 농후한 액체가 되는데 점조성의 페이스트 상태로 에탄올에 완전 용해되기 때문에 그대로 포뮬러에 사용할 수 있다. 콘크리트에 포함되어 있는 앱솔루트는 20% 이하에서 80% 이상으로 차이가 크다. 일랑일랑의 앱솔루트처럼 80% 이상 포함된 경우에는 콘크리트는 일반적으로 액상이다. 또한 50% 이상 앱솔루트가 포함된 콘크리트는 자스민 같은 꽃에 많다. 일반적으로 앱솔루트는 점조성(粘稠性) 액체이지만 클라리 세이지(clary sage)나 벌빵(벌들이 모은 것으로, 꽃가루와 꿀이 섞여 있어 유충의 먹이), 히스(heath)의 앱솔루트처럼 고형이나 반고형

인 것도 있다. 또한 전통적인 유기 용제 외에도 향과 식물의 추출용으로 적합한 다른 액상 용제가 있다. 이런 액체는 불소를 포함하거나, 기체와 액체의 중간 특성인 초임계 상태에 있다. 일반적으로 사용되는 것은 주로 이산화탄소 가스이다. (123p 참조)

향료가 되는 원료는 이처럼 다양한 방법으로 추출되는데, 식물의 다양성을 생각해보면 천연 추출물이 조향사에게 소중한 자원으로 계속 사용되어 온 이유를 알 수 있다. 게다가 이러한 사실은 천연 물질과 합성 화합을 연구하는 화학자에게도 영감을 주는 근원이다. 향이 나는 식물, 그리고 그 추출물을 분석하면, 여러가지 흥미로운 향기 분자를 동정(同定)할 수 있다. 예를 들면 자스민의 앱솔루트 안에서 동정되는 자스몬(jasmon)과 로즈의 에센셜 오일에 함유된 로즈 오키드(rose orchid), 그리고 아이리스 에센셜 오일의 아이론(irone) 성분 등이 그것이다.

추출장치

천연 추출물의 정류(精溜)

유기 화합물의 혼합물인 천연 추출물 중 일부만이 조향사의 선택을 받는다. 그렇기 때문에 증류법의 원리에 기초하여 고전적이고 물리적인 방법으로 성분을 분리시킬 필요가 있다. 이러한 기술을 정류라고 한다. 테르펜류는 다량으로 존재하는 경우가 많은데, 조향사의 흥미를 끌지 못해 제거될 때에는 감압 시 분리 증류되어 에센셜오일은 탈테르펜화(deterpenation) 된다. 앱솔루트나 레지노이드에서도 마찬가지로, 향수 제품으로 쓰기에 색이 너무 진하거나 아름답지 않을 때 이 방법이 이용된다. 또 추출물을 분자 증류하면 분리에 가까워질 때까지 감압을 시키는 기술에 의해 착색 원인이 되는 물질의 제거, 향기성분의 농축, 순수한 상태 그대로의 향기성분을 분리하는 것까지 진공 상태에서 동시 진행할 수 있다.

증류장치

용어집 (Glossaire)

어코드 (accord)
두 개 이상의 복합 원료, 또는 단일 원료의 혼합물로 단독으로 사용되는 원료와는 다른 향을 지닌다.

어댑테이션 (adaptation)
향수, 정확히는 향을 비누나 캔들, 샴푸 등 다양한 제품 어플리케이션에 맞춰 조정하는 것.

앱솔루트 (absolute)
페이스트 또는 점조성의 물질로 포마드나 콘크리트를 바토즈라는 교반기를 이용해 에탄올과 혼합하는 라바쥬(lavage)를 실시한 후, 이 용액을 냉각하는 글라사주(glaçage)로 왁스 부분을 제거하고 여과한 다음 에탄올을 증류한다.

냉침법 (enfleurage)
무르고 섬세한 꽃의 생화에서 향기 성분을 추출하는 방법. 샤시(나무틀의 판유리)에 지방성 물질(돼지나 소의 기름)을 바르고 막 따온 신선한 꽃을 올린다. 이 작업을 반복하면 포마드라고 하는 향기 성분으로 포화된 기름을 얻을 수 있다. 그러나 이 추출법은 현재 행해지지 않고 있다.

추출물 (extract)
용제(기존의 용제, 초임계 상태, 불소 함유 등)를 이용하여 식물 유래 물질을 추출해 얻어지는 물질로 용제는 이후 과정에서 물리적인 방법(증발, 팽창 등)에 의해 제거된다.

에스페리데 (hesperide)
베르가모트, 레몬, 오렌지, 만다린 등 감귤과(운향과)의 과피를 압착하여 얻는 에센스.

에센스 (essence)
감귤류의 과피를 압착하여 얻는 에센스. 감귤류의 에센스도 정유라고 불리는 경우가 많다.

카운터타입 (countertype)
향의 조성을 그대로 복제하거나 향의 특징을 똑같게 만든 복제품. 조향사의 연구에서 이용되는 기법으로, 어떤 원료의 사용이 법률상 금지된 경우 다른 성분을 써서 그 향을 조합하여 재생시킨 것.

휘발성 물질
공기 중에 향을 퍼뜨릴 가능성이 매우 높은 것을 의미한다. 끓는 점이 낮을수록 액체의 휘발성은 높아진다.

글라사주 (Glaçage)
식물성 왁스처럼 에탄올에 잘 용해되지 않는 물질을 혼합물에서 제거하는 기술. 온도를 낮추면 이들 물질이 침전하기 때문에 여과해서 제거할 수 있다.

원료
향수를 구성하는 기본적인 성분. 천연 유래 또는 합성 유래일 수 있다.

고무
정확하게는 유기산과 탄수화물에 의해 구성되는 수용성 물질. 향수에는 고무를

향기 성분으로 사용하지 않으나 제품의 포뮬러에는 점조제나 유화제로 사용하기도 한다. 그런데 향료 산업에서는 '고무'와 '수지'라는 명칭이 혼동되어 사용되는 경우가 많다.

고무수지와 고무올레오레진
고무수지란 고무와 수지가 다양한 비율로 혼합되어 있는 물질이다. 수지는 휘발성 성분으로 구성되어 있는 경우가 많으며 에센셜 오일을 추출할 수 있다. 이것을 올레오레진이라고 한다. 이들 원료는 고무의 함유율에 따라 부분적으로 수용성 물질이 생긴다. 몰약과 같은 올레오레진은 고무 또는 고무수지라고 불리는 경우가 많다.

콘크리트 (concrete)
점조성 또는 고형의 물질. 신선한 식물 원료를 비수용성 용제로 추출한 후 물리적 방법으로 용제를 제거한다.

재증류 (redistillation)
물, 수증기 증류로 생긴 물을 회수해서 다시 증류에 재사용하는 방법.

시프레 (cypre) 계열
1917년 프랑소와 코티(François Coty)는 시프레라는 새롭고 신비한 향조의 향수를 탄생시켰다. 그 어코드에는 베르가못, 로즈, 패출리, 시스터스, 오크모스가 사용되었다.

수지
천연 수지는 고형 또는 반고형이며, 기

216

본적으로 물에 녹지 않는 불용성이며 무취. 테르펜류의 산화와 결합에 의해 생성되는 경우가 많다. 천연 수지의 한 예로 다마르(dammar)가 있다.

침출액

가열한 에탄올에 원료를 담가 얻는 용액. (일반적으로 환류시킨다.) 가열 시간은 몇 분에서 몇 시간까지 다양하다. 현대의 향수는 점점 침출액과 고무올레오레진을 사용하지 않는다. 알코올 팅쳐가 선호된다.

에센셜 오일, 정유(essential oil)

동정된 순수한 식물 1종을 원료로 사용하여 알람빅 증류기에 물 또는 수증기와 혼합시켜 증류함으로써 얻어지는 물질.

팅쳐(tincture)

에탄올에 원료를 넣어 침출시키거나 퍼콜레이션 과정(percolation process)을 며칠에서 몇 주 경과한 후 추출한 다음, 찌꺼기로 변한 원료를 제거한다. 용제는 희석액으로서 추출액 안에 남는다. 팅쳐의 예로는 앰버그리스 팅쳐(ambergris tincture), 캐스토리움 팅쳐(castoreum tincture), 시벳 팅쳐(civet tincture), 바닐라빈 팅쳐(vanilla bean tincture), 벤조인 팅쳐(benzoin tincture), 오포파낙스 팅쳐(opopanax tincture) 등이 있다.

노트(향조, note)

플로럴 노트, 시프레 노트, 앰버 노트

등 전통적인 분류에 맞춰 어떤 향조를 결정한다. 또한 피부에 부향되는 향수의 향은 그 성분의 휘발성에 따라 향기가 전체적으로 변화한다. 맨 처음 느껴지는 부분은 가장 휘발성이 높고 탑 노트(top note)라고 불리는 향이다. 가장 휘발성이 낮은 향은 라스트 노트(last note), 중간에 위치하는 것이 미들 노트(middle note)이다. 이상적으로 '밸런스가 좋은' 향수는 '향기가 일정해서 변하지 않는 것'이 특징이다.

발삼(balsam)

나무와 초본식물이 삼출하는 천연 물질로 생리적 또는 병적 삼출물이 있다. 반고형이거나 점조성의 액상으로 물에는 녹지 않지만 에탄올에는 완전히(또는 거의) 용해된다. 탄화수소에는 부분적으로 용해된다. 발삼의 특징으로는 안식향산과 계피산을 다량으로 포함하고 있는 것 이외에 페루 발삼처럼 …산(acid) …에스테르(ester)류가 많다. 발삼은 원래 나무에 상처를 내면 바로 스며나오는 물질이다. 그리고 오래된 삼출물은 일반적으로 수지로 되어있어 향기도 별로 없다.

브리핑(briefing)

프랑스어로는 bref(brief)인데, 예전부터 영어 표현을 응용해 쓰고 있다. 향수 브랜드는 향수의 신제품을 창작하려고 할 때 브리핑이라고 하는 기획서에 프로젝트의 프로필을 명확하게 기재한다. 예를 들어 여성용, 남성용, 연령층, 향의 강도, 판매되는 지역, 전체적인 구매 층 등

이 항목에 포함된다. 브리핑은 향수의 포뮬러를 제작하는 회사의 조향사가 제안받는 일종의 선택 시험으로, 살아남는 건 한 명뿐이다.

베이스(base)

향장품의 중성부형제, 향이 부향된다. 비누, 샴푸, 로션, 샤워젤, 여러 타입의 미용로션 등을 포함한다.

뮤에트(mutte)

뮤에트라고 불리는 꽃은 전통적인 추출 방식으로는 향을 얻을 수가 없다. 향수에 들어있는 뮤게(muget, 은방울꽃), 카네이션(carnation), 가드니아(gardenia)는 천연 원료와 합성 원료를 이용해 재현하는 것이 대부분이다.

레지노이드(resinoid)

점조성 또는 고형 물질로, 레지노이드의 원료로는 말린 식물, 수지, 고무수지, 발삼, 동물성 물질 중 하나를 이용한다. 물에 녹지 않는 불용성 용제를 추출에 이용하는데, 추출 후에는 물리적 방법으로 제거한다.

향수의 수도, 그라스(Grasse)

프랑스의 그라스(Grasse)시는 19세기부터 '향수의 수도'이다. 그 배경에는 자스민과 장미를 시작으로 하는 다양한 향이 나는 식물들이 재배되며 그 식물을 가공하는 기업이 생겨나고 재배를 전문으로 하는 농업조직이 오랜 시간에 걸쳐 형성되어 왔기 때문이다. 시간이 흘러 합성향료가 탄생하고 그 원료가 되는 식물의 생산을 비용 절감 등의 이유로 다른 나라로 이동하는 '향료산업의 세계화'가 진행되었다. 과거의 전통적인 산업형태의 변화인 것이다. 그러나 그라스 지방이 향료와 향수(Flavor & Fragrance)의 중심지로 쌓아 온 이미지를 보호하고 지속하기 위해서는 신사업의 도입, 투자금의 유치 등 시대의 변화와 위기를 극복하기 위한 숱한 노력을 해야 했다.

Le Pôle Azur Provence는 그라스(Grasse), 무안 사르토(Mouans-Sartoux), 오리보 슈르 시아뉴(Auribeau-sur-Siagne), 페고마스(Pégomas), 르켓 슈르 시아뉴(la Roquette-sur-Siagne)의 도시연합체[1] 이다.

그라스시의 시장과 알프마리팀(Alpes-Maritimes)의 상원의원을 겸임했던 장 피에르 를뢰(Jean-Pierre Leleux)가 2013년까지 회장을 맡았다. 그라스를 기반으로 하는 기업가들의 협찬을 바탕으로 천연원료, 국제감시소라는 컨셉을 창안하여 그라스를 세계에서 천연원료평가의 중심으로 하는 것을 목표로 하고 있다. 이 그룹은 경제발전을 목표로 하는 기업의 인큐베이터인 이노바그라스(InnovaGrasse)에 의해 구성되어 있다. 이노바그라스는 분석화학기술의 본거지(유럽천연성분연구소, ERINI소재지[2])와 대학연수기관(FOQUAL[3])을 가지고 있다.

Paca[4](Provence-Alpes-Côte d'Azur)와 Drôme Provençale[5]의 향장품과 식품향료의 분야에 대한 성격을 명확히 하기 위해 pôle d'excellence[6]로 PASS[7](Parfumes, Aromes, Senteurs, Saveurs) 분야의 클러스터가 2005년 창립되었다. 또, 국제향수박물관(MIP)[8]이 확장, 재건축 오픈했다.

국제향수박물관은 무안 사르트 시의 부속식물원[9]을 가지고 있어, 그라스 지방의 향료식물을 보존하고 있다.

1) 도시연합체의 정의: 인구 5만명 이상에 하나의 경계선을 가진 지역내, 그 내부의 인구 1만 5천명 이상의 중심적 도시를 여러개 가지고 있어야 함. 경제개발과 지역정비(교통, 주택, 도시정책)의 일환으로 권한을 가진다.

2) European Reserch Institute on Natural Ingredients

3) https://www.master-foqual-unice.fr/

4) 프랑스 남동부에 위치한 레지옹으로 중심 도시는 마르세유

5) Dauphiné와 Provence 사이의 전환 지역이며 남쪽을 선호합니다. 기후는 Diois의 반대륙성 기후와 남쪽의 Tricastin의 지중해성 기후

6) 지방의 개발을 원조하는 클러스터(무리)

7) 향장품향료, 식품향료, 향수, 향료

8) Musée International de la Parfumerie

9) Jardins du MIP (Musée International de la Parfumerie)

국제 향수 박물관에서, 향수의 세계

1989년에 설립되었고 2004년부터 2008년까지 완전히 재구성된 국제박물관(Musée International de la Parfumerie)은 그라스시에 위치하고 있다. 현대 향수의 요람이 된 이 박물관은 냄새, 향기, 향수의 세계 유산을 보호하고 홍보하기 위해 헌신하는 최초의 공공 기관이다. '기억에 남는 향'이 가득한 장소에서 원료, 제조, 산업, 혁신, 무역, 디자인, 마케팅, 사용방법 등 다양한 측면에서 향수의 역사를 다룬다. 국제 향수 박물관은 16세기 성벽을 중심으로 건축하기로 유명한 프레데릭 융의 대담한 프로젝트이며, 특별한 조경 환경에 정원과 테라스가 있는 3,500㎡의 독특한 호텔 폰테베스가 있다. 소통하고, 치료하고, 유혹하는 것은 향수의 주요 역할이면서 이 국제박물관에 소장품을 전시하는 세 가지 방향성이기도 하다. 고대에는 향을 통해 저승과 소통했다. 중세에는 식물과 향신료의 치료적 기능을 발견하고 현재의 향신료 요법의 기초를 마련했다. 향수는 17세기부터 오늘날의 창조적 작업에 이르기까지 끊임없이 진화하는 '유혹의 가교'인 것이다.

MIP 부속식물원과 향료식물의 세계

자스민, 튜베로즈, 라벤더, 제라늄, 오렌지… MIP 부속식물원의 특징은 향료산업에서 오랜 기간 중요한 원료로 여겼던 식물들의 품종을 실제로 보고 향기를 맡을 수 있다는데 있다. 그라스 지방의 전통적인 향료식물농업지에 있는 MIP 부속식물원은 프로방스 도시연합체가 관리하는 지역프로젝트에 편입되어 박물관의 향료식물을 보존하고 있다.

2헥타르에 달하는 면적의 식물원에 핀 수많은 꽃 사이를 산책하며 풍부한 천연 원료의 향을 느낄 수 있다. 향수 박물관의 옥상에는 전통적인 방법으로 향료식물을 재배하는 식물원이 있다.

가능한 한 자연의 방법 그대로 손으로 재배하고 있기 때문에 곤충들도 공존하고 있다.

전례 없는 예술적 여정

주요 코스인 MIP 가든은 현대 미술의 발전을 응원하며, 세계적으로 유명한 예술가들이 이 곳을 방문하여 향수의 세계와 관련된 작품을 만들고, 박물관의 공간은 그 작업에 영감을 준다. 이 코스는 인간의 감각을 일깨우고, 원료식물의 근원을 탐구하며, 냄새의 마법은 화려함과 디자인을 재발견하게 한다.

Musée International de la Parfumerie (MIP)
2 Bd du Jeu de Ballon, 06130 Grasse France
+33 4 97 05 58 11

우리는 창의적인 조향사들

향수 제조에 사용되는 가장 고귀한 천연 원료와, 창의적인 조향
사들에 대한 이 책은 프랑스 조향사 협회에서 승인한 프로젝트
의 하나이다. 협회는 향수 제작에 있어 프랑스의 노하우를 보호
하고 원료의 품질 유지를 통해 조향사들의 독창성을 꾸준히 지
원하는 것을 목표로 한다. 종종 노즈(Nose)라고 불리는 창의적
인 조향사인 우리는, 우리 직업에 대한 열정을 여러분과 공유하
게 되어 매우 기쁘다. 자연이 우리에게 준 놀라운 에센스는 향수
구성의 기초이다. 우리는 열정과 감성을 토대로 엄격하고 신중
한 배합을 하여 향수를 사용하는 것만큼 즐거움을 느낄 수 있는
오리지널 향수를 창조한다. 그리고 향에 관한 글을 쓰는 작가들
에게 많은 감사를 드린다. 향을 만드는 우리의 창의성을 표현할
수 있는 기회가 되어 주고 있다.

조향사 *Sylvie Jourdet*, 프랑스 조향사 협회(SFP 명예회장)

Prodarom

Prodarom은 향수, 미용 및 화장실 제품, 비누, 세제 및 생활 제품 등 향료분야를 포함하는 프랑스 아로마 산업의 원료 제조업체가 모인 전문 조합이다. 식품과 제약 산업에도 진출해 있다. 16세기에 그라스 지역에 최초의 증류소가 설립된 이래 오늘날에도 여전히 세계 산업의 필수적인 요소를 관리한다. 지속적으로 관습, 기술 및 법률의 발전에 기여하고 있다. 효율적인 네트워크로 구성된 60여 개의 회사인 이 그룹은 2005년에 10억 8400만 유로의 매출을 기록했으며, 그라스 지역의 3,500명을 포함하여 약 6,500명의 직원을 고용하고 있다.

자연은 지금도 건재하다

장 자크 루소(Jean Jacques Rousseau)에 따르면 '후각은 상상의 세계에 영향을 주는 감각'이라고 한다. 우리 사회에서 새로운 향수를 상상하고 창조하는 조향사들이 살아있는 증거이다. 향수계에서 가장 오래된 직업조합인 Prodarom의 사장 겸 대표로서, 이 책의 출판을 장려하지 않는 것은 생각할 수 없는 일이었다. 21세기의 조향사들은 화학 발전의 은혜와 함께 후각에 영향을 미치는 수많은 후각 분자들을 활용하는 것이 가능해졌다. 하지만 그보다 아름답고, 관능적인 향을 향수의 세계에 가져오고, 자연에 경의를 품고, 200년의 날들을 지나쳐 자연이 준 향의 제5원소를 증류하여, 유출해 온 우리 조향사들만큼 훌륭한 사람은 없다고 감히 평가한다. 세계의 향수발상지이자 Prodarom의 소재지이기도 한 그라스 시가 중요한 이미지를 가지고 있다면, 센티폴리아 로즈, 자스민, 튜베로즈는 프랑스 향수 역사에 선명하게 간직된 천연 원료들이다. 이 책은 향에 대한 열정을 가진 대중, 그리고 내가 개인적으로 중요하다고 생각하는 향수전문가들에게도 매우 귀중한 책이 될 것이다. Prodarum 회원 모두를 대표해서 경의를 표한다.

Han-Paul Bodifee (프랑스 향료공업회 전 회장)

이 책에 등장하는 향수들

브랜드	향수	발매연도
ACQUA DI PARMA	Iris Nobile	2004
AQUOLINA Perfume	Pink Sugar	2004
AZZARO	Azzaro 9	1984
AZZARO	Pure Cedrat	2001
AZZARO	Pure Lavender	2001
AZZARO	Visit for Women	2004
AZZARO	Silver Black	2005
AZZARO	Visit Bright	2006
AZZARO	Blue Charm	2007
AZZARO	Chrome Legend	2008
AZZARO	Twin men	2009
ASTIER de VILLATTE	L'Eau Chic	2008
ASTIER de VILLATTE	L'Eau Fugace	2008
adidas	Victory league	2006
ANNASUI	Anna Sui	1998
ANNAYAKE	Miyabi Woman	2009
ANNAYAKE	Miyabi Man	2009
agués b.	Le B	2007
ARMANI	Armani Gio	1992
ARMANI	Agua Di Gio pour Femme	1995
ARMANI	Armani Mania	2002
ARMANI	Armani Code for Women	2006
ARMANI	Onde Mystère	2008
EMPORIO ARMANI	Emporio Lui	1998
EMPORIO ARMANI	Emporio White for Men	2001
ARMANI / PRIVE	Armani Private Collection	2004
ARMANI / PRIVE	Cèdre Olympe	2009
ALEXANDER MCQUEEN	My Queen	2005
INDULT	Tihota	2007
INDULT	Isvaraya	2007
INDULT	Monakara	2007
INDULT	C16 Indult pour Colette	2008
YVES SAINT LAURENT	Opium	1977
YVES SAINT LAURENT	Kouros	1977

브랜드	향수	발매연도
YVES SAINT LAURENT	Paris	1983
YVES SAINT LAURENT	Jazz	1988
YVES SAINT LAURENT	Vice Versa	1999
YVES SAINT LAURENT	Kouros Eau d'été	2002
YVES SAINT LAURENT	Parisienne	2009
YVES ROCHER	Ispahan	1982
YVES ROCHER	Framboise	1997
YVES ROCHER	Voile d'Ambre	2005
YVES ROCHER	Iris Noir	2007
YVES ROCHER	Secrets de Hammam	2008
YVES ROCHER	Fleur de Noël	2009
HISTOIRES de PARFUMS	1804	2000
HISTOIRES de PARFUMS	1826	2000
HISTOIRES de PARFUMS	1873	2000
HISTOIRES de PARFUMS	1876	2000
HISTOIRES de PARFUMS	1725	2003
HISTOIRES de PARFUMS	1740	2003
HISTOIRES de PARFUMS	Vert pivoine	2004
HISTOIRES de PARFUMS	Blanc violette	2004
HISTOIRES de PARFUMS	Blanc violette	2006
HISTOIRES de PARFUMS	Noir patchouli	2004
HISTOIRES de PARFUMS	1969	2005
HISTOIRES de PARFUMS	Ambre 114	2006
HISTOIRES de PARFUMS	Tubereuse 1 la Capricieuse	2009
HISTOIRES de PARFUMS	Tubereuse 2 la Virginale	2009
HISTOIRES de PARFUMS	Tubereuse 3 l'Animale	2009
Van Cleef & Arpels	Eaux d'été First	2002
Van Cleef & Arpels	L'été	2004
Van Cleef & Arpels	L'Automne	2004
Van Cleef & Arpels	Oriens	2010
Van Gils	VGV	2005
VANDERBILT	Gloria	2008
UNGARO	Ungaro pour H	1991
UNGARO	Apparition	2004
UNGARO	Apparition pour Homme	2005
UNGARO	Le Parfum	2007

이 책에 등장하는 향수들 ─────────────────────

브랜드	향수	발매연도
UNGARO	Apparition Facets	2007
WEIL	Eau de Fraîcheur	2002
WEIL	Weil pour Homme	2004
AP / Deo Unilever(USA)	Degree Accelarating	2002
AVON	Wish od peace	2007
AVON	True glow	2008
Evora	Jardin d'Evora	2009
Ego Facto	Me Myself and I	2008
s.Oliver	QS man Qs	2009
ESCADA	Escada Margaretha Ley	1990
ESCADA	Ibiza Hippie	2003
ESCADA	Into the blue	2006
ESTĒE LAUDER	Pleasures intense for Men	1998
ESTĒE LAUDER	Pleasures for Men	1998
ESTEBAN	Ambrorient	2009
ESPIRIT	Delite her	2007
Etat Libre d'Orange	Like This	2010
Etienne Aigner	Starlight	2008
Eden Park	Eden Park EDT Homme	2008
FC Barcelona	Parfum du Centenaire	1999~2000, 2004~2005
Ebel(Peru)	FF You Unisex FF	1997
EVODY	Note de Luxe	2008
EVODY	Bois Secret	2008
Enillio Pucci	Vivara Variazioni Acqua 330	2009
M.Micallef	Yellow Sea	2008
HERMĒS	Équipage	1970
HERMĒS	Amazone	1974
HERMĒS	Eau d'Orange Verte	1978
HERMĒS	Bel Ami	1986
HERMĒS	24 Faubourg	1995
HERMĒS	Concentre d'Orange Verte	2004
HERMĒS	Un Jardin après la Mousson	2008
OILILY	Ovation	2009
O Boticario	Triumph	1996
Octée	Note d'Or	1998
Augères SARL	Senteur d'Histoire	2009

브랜드	향수	발매연도
Augères SARL	Aral, Catherine LaLa, Ogar	2009
Oscar de la Renta	Oscar Bambou	2006
Oriflamme	Enigma	2007
ORLANE	Autour du coquelicot	2009
ORLANE	Autour du muguet	2009
Kylie Minogue	Couture	2009
Castelbajac	Castelbajac	2001
Cardin	Choc	1981
Cardin	Rose de cardin	1990
Cartier	Must	1981
Cartier	Panthère	1987
Cartier	So pretty	1995
Cartier	Le Baiser du Dragon	2003
Cartier	Roadster	2008
Cartier	Les Heures de Parfums	2009
Calvin Klein	CK one CK	1995
Carlota	Rose Jasmin Fleur d'Oranger	2005
Carlota	Anmbre Musc Santal	2006
Carlota	Lait Miel	2006
Carlota	Rose Jasmin	2006
Guy Laroche	Drakkar Noir	1982
Cacharel	Loulou	1987
Cacharel	Eden Park EDT Homme	1994
Cacharel	Loulou Blue	1995
Cacharel	Amour Amour	2003
Cacharel	Amour pour Homme	2006
CARON	Narcisse Noir	1911
CARON	Pour un Homme	1934
CARON	Animez-moi	1995
Gucci	Gucci Rush 2	2000
Gucci	Envy me	2003
Gucci	Pour Homme 2	2006
Gucci	Gucci by Gucci for men	2007
Gucci	Gucci for men	2002~2007
Gucci	Envy	1997
Gucci	Gucci Rush	1999

이 책에 등장하는 향수들

브랜드	향수	발매연도
CRABTREE & EVELYN	Evelyn	1993
CLARINS	Par amour	2004
CLARINS	Eau Ensoleillante	2007
(MARY) GREENWELL	Plum Mary	2010
Christian Lacroix	Tumulte	2005
Krizia	K	1981
CLINIQUE	Aromatique Elixir	1971
GRÈS	Cabochard	1959
GRÈS	Cabotine	1990
Chloé	Chloé	2008
KESLING	Double Click	2000
Kenneth Cole	Black for her	2004
Guerlain	Shalimar	1921
Guerlain	Aprè l'ondée	1906
Guerlain	L'heure Bleue	1912
Guerlain	Vetiver	1959
Guerlain	Chamade	1969
Guerlain	Derby	1985
Guerlain	Samsara	1989
Guerlain	Héritage	1992
Guerlain	Champ Élysées	1996
Guerlain	Guet Apens	1999
Guerlain	L'Eau légère de Shalimar	2003
Guerlain	Quand vient l'été	2003
Guerlain	L'instant	2004
Guerlain	Cuir Beluga	2005
Guerlain	Insolence	2005
Guerlain	Rose Barbare	2005
Guerlain	Cologne du 66	2006
Guerlain	L'instant Magic	2007
Guerlain	My Insolence	2007
Guerlain	L'Âme d'un Hèro	2008
Guerlain	L'Eau de Guerlain homme	2009
Guerlain	L'instant Magic Elixir	2009
Guerlain <Aqua Allegoria>	Pamplelune	1998
Guerlain <Aqua Allegoria>	Herbafresca	1998

브랜드	향수	발매연도
Guerlain <Aqua Allegoria>	Rosa Magnifica	1998
Guerlain <Aqua Allegoria>	Ylang et Vanille	1998
Guerlain <Aqua Allegoria>	Lilia Bella	1999
Guerlain <Aqua Allegoria>	Anisia Bella	2004
Guerlain <Aqua Allegoria>	Pivoine Magnifica	2005
Guerlain <Aqua Allegoria>	Mandarine Basilic	2007
KENZO	Jungle Tigre	1997
KENZO	Kenzoki Lotus blanc	2002
KENZO	Kenzo Air	2003
KENZO	Eau de Fleurs de thé	2008
KENZO	Kenzo Power	2008
KENZO	OVNI Parfum OVNI	2008
KENZO	L'Eau de fleur de Magnolia	2008
KENZO	Ca Sent beau	1988
KENZO	L'Eau par Kenzo Homme	2009
Coty	Vanilla Musk	1994
Coty	Life by Espirit pour femme	2003
Coty	L'Origan	1905
COMME des GARÇONS	series 2 carnation	2002
COMME des GARÇONS	series 2 Red	2002
COMME des GARÇONS	series 3 Incense	2002
COMME des GARÇONS	series 3 Jaisalmer	2002
COMME des GARÇONS	series 3 Zagorsk	2002
COMME des GARÇONS	series 4 cologne Citrico	2002
COMME des GARÇONS	series 4 cologne Ambar	2002
Korloff	Kn°111	2008
Korloff	Korloff n°1	2008
Cologne JAFRA(Mexico)	Tender Moments	2002
Cologne G&G(Brazil)	Gentle Breeze	2001
The Different Company	Osmanthus	2001
The Burren Perfumery	Frond	2005
The Burren Perfumery	Autumn Harvest	2006
The Burren Perfumery	Spring Harvest	2006
THE BODY SHOP	White Musc for men	2007
THE BODY SHOP	Aqua Lily	2008
Sahlini	Fémininde	2009

이 책에 등장하는 향수들

브랜드	향수	발매연도
Salvador Dali	Eau de Dali	1987
Salvador Dali	Dalistyle	2002
Salvador Dali	Agua verde	2003
Salvador Dali	Dali édition	2004
Salvador Dali	Purplelips	2006
Salvatore Ferragamo	F by Ferragamo	2007
Salvatore Ferragamo	Incanto Bloom	2010
SANTAL	Drôle de petit Parfum	2005
sisley	Eau N°1	2009
sisley	Eau N°2	2009
sisley	L'Eau du soir	1990
SHISEIDO	Féminité du bois	1992
SHISEIDO	Zen	2007
SHISEIDO	Zen for men	2009
GIVENCHY	Amarige	1991
GIVENCHY	Eau de Givenchy	1981
GIVENCHY	Ysatis	1984
GIVENCHY	Insensé	1993
GIVENCHY	Fleur d'Interdit	1994
GIVENCHY	Organza	1996, 1998
GIVENCHY	Very Irresistible	2003
GIVENCHY	Ange ou Démon Le Secret	2009
GIVENCHY	Amarige Mimosa de Grasse	2010
JAGUAR	Jaguar classic	2001
JAGUAR	Jaguar Prestige	2007
Jacomo	Silence	1978
Jacomo	Paradox pour elle	1998
Jacomo	Jacomo for men	2007
Jacomo	Art collection #08 EDP SP	2008
Jacques Fath	Eau de Fath	2010
Jacques Bogat	Witness	1992
CHANEL	No.5	1921
CHANEL	CoCo	1984
CHANEL	No.19	1970
SHALINI Perfume	Shalini Indian Lady	2009
CHARLES JOURDEN	L'Insolent	1986

브랜드	향수	발매연도
JEAN COUTURIE	Un jardin à Paris	2008
JEAN CHARLES BROSSEAU	Ombre Rose	1981
JEAN PATOU	1000	1972
JEAN PATOU	Eau de Patou	1976
JEAN PATOU	Patou pour Homme	1980
JEAN PATOU	Eau de toilette Joy	1984
JEAN PATOU	Ma collection	1984
JEAN PATOU	Ma Liberté	1987
JEAN PATOU	Sublime	1992
JEAN PATOU	Voyageur	1995
JEAN PATOU	Le parfum royal	1996
JEAN PATOU	Patou forever	1998
JEAN PATOU	Le parfum de Venise	1999
jean luc amsler	Paradox pour elle	1998
jean luc amsler	Femme	2000
Jean Louis Scherrer	Jean-Louis Scherrer	1979
Jean Louis Scherrer	Immense	2001
Jean Paul GAULTIER	Le Mâle	1995
Jean Paul GAULTIER	Fragile	1999
Jean Paul GAULTIER	Gaultier	2005
Jean Paul GAULTIER	Puissance	2005
Jean Paul GAULTIER	Fleur de Mâle	2007
Jean Paul GAULTIER	Ma Dame	2008
Jean Paul GAULTIER	L'eau d'Amour	2008
CHAUMET	Chaumet pour Homme	2000
Sean John	Unforgivable	2006
Chopard	Casmir	1991
GIORGIO BEVERLYHILLS	So you!	2002
John Galliano	EDT by John Galliano	2010
John Galliano	John Galliano by John Galliano	2008
JIL SANDER	style	2006
JIL SANDER	styleessence	2007
JIL SANDER	Jil	2009
Gin Tonic	Gin Tonic Happy Hour	2009
Céguilène	Tendre Mutine	2002
Céguilène	Simplement Je	2003

이 책에 등장하는 향수들

브랜드	향수	발매연도
Céguilène	Foen	2003
Céguilène	Frisson d'été	2005
CELINE DION	Belong	2005
CELINE DION	Paris Night	2007
SERGIO TACCHINI	stile	2003
SERGE LUTENS	Labyrinthe olfactif de Serge Lutens	2004
SONIA RYKIEL	Sonia Rykiel	1993
SONIA RYKIEL	Eau de Woman	2005
Donna karan	Be Delicious	2004
DAVIDOFF	Zino	1986
DAVIDOFF	Echo Woman	2004
DAVIDOFF	Siver Shadow	2005
DAVIDOFF	Siver Shadow Private	2008
Tartin et Chocolat	Magic Bubbles	2009
dunhill	Dunhill Signiture	2003
dunhill	Pure	2006
Chupa Chups	Night Fever	2004
DIESEL	Only the Brave	2009
Divine	Divine	1986
Divine	Divine	2006
Divine	L'Inspiratrice	2006
Thierry Mugler	A*Men	1996
Thierry Mugler	B*Men	2004
Thierry Mugler	Alien	2005
Thierry Mugler	Ice*Men	2007
Thierry Mugler	A*Men Pure Coffee	2008
Thierry Mugler	A*Men Pure Malt	2009
Thierry Mugler	Angel Sunessence	2009
Dior	Diorella	1972
Dior	Jules	1980
Dior	Dune	1991
Dior	Higher	2001
Dior	Dior Addict 2	2005
Dior	Dior Homme	2005
Dior	Pure Poison	2004
diptyque	Tam dao	2003

브랜드	향수	발매연도
diptyque	Jardin clos	2004
diptyque	L'Eau de Néroli	2008
diptyque	L'Eau de L'Eau	2008
diptyque	L'Eau des Hespérides	2008
Tilda Swinton	Like this	2010
TED LAPIDUS	Woman	2001
TED LAPIDUS	Altamir	2007
Dog Generation	Oh my dog	2000
TRUSSARDI	Essenza del Tempo	2008
DELAROM	Orangina bellissima	2009
DURAN	Unair de Paris	2004
DURAN	Yeslam	2005
DURAN	Un air d'Arabie	2009
DURAN	Ambre	2009
DOLCE & GABBANA	10 - Roue de la Fortune	2009
NAOMI CAMPBELL	Cat deluxe At Night	2007
NAOMI CAMPBELL	Seductive Elixir	2008
NAOMI CAMPBELL	Cat de luxe with Kisses	2009
NATURA(brazil)	FF	-
NATURA(brazil)	Junie Female	1977
narciso rodriguez	for him	2007
narciso rodriguez	Narsico Musk for Her Collection	2009
nickel	ulalala	2008
NINA RICCI	Fleurs de Fleurs	1982
NINA RICCI	Deci Delà	1994
NINA RICCI	Les Belles	1996
NINA RICCI	Premier jour	2003
NINA RICCI	Love In Paris	2004
NINA RICCI	Ricci Ricci	2009
Nelly Rodi	Gingembre	2005
Nautica	Nautica Oceans	2009
Burberry	Burberry for Women	1995
by bobo	Dinner	2001
Paua	Aireness Instinct	2008
Paco Rabanne	Calandre	1969
Paco Rabanne	La nuit	1985

이 책에 등장하는 향수들

브랜드	향수	발매연도
Paco Rabanne	Paco	1996
Paco Rabanne	one million	2008
Baldinini	Parfum Glacé	2009
PARFUM GRÈS	Cabotine Delight	2008
PARFUM GRÈS	Mithos	2009
PARFUM D'EMPIRE	Osmanthus interdite	2007
PARFUM D'EMPIRE	Cuir Ottoman	2008
Parfums de NICOLAI	Eau d'été	1977
Parfums de NICOLAI	Odalisque	1989
Parfums de NICOLAI	Number One	1989
Parfums de NICOLAI	Vie de Château	1991
Parfums de NICOLAI	Mimosaïque	1992
Parfums de NICOLAI	Baladin	1995
Parfums de NICOLAI	Carré d'As	1995
Parfums de NICOLAI	Maharajah	1995
Parfums de NICOLAI	Juste un rêve	1996
Parfums de NICOLAI	Eau d'été	1997
Parfums de NICOLAI	Rose pivoine	1998
Parfums de NICOLAI	Cologne nature	2000
Parfums de NICOLAI	Balle de match	2002
Parfums de NICOLAI	Nicolaï pour Homme	2003
Parfums de NICOLAI	Éclips	2004
Parfums de NICOLAI	Maharanih	2007
Parfums de NICOLAI	Vanille Intense	2008
Parfums de NICOLAI	Patchouli Homme	2009
Parfums de NICOLAI	Week-end à Deauville	2009
Parfums de NICOLAI	Violette in Love	2009
PARFUMS DE ROSINE PARIS	Un Zeste de Rose	2002
PARFUMS DE ROSINE PARIS	Écume des Roses	2003
PARFUMS DE ROSINE PARIS	Rose d'Homme	2005
PARFUMS DE ROSINE PARIS	Rose de Rosine	1991
PARFUMS DE ROSINE PARIS	Rose d'été	1995
PARFUMS DE ROSINE PARIS	Secrets de Rose	2010
PARFUMS DE ROSINE PARIS	Rossisimo	2010
BALMAIN	Vent Vert	1945
BALMAIN	La Môme	2007

브랜드	향수	발매연도
BALMAIN	Ambre Gris	2008
BALMAIN	Ivoire	1979
BALENCIAGA	Valenciaga Paris	2009
VALENTINO	Rock Rose	2006
Paloma Picasso	Paloma Picasso	1984
Paloma Picasso	Minotaure	1992
Pierre Cardin	Révélation	2004
VIKTOR & ROLF	Flowerbomb	2005
VIKTOR & ROLF	Eau Mega	2009
PIGUET	Anouk	1989
HUGO BOSS	Boss Selection	2006
PUMA	I'm Going	2007
Ferragamo	Incanto Shine	2007
BUGATTI	Black Pure	2008
PUPA	In Case of Love	2009
Fragonard	Soleil	1996
Frapin	1270	2008
Frapin	Espirit de fleurs	2008
Frapin	Frapin Caravelle épicée	2008
Frapin	Frapin Cognac Fire	2008
Frapin	Frapin Espirit de fleurs	2008
Frapin	Frapin Oriental Man	2008
Frapin	Terre de Sarment	2008
Frapin	Passion Boisée	2008
Francis Kurkdjian	Cologne pour le Soir	2009
Francis Kurkdjian	Lumière Noire pour Homme	2009
Francis Kurkdjian	Lumière Noire pour Femme	2009
bruno banini	About man	2004
bruno banini	Pure man	2006
BVLGARI	Jasmin Noir	2008
FREDERIC MALLE EDITIONS DE PARFUMS	Musc Ravageur	2000
FREDERIC MALLE EDITIONS DE PARFUMS	Une fleur de Cassie	2000
FREDERIC MALLE EDITIONS DE PARFUMS	Carnal Flower	2006
FREDERIC MALLE EDITIONS DE PARFUMS	Dans Tes Bras	2008

이 책에 등장하는 향수들 _____

브랜드	향수	발매연도
BENETTON	Colors	1987
BENETTON	Tribu	1993
BENETTON	Energy Man	2008
BENETTON	Essence of United Colors Woman	2008
BENETTON	Energy Woman	2008
PERRY ELLIS	Perry Ellis for men	2008
VERSACE	Jeans Couture Glam	2003
Penhaligon's	Lily&spice	2005
Bogner	Bogner Wood Woman	2003
BOND NO.9	Chinatown	2005
MICHAEL KLEIN	Insomny	1998
MAC	Asphalt Flower	1999
MISSONI	Millenium	1996
Maitre Parfumeur et Gantier	Bahiana	2005
MEXX	Mexx Amsterdam Spring Edition Woman Mexx	2007
MEXX	XX By MEXX Wild XX by MEXX	2008
MEXX	MEXX Black MEXX	2009
mennen USA	Arizona Desert	2008
Melinder Messenger	Delight	2008
Mauboussin	Emotion Devine	2007
MOLINARD	Habanita	1921
MOLINARD	Mirea	2005
MOLYNEUX	Quartz	1978
MOLYNEUX	Lord	1989
YARDLEY	Lace	1982
JOOP	JOOP	1987
JOOP	Jump	2005
JOOP	Go, JOOP!	2007
JOOP	Jet Dark - Sapphire	2008
JOOP	Thrill Woman	2009
JOOP	Thrill Man	2009
JOOP	Wolfgang Joop Freigeist	2010
EURO Cosmetic	Fluid Iceberg Man	2000
Compagnie de Provence	Edt Encens Lavande Edt	2000
Compagnie de Provence	Miel de Lavande collec-tion Extra Pure	2009

브랜드	향수	발매연도
LA PERLA	IO	1994
LACOSTE	Eau de Sports & Eau de Toilette	1968
LACOSTE	Eau de Toilette Lacoste	1984
LACOSTE	Land	1991
LACOSTE	Eau de Sport	1994
LACOSTE	Booster	1996
LALIQUE	Lalique pour Homme	1997
LALIQUE	Lalique Le Parfum	2005
L'ARTISAN PARFUMEUR	Mûre et Musc extrême	1993
L'ARTISAN PARFUMEUR	L'eau Ambre	1993
LANCASTER	Aquazur	2004
LANCASTER	Aquasan	2005
LANCOME	Magie noire	1978
LANCOME	Cuir Ottoman	2006
LANCOME	Hypnose Homme	2007
LANCOME	Miracle Homme	2001
LANCOME	Ô	1969
LANCOME	Miracle Forever	2006
LANVIN	Arpège	1927
LANVIN	Eclat d'Arpège	2002
LANVIN	Vetyver	2003
LANVIN	Arpège pour Homme	2005
LANVIN	Rumeur	2006
Lilly Pulitzer	Squeeze	2008
Le Petit Prince	Eau de Bébé	2008
Le Petit Prince	Le Petit Prince	2008
LE LABO	Labdanum 18	2006
LE LABO	Fleur d'Oranger 27	2007
Rene Gallo	Garraud pour Homme	2004
Lulucastagnette	LuLu	2006
Lulucastagnette	Just 4 U	2007
Lulucastagnette	LuLu Rose	2009
Revillon	Eau de Turbulences	2002
LEONARD	Fashion de Leonard	1969
reckitt & colman(Spain)	Nenuco Baby Cologne	1994
Les Recette	Flore Ette	2009

이 책에 등장하는 향수들 ─────────────

브랜드	향수	발매연도
Red Orchid	Oscar	2007
REVLON	Charlie Gold	1995
L'OCCITANE	Amande	2004
L'OCCITANE	Eau des 4 Reines	2004
L'OCCITANE	L'eau d'Iparie	2005
L'OCCITANE	Notre Flore	2006
L'OCCITANE	Eau des Baux	2007
L'OCCITANE	Mytre	2007
L'OCCITANE	Rose & Reine	2007
L'OCCITANE	Iris	2007
L'OCCITANE	Jasmin	2009
ROGER & GALLET	Vera - Violetta	1892
ROGER & GALLET	Bouquet Impèrial	1991
ROGER & GALLET	Vétiver	1991
ROGER & GALLET	Lavande	1991
ROGER & GALLET	Cédrat	2007
ROCHAS	Madame Rochas	1969
ROCHAS	Eau de Rochas	1970
ROCHAS	Tocado	1994
ROCHAS	Rochas Man	1999
ROCHAS	Aquawoman	2002
ROCHAS	Lui	2003
ROCHAS	Reflets d'Eau pour Homme	2006
ROCHAS	Moustache	1950
RODIER	Eau Intense Homme	2003
Robert Beaulieu	Vision	1998
Roberto Cavalli	Just Cavalli for her	2004
Lolita Lempicka	Lolita Lempicka au Masculin	2000
Lolita Lempicka	L	2006

프레디 고즐랑 Freddy Ghozland

Freddy Ghozland(왼쪽)과 Bernard Huclier(오른쪽)

대학 조교수(툴루즈(Toulouse) 비즈니스 스쿨), 물리과학 박사(박사논문: 페니로얄 내의 + 풀레곤 유도체), 향수에 관한 약 40여종의 출판물을 Éditions Milan과 Édition d'Assalit에서 간행, 겔랑, 오르세, 까롱, 씨그램 그룹등과 제휴한 출판물도 다수, 그라스 시립 향수 박물관과 제휴하여 향수를 주제로 6권 출판, 그 밖에도 포스터 관련 서적 출판, 프랑스 포스터 품평회를 발족, 7년간 책임자로 활동, 툴루즈 비지니스 스쿨의 면접심사위원장 역임, 향수관련 출판물로는 "L'un des sens, Le parfum au XXe siècle", "Enjeux et métiers de la parfumerie" 외 다수.

저서

· *Un Siècle de Réclames Alimentaires, 1984, Èditions Milan*
· *Un Siècle de Réclames, Les Boissons, 1986, Èditions Milan*
· *Cosmétiques, Être et Paraître, 1987, Èditions Milan*
· *Parfum, Fantasmes, 1987, Èditions Milan*
· *Perfume, Fantasies, 1987, Èditions Milan*
· *Pub & Pilules, 1988(avec Henri Dabernat), Èditions Milan*
· *Ces Pubs qui ont fait un Tabac, 1989, Èditions Milan*
· *Mémoire de l'Affiche, I, 1990, Èditions Milan*
· *Mémoire de l'Affiche, II, 1991, Èditions Milan*
· *Moscou S'Affiche, 1992(avec Béatrice Laurens), Èditions Milan*
· *Précieux Effluves, 1997(avec Jean Marie Martin Hattemberg), Èditions Milan*
· *Histoires de Boîtes, 1998(avec Laurent Vernay), Shirine Éditions*
· *Une année d'affiche en France, 1998, 1999 (avec Christine Bonnin, Secodip), Èditions d'Assalit*
· *L'un des sens, Le parfum au XXe siècle, 2001, (avex Marie Christine Grasse et Élisabeth de Feydeau), Èditions Milan*
· *Algérie, Regards croisés, 2002(avec Georges Rivière)*
· *Enjeux et métiers de la parfumerie, François Berthhoud, Freddy Ghozland, Sophie Dauber, 2007, Èditions d'Assalit*
· *Agenda de l'Affiche, 2008, Toulouse Business School*

자비에 페르난데스
Xavier Fernandez

대학 조교수, 생물활성분자와 식품향료 화학연구소 연구원, 화학박사, LCMBA UMR CNRS 6001, 니스의 소피아 앙티폴리스 대학(Université Nice Sophia Antipolis) 대학원의 연구소장으로 대학원생(처방,분석,평가)지도 담당, PASS(Parfums, Arômas, Saveurs et Senteurs)클러스트 및 PASS 상업 클러스터 회원, "Journal of Essential Oil Research"(Allured JEOR) 위원회 회원, 식품향료와 화장품향료 외, 식물연구에 관한 60권 이상의 과학출판물을 단독 또는 공저로 간행.

베르나르 가로탱
Bernard Garotin

파리에서 고고학 전공, 1995년까지 고고학 관련 일에 종사하다 8년간 다방면의 요리 연구에 열중, 툴루즈에서 베르쥐(verjus)의 셰프 역임, 이후 여러 곳의 레스토랑에서 경험을 쌓음, 현재 과거 미래의 미각과 프랑스와 다른 나라의 미각을 정교하게 잡아내서 요리하는 것을 즐긴다. 새로운 미각의 개척에 힘쓰고 있으며 어릴 때부터 자연을 좋아해서 야생초 요리에 열중하고 있다. 자연에는 미지의 맛이 한없이 많다. 최근에는 여러가지 감각 -예를 들면 현대 미술에 미각을 접목시키는 일에도 흥미를 갖기 시작했다.

플랜트 헌터(Plant Hunter)들에게 감사하며

향이 나는 식물은 전 세계의 모든 지역에 서식한다.
그 중의 일부는 우리 지역에서 발견할 수 없는 것들도 있다. 이 책에 '신선한 상태'로 채취해서
게재하고자 하는 희망을 바탕으로 했기에 식물을 면밀히 조사하겠다는 동기가 생겼다.
이 책의 기획을 담당한 편집 담당자 Laura Puechberty는 채집물을 찾아다니고 수집한 다음,
연금술과 같은 기술을 우리에게 전해주고자 본격적인 조사에 착수했다.
이 작업은 식물에 대해 잘 알고 있는 여러 관계자의 도움에 힘입어 진행되었다.
그 모든 분들이 우리에게 온갖 향기를 실어다 주셨다.
이 자리를 빌어 진심으로 감사의 인사를 드리고자 한다.

맨 처음으로 몬 사토 시의 국제 향수 박물관 부속 향료 식물원 원장인 Gabriel Bouillon과
주임 정원사 Patrice Dupeyre에게, 산책로를 안내해 주심에 감사드립니다.
그라스 시의 국제 향수 박물관 관장 Marie Grasse와 문화지원 담당 Nathalie Derra에게,
(정말이지 너무나도 더운) 고온의 온실문을 열고
일랑일랑 묘목이 처음 꽃피운 예쁜 꽃을 보여 주심에 감사드립니다.
그라스 시에서 묘목상을 하고 있는 Constant Viale에게,
그의 정원에는 어느 모퉁이에나 귀중한 식물이 심어져 있었다. Luc Gomel과 Peter Schafer에게,
몽펠리에 대학 식물원의 온실을 보여주시고 식물원이 수집한 식물을 자세히 찾아볼 수 있도록
허락해 주심에 감사드립니다. (입수 불가능한 실물의 식물 2종이 있었기에) Benedicte와
Michek Baches에게, 페르피냥시 근교 유시에서 자신의 이름을 간판으로 내걸고 묘목상을 경영하며,
신선한 감귤류의 잔가지를 언제든 선뜻 납품해 주심에 감사드립니다.
Gilbert Berbion에게, 낭트 시립 식물원의 열대 작물 온실에서 샌달우드와 토루 발삼의 가지를 신속하게
우편으로 보내 주신 것에 감사드립니다. 니스 시립 피닉스 식물원의 Alain Salas에게,
페퍼와 스티락스, 니아울리의 채취를 허가해 주심에 감사합니다. 바욘 시의 Maymou 묘목사에게,
스타아니스의 과실을 얻을 수 있게 도와주심에 감사합니다. Isabelle Gaudon에게,
남 아프리카 여행 중 몇 차례나 우회로를 돌아 가이악우드와 통카빈을 운반해 주심에 감사합니다.
몽펠리에 시의 Atelier Fleurs et Matiére에게, 고급스러운 튜베로즈를 조달해 주심에 감사합니다.
이 책의 저자인 프레디 고즐란(Freddy Ghozland)에게,
아르헨티나까지 가서 (다른 여러분들과 함께) 귀중한 마테나무를 가져다주심에 감사드립니다.

L'Équipe de Plume de carotte

Merci..

Ce livre ne serait pas s'il n'avait pas reçu un accueil favorable et le soutien de Sylvie Jourdet, de la Société française des Parfumeurs, et de son actuel président, Patrick Saint-Yves. Je leur en suis très reconnaissant et j'espère que notre travail répond à leurs attentes et à celles de leur profession. J'ai pris un immense plaisir à interviewer mes interlocuteurs parfumeurs-créateurs durant dix-huit mois, et je leur adresse toute ma gratitude pour m'avoir fait l'honneur d'être présents dans ce livre. Tous m'ont consacré beaucoup de leur temps et j'aurais pu remplir de nombreuses autres pages avec ce qu'ils ont pu me dire de passionnant. Mais la maquette commande et j'ai été, très souvent, contraint de faire des choix qui m'ont conduit à me limiter à une partie de leurs propos ! Même contrainte, également, pour la liste de leurs créations qui, pour la plupart (les jeunes parfumeurs y ont naturellement échappé) aurait couvert un espace trop important ! Ils me comprendront et, je l'espère, me le pardonneront. Merci également à Han-Paul Bodifée de nous faire l'honneur de co-préfacer notre travail. Merci à mon amie Élisabeth de Feydeau de nous faire découvrir, avec le talent qu'on lui connaît, les racines de notre relation ancestrale avec le Parfum. Ma reconnaissance va également à Sylvaine Delacourte pour avoir accepté de décrypter pour nous cette étrange façon que nous avons quelquefois d'exprimer nos émotions devant une odeur.

Merci, Xavier, d'avoir répondu à ma demande de collaboration. Tu connais des tas de choses que j'ignorais et j'ai été très heureux de travailler avec toi durant ces deux années. Merci à mon éditeur Fred Lisak et à Plume de Carotte de m'avoir donné l'opportunité de travailler sur ce sujet. Il a un talent et un souci permanent de l'authenticité que je n'avais encore jamais rencontré après plus de trente ans dans ce métier ! Merci également à Geneviève Démereau pour le magnifique écrin qu'elle a imaginé pour notre livre, ainsi qu'à Laura Puechberty. Merci à l'ami Bernard Garotin, surprenant archéologue cuisinier, pour ses recettes mitonnées avec des plantes. Que l'on se rassure, il a soigneusement écarté celles qui étaient toxiques. Merci à mes amis Rose-Marie et Jean-Pierre Forestier pour leurs flacons de parfum anciens et à Nicole et Gérard Garrigou pour leur maison sur la Dune. À Ascension Garcia pour ses très belles photos de plantes de Provence ; à Marie-Josée Fourmanty pour sa collection de timbres ; à Christine Calas – Grand Horticulteur de la Confrérie de la Violette –, à Stéphanie Poignant pour cet inespéré brin de maté et ses photos ; à A.-H. Peltier ; à Michèle Teysseyre ; et au professeur Louis Chavant. Merci également à Claudie Pavis, association AEVA ; Alexandre Herail, Isabelle et Sylvain Olivier, Ferme Fruirouge ; Anna Morvestir, Catherine Troubat, Valérie Félicité, à la Réunion ; Elsa Aptel (OT de Sault) ; Delphine Percevaud (OT de Mandelieu) ; Agata Frankowska (OT d'Oulins) et à l'OT de Steinseltz.

Avec Xavier Fernandez, nous adressons nos plus vifs remerciements à Claire Delbecque (Société Bontoux), Cécile Lavenue et Sophie Lavoine (Société Charabot), Marine Magnier et Bernard Pathé (Société Capua), Christine Gladieux (Robertet), Patrick Pellerin et Claude Monin. Ainsi qu'à nos interlocuteurs des sociétés de composition : Émilie Bouillet, Sophie Cauchi, Florence Dor, Corinne Mahé et Frédéric Walter (Givaudan) ; Aude Baudrier, Yann Guery, Agnes Teisson, Symrise ; Jeremy Carles, Jean-Daniel Dor, Lydia Ziegler, Robertet ; Catherine Rousselet, IFF. Merci à la grande majorité des sociétés de parfumerie d'avoir compris que ce sont des flacons « vivants » que nous voulions montrer plutôt que leurs photos, si belles soit elles : Magali Gnocchi, Agence Nice Work ; Beryl Prolongeau, Annayake ; Romina Di Santi, Art & Fragrance SA ; Ivan Pericoli, Astier de Villate ; Christine Pigot-Sabatier, BMRP ; Séverine Le Calvez et Caroline

Bonnard-Pelot, BPI ; Alice Vincent, Brigitte Chouet RP ; Sylvie Amouyal, Carlota ; Aurélie Ohayon et Mary Ethel Simeonides, Cartier ; Élisabeth Berthe, Chadog Diffusion ; Nastasia Brzezinski, Clarins Groupe ; Anne Sophie Marquetty, Comme des Garçons ; Christian Copin, Copin'âges ; Laurence Vivier, Celia Bouvy et Iris de Bailliencourt, Coty Inc. ; Lars Seifert et Charlotte Gaspard, Coty Prestige ; Didier Bernard Conseil ; Deborah Marx, Didier Fourmy Communication ; Myriam Badault et Olivia Grimaux, dyptique Paris ; Audrey Lottmann , Éditions de Parfums Frédéric Malle ; L. Benady, Empire of Scents ; Julie Tracol, Chaza Bennari et M.-C. Lavelloux, Estée Lauder ; Étienne de Swardt, État libre d'Orange ; Claudine André, Fragonard ; David Frossard, Frapin ; Juliette Mehaye, Hermès ; M. Ravion, Interparfums ; Julie Carry, Lalique ; Martine Chesneau, Lancôme ; Nathalie Garnier, Lanvin ; Julie Reyeyrold, Le Bureau de Julie ; Marie-Hélène Rogeon, Les Parfums de Rosine ; Anne Levy et A. Bertin, L'Oréal ; Sophie Bruneau et Élodie Gagnou, Lorience Paris ; Delphine Pinet, Mathieu Foulatier et Karine Rawyler, Maison Francis Kurkdjian ; Frédéric Stalin, Maître Parfumeur et Gantier ; Jean-Claude Magret, Marketing & Communication Land ; Pascale Oger, Oger SARL ; Sandy, Ohlala ; M. Bosche, Orlane ; Laetitia Navarro, Osmothèque ; Marc-Antoine Corticchiato, Parfum d'Empire ; Celine Sanchez, Sophie Tourniaire, Sabrina Lorenzini et Marin Vialle, Parfums Cacharel ; Chantal Evrard, Parfums Caron ; Ivana Simic et Alizée Pierre, Parfums Givenchy ; Fabienne, Parfums Micallef ; Berangère Drevonbalas et Élodie Rousson, Puig ; Céline Martin, Sahlini Parfums ; Anne Allemand et Virginie Naudillon, Sisley ; Lucile Montesinos, TG Communication ; Nolwen Briand, Thierry Mugler ; Fabienne Rossi d'Ornano, Très ; Dorothée Prévost, Yves Rocher. Et des remerciements plus particuliers à mon amie Élisabeth Sirot, des Parfums Guerlain.

www.osmoz.fr

www.parfumeur-createur.com

www.cosmetic-valley.com/fr

www.profession-beaute.com.

www.espritdeparfum.com

www.elisadefeydeau.wordpress.com.

www.biblioparfum.net

www.mes-parfums.com

www.chroniquesolfactives.com

www.couleurparfum.com

www.imagesdeparfums.fr

www.isabelle.giffard.free.fr

www.auparfum.com

www.toutenparfum.com

www.fragrancedirectory.info

www.fragrantica.com

www.nstperfume.com

Nous exprimons notre gratitude à plusieurs sociétés qui ont accepté de nous confier de rares photos de plantes. En particulier la société Biolandes et la toujours disponible Cécile Laporte ainsi que Christine Ziegler et Annie Daste du Groupe Alban Muller, qui nous ont ouvert leurs archives.

Biolandes est une entreprise familiale créée en 1980 au coeur des Landes, avec l'idée de distiller les aiguilles de pin maritime dans la plus grande forêt cultivée d'Europe. À partir de 1988, Biolandes choisit de s'implanter directement sur les lieux de culture et de collecte des plantes aromatiques les plus prestigieuses : Espagne (1988), Turquie (1991), Madagascar (1995), Bulgarie (1996), Maroc (1998), Provence (2004). Aujourd'hui, avec dix sites de production dans six pays et près de 300 personnes, Biolandes réalise un CA de 70 ME, tandis que ses cultures, collectes, partenariats et distilleries mobilisent des milliers d'hommes et de femmes dans trente pays. C'est un producteur majeur dans les huiles essentielles et extraits pour la parfumerie, la cosmétique et les arômes, garantissant une information complète sur l'origine botanique, géographique et technique de ces produits. Acteur également dans la nutraceutique, ainsi que dans les amendements organiques pour la valorisation de ses sous-produits.

Le Groupe Alban Muller

Spécialisé dans la recherche et le développement de principes actifs d'origine végétale et la formulation de produits naturels, le Groupe Alban Muller offre depuis plus de trente ans son savoir-faire et son expertise aux industries de la beauté, de la santé et du bien-être. S'appuyant sur une approche globale originale, il intervient à toutes les étapes de la création d'un produit naturel, de la sélection des graines à la formulation des produits, des matières premières aux produits clé en main. Misant sur le « vert intelligent » et la qualité Made in France, il développe ses produits suivant une démarche résolument éco-responsable, limitant au maximum les impacts sur l'homme et l'environnement. Il dispose de sa propre chaîne de production, contrôlée et certifiée, au coeur du Pôle de Compétitivité de la Cosmetic Valley, à Fontenay-sur-Eure, près de Chartres. La grande majorité des parfumeurs présents dans ce livre sont passés par l'Isipca et certains y enseignent. Il nous a paru indispensable de présenter ici cette école unique au monde. Fondé en 1970 par Jean-Jacques Guerlain, le Groupe Isipca est depuis 1984 une école d'enseignement supérieur gérée par la Chambre de commerce et d'industrie de Versailles Val-d'Oise Yvelines. C'est une référence internationale de l'industrie du parfum, de la cosmétique et de l'aromatique alimentaire qui offre une gamme complète de formations du niveau post-bac à bac + 5, dans les domaines techniques, scientifiques et vente en France et à l'international. Le Groupe Isipca délivre des diplômes d'État et universitaires, avec le concours de près de 200 intervenants issus du monde industriel et il assure un taux de placement post-formation de 87 %. Les organisations professionnelles de chaque filière, membres du conseil de gestion et/ ou du comité de perfectionnement de l'école, participent aux réflexions et à la parfaite adéquation des formations à l'évolution des métiers et assurent également des conférences et des enseignements.

Son association des anciens élèves (AEAE) regroupe plus de 3 500 membres à travers le monde.

Notre Herbier parfumé

Le libraire est le partenaire naturel de l'éditeur, et nous avons imaginé offrir à ceux qui proposeront ce livre au public l'intégralité d'une série limitée d'une fragrance qui porte son nom, L'Herbier parfumé. Ce flacon événement, nous le devons à six entreprises à qui nous adressons nos plus vifs remerciements. Merci à Martine Uzan, Givaudan, pour la fragrance!; à Catherine Descourtieux, SGD, pour le flacon!; à Bertrand Loisel, Aptargroup, Inc, pour les systèmes de distribution!; à Nathalie Jarry et Hervé Met, Axilone, pour le capot!; à David Zaoui et Jean-Michel Beurier, B'PACK, pour le packaging et à Thierry Clemente, Ateliers Louis Jaffrin, pour le conditionnement.

Groupe SGD

Le groupe français SGD (ex Saint-Gobain Desjonquères) est le leader mondial du flaconnage en verre pour la parfumerie, la cosmétique et la pharmacie. Il produit chaque année plus de 3 milliards de flacons. Fort d'un savoir-faire verrier développé depuis plus de cent ans en France, SGD dispose aujourd'hui de 12 sites de production et de 10 agences commerciales en France, Allemagne, Espagne, Italie, Brésil, Chine, Russie et États-Unis. Il emploie 5 600 personnes dans le monde dont la moitié en France. SGD fournit un éventail de solutions sur mesure aux plus grands noms des marchés haut de gamme et de grande consommation. Le groupe inscrit ses activités dans une démarche de qualité, d'innovation et de développement durable. La fragrance L'herbier Parfumé est présentée dans un flacon Ronda, une innovation de SGD. Il est en Verre Infini 100 % recyclé et recyclable, issu de calcin ménager recyclé à 100 %. Mis au point dans le cadre d'une démarche éco-responsable, il contribue au respect de l'environnement, ne nécessite aucune extraction de matière première, diminue de 15 % les rejets de CO_2 et économise 15 % d'énergie.

Aptargroup, Inc

Aptargroup, Inc est leader dans la fourniture globale d'une vaste gamme de systèmes de distribution innovants pour les produits de consommation courante en soin et hygiène corporelle, parfum, cosmétique, pharmaceutique, aliments, boissons et produits pour la maison. Le siège social est situé à Crystal Lake, Illinois. Il possède des unités de fabrication en Amérique du Nord, en Europe, en Asie et en Amérique du Sud.

Les Ateliers Louis Jaffrin

Les Ateliers Louis Jaffrin, une entreprise pas comme les autres, installée dans la région de Lyon. Créée en 1988, elle accueille aujourd'hui 150 travailleurs handicapés encadrés par une équipe pluridisciplinaire de femmes et d'hommes issus du milieu de l'industrie et de l'artisanat pour la production, et du secteur médico-social pour soutenir les personnes handicapées dans leur projet individuel et favoriser leur autonomie. Les Ateliers Louis Jaffrin ont réalisé le conditionnement de notre parfum, du remplissage du flacon à son sertissage, étiquetage et mise sous étui. Ils réalisent actuellement 600 000 flacons par an et se proposent de développer cette activité dans un proche avenir. Ils ont également d'autres activités comme la découpe sous presse, la blistérisation haute fréquence ou la gestion d'espaces verts ainsi que diverses prestations de service.

Givaudan

Leader de l'industrie des parfums et des arômes, Givaudan crée des parfums et des arômes uniques et innovants pour ses clients dans le monde entier. C'est grâce à la présence d'équipes Ventes et Marketing implantées sur tous les marchés développés et émergents que Givaudan s'est forgé cette place de leader. Parfums et arômes entrent dans la composition de nombreux produits finis : parfumerie fine, produits d'hygiène, d'entretien, lessives, boissons sans alcool, plats préparés, produits laitiers, confiseries. C'est en s'engageant à investir sans relâche dans des programmes de recherche et développement et dans des outils de connaissance des consommateurs que Givaudan maintient sa place de leader. Ces activités, à l'efficacité reconnue, sont pilotées par deux divisions, Parfums et Arômes, elles-mêmes soutenues par des fonctions intégrées telles que Finances, Ressources humaines et Informatique.

Axilone

Axilone est l'un des leaders mondiaux du bouchage, rouges à lèvres et boîtiers pour le secteur de la parfumerie, maquillage, soin et hygiène. Avec une présence mondiale (Europe, Asie, États-Unis), Axilone répond aux besoins de ses clients en leur apportant des solutions innovantes en plastique, métal, voire en combinant les matériaux. Elle offre aussi à ses clients le traitement de surface et l'assemblage. Son appartenance au Groupe Ileos, acteur majeur du marché du packaging de luxe, lui permet d'apporter une offre globale grâce à la complémentarité des filiales du Groupe Ileos, Alliora, Packetis, Socoplan/Biopack.

B'PACK

La société B'PACK (Bourgogne Packaging) a été fondée en 1995 et fait actuellement partie du groupe Ch. Wauters & Fils. Employant une quarantaine de personnes à Couches, en Saône-et-Loire, elle est spécialisée dans la conception et la fabrication d'emballages cartonnés (étuis pliants) pour l'industrie cosmétique de luxe, la parfumerie et la pharmacie. Elle réalise l'impression, la dorure, la découpe, l'encollage, le pliage et le conditionnement des étuis. Sa stratégie de développement est basée sur la réactivité et la souplesse : positionnée sur des marchés de petite et moyenne série, sur des éléments de taille réduite, B'PACK a l'avantage de combiner savoir-faire pointu, de la maîtrise de la création à l'expédition.

책을 만든 사람들

Publisher:
Stephanie Lee @도원사

"Your fragrance is your message, your scented slogan.
(당신의 향수는 당신의 메세지이고, 당신의 향기로운 슬로건이다)"
By Maurice Roucel

서울에서 역사학, 국제관계학, 정치학을 공부했고,
갑자기 출판사 대표로 고군분투 중.

가장 좋아하는 향수는
Muguet Porcelane Eau de toillette By Hermès

Book Maker:
Yunjae Lee

"滿目好風光, 紅花又更香"
좋은 풍광이 눈에 가득한데, 붉은 꽃이 또다시 향기롭다는 말이 있다.
향은 맡는 순간 눈으로 연상하게 되고 몸을 즐겁게 하는
아름다움을 경험하게 한다.
인생에서 좋아하는 향을 하나 잡아보는 것도 행복일 수 있겠다.

서울에서 불교학을 공부하고 동양 고전, 건강한 식품과 향을 즐기는 중.

가장 좋아하는 향수는
1969 By Histoires de Parfums

Chief Editor:
Leo Gyongjai Lee

"동양철학에서 향은 '맑은 바람'으로 표현한다.
맑은 바람은 세상을 맑게 보는데 이롭다."

서울에서 한의학을 공부하고, 한의사, 기업 대표, 저술 활동 등을 하며
바쁘게 지내고 있다. 책, 향수, 시계, 시가, 좋아하는 사람들과의 즐겁고
맛있는 식사를 즐기는 중.

가장 좋아하는 향수는
Rose Barbare By Guerlain

Senior Editor: Doyoung Lim

이 책의 편집 제안은 '일'이라기보다는 그간 품어온 지적 호기심을 채워
줄 수 있는 '기회'로 다가왔다. 향수들 뒤에 숨겨진 이야기, 그것을 들여
다볼 수 있는 좋은 기회를 마다할 이유가 없었다. '향'의 한가운데 선 사
람들, 우리 대부분은 알지 못하는 그들, 바로 향을 만드는 조향사들과 대
중의 언어를 조향사들에게 전해주고 조향의 언어를 우리가 알아들을 수
있는 언어로 바꿔주는 중간자들의 흥미진진한 이야기가 있다. 이 책은
그렇게 향의 '드러나지 않은 부분'들에 대한 이야기를 담고 있다. 내가 좋
아하는 향을 하나의 작품으로 여긴다면, 그 속에 녹아 있는 조향사들의
노고를 알아가는 것도 즐겁고 가치 있는 일이 될 수 있지 않을까 한다.

서울에서 정치학을 공부했고, 향수와 시계를 즐기며 지적 호기심을 충족해 가는 중.

가장 좋아하는 향수는 L'Heure de Nuit Eau de Parfum By Guerlain

책을 만든 사람들

Translator:
Claire Lee

"L'odeur est un mot, le parfum est la littérature.
(향이 단어라면 향수는 문학이다)" By Jean-Claude Ellena

서울과 파리의 통번역 대학원에서 공부 했고, 현재 캐나다와 프랑스에서 한국어와 문화를 열정적으로 가르치고 있는 중.달콤 쌉싸름한 시나몬, 에스프레소, 로즈, 세이지에 푹빠져 아스라한 향냄새만 나면 달려가는 향수 놀이를 즐긴다. 언어, 문화, 문학, 향을 함께 즐기며 살고 있다.

가장 좋아하는 향수는
Eau Rose By Dyptyque

Translator:
Helena Kwon

"Perfume is the art that makes memory speak
(향수는 기억을 말하게 하는 예술이다)" By Francis Kurkdjian

서울에서 독일어와 일본어를 공부했고, 현재 각국의 다양한 분야의 도서를 찾아 한국에 알리는 일을 하는 중. 샤넬 코코, 구찌 블룸, 에르베스 메르베이를 애용하며, 요즘엔 은은한 연꽃향을 즐기고 있다. 기억이 되고 이미지가 되는, 좋아하는 향수를 선물로 받는 건 너무 신나는 일이다.

가장 좋아하는 향수는
Coco Mademoiselle By CHANEL

Book Designer:
Seonae Kim

서울에서 영상미디어와 미술을 공부했고, 일러스트 및 미디어 전시를 작업하였다. 현재 첫번째별 디자인에서 공동대표로 디자인을 하고 있으며, 일러스트레이터로 활동하고 있다.

사과, 오렌지 등 풍부한 과육이 느껴지는 향과, 달콤하고 은은하고 상쾌하면서 따뜻한 향을 좋아한다.

가장 좋아하는 향수는
Miracle For Women Eau De Parfume By Lancome Paris

Book Designer:
Eunju Lee

서울에서 영상미디어와 방송을 공부했고,
현재 첫번째별 디자인에서 공동대표로 디자인을 하고 있다.

성격처럼 시원하고 상쾌한 느낌의 향을 좋아한다.

가장 좋아하는 향수는
Light Blue Eau Intense By Dolce&Gabbana

책을 만든 사람들

Proofreader:
Jiwon Shin

서울에서 경제학을 공부했고, 현재 유유자적 곳곳을 여행하며 홍길동과 같은 삶을 사는 중.

숲 속에서 나는 이슬 젖은 냄새와 절에 온 듯한 선향의 향을 좋아한다.

가장 좋아하는 향수는
Eau Foret de Komi By Buly 1803

Proofreader:
Jongwook Lee

"사람에게는 저마다의 향이 있다."

서울에서 경제학과 경영학을 공부하고,
스스로 멋있는 삶을 꿈꾸는 중.

가장 좋아하는 향수는
GUERLAIN HOMME EDP By Guerlain

조향사가 들려주는 향기로운 식물도감

2쇄 발행일	2024년 7월 26일
발행일	2023년 5월 31일
저자	프레디 고즐랑, 자비에 페르난데스
펴낸곳	주식회사 도원사
북디자인	첫번째별 디자인(mooninsa@naver.com)
출판등록	2020년 1월 29일(제2020-000023호)
문의	dowonsa2020@nate.com
ISBN	979-11-971586-3-6